高等学校"十二五"规划教材

C语言程序设计新视角

New Perspective for C Programming

周幸妮 编著

西安电子科技大学出版社

内 容 简 介

程序设计是给出用电脑解决特定问题的过程，具体是用计算机编程语言实现的。

算法和程序设计技术先驱、图灵奖得主 Donald E.Knuth(高德纳)指出"编程是把问题的解法翻译成为计算机能理解的术语，这是当人们开始试图使用计算机时最难以掌握的概念"。传统的 C 语言的教科书一般是手册说明书式的，无原理的解释；编程往往是从问题直接到代码，缺少逐步解决问题过程的描述；缺少解决问题的总的方法论；缺少程序的测试方法与调试方法。上述原因会造成学习者对概念难以理解、对解决问题的思路不清晰、找不到解决问题的入手点、不会找程序的逻辑错误等困难。

本书作者从多年教学经验出发，根据上述程序设计语言学习过程中存在的问题，基于"计算思维*"的思想，给出了相应的改进方法：

- 给出解决程序设计解决问题的总的方法；
- 引导学习者站在计算机角度理解问题，用"自顶向下逐步细化"的专业方法去分析解决问题；
- 揭示各种概念的本质与原理，以期了解本源清晰概念；
- 给出大量程序调试方法与技巧；
- 给出程序测试原则与方法；
- 给出分析程序的方法与技巧。

本书以通俗易懂的文字介绍了 C 语言的语法基础以及开发环境，并且运用大量程序实例深入浅出地阐明了程序设计的基本方法与技巧，把重点放在对程序的设计方法及调试要点的讲解上，而非对基本语法的简单罗列。全书图(表)文并茂，生动简洁。

本书共 10 章。第 1 章简要介绍了程序设计的基本概念与基本方法；第 2～9 章在依序讲解 C 语言基础知识的同时，循序渐进地引入了程序设计的步骤、方法、要领等；第 10 章对 C 语言的开发环境 VC6.0 做了简要介绍，并给出了在开发环境中进行程序调试的基本方法。

本书可供相关专业的本、专科学生以及低年级研究生作为教材使用，也可供自学计算机编程的读者参考。

*注："计算思维(Computational Thinking)"是美国计算机科学家、卡内基-梅隆大学周以真教授提出的概念。所谓计算思维，是指用计算的基础概念去求解问题、设计系统、理解人类行为的思想方法。我国教育部 2012 年确立，"大学计算机"课程的核心价值就是培养学生的计算思维。

前　言

　　"老师，书里那些语法规则之类的概念我都知道，也记得很清楚，编程的例子也都能看明白，但最后还是不会自己编程序，总觉得编程是很难掌握的事情，真的高不可攀啊……"

　　——这是我的学生在学习 C 语言课程时常常对我说的。多年的程序设计教学，使我发现，用传统的 C 语言教材教授课程，学生们学完后，仍没有掌握程序设计也就是编程的方法，这是一个普遍存在的现象。这也促使我在教学过程中不断地思考、不断地改进教学方法，目的是让学生在课堂上真正学会编程。

　　"老师，您上课时所用的教学方法，那些漂亮的、形象的 PPT，对我们太有帮助了，您为什么不总结总结，编出一本风格独特的教材帮助大家，让更多的人受益。"

　　——这是一位获全国信息学奥赛联赛一等奖的学生的建议，也是我编写这本教材的初衷和最终完成它的动力。

　　本书是作者多年教学实践经验的总结，其主要思想是针对问题从而设计解决问题之道。
　　➤ 学生学习时的主要问题
　　• 概念理解不透彻；
　　• 读程困难；
　　• 编程困难；
　　• 不会调试；
　　• 没有测试的概念；
　　• 程序设计思想不易把握。

　　➤ 本书特别设计的解决方法
　　• 概念理解不透彻——
　　(1) 注重介绍编程相关机制与规则是如何从实际问题而来的背景；
　　(2) 注重做类比和归纳(如数组、结构与单个变量的类比等)；
　　(3) 要素提炼(如循环三要素、函数设计三要素、程序设计要素)。
　　• 读程困难——设计列表法，分析程序的执行步骤。
　　• 编程困难——将"自顶向下、逐步细化"的方法贯彻在大多数实际程序设计的例子中。
　　• 不会调试——增加程序调试环节，对程序中的经典情形都有实际跟踪调试的介绍。
　　• 没有测试的概念——增加测试概念的介绍。
　　• 程序设计思想不易把握——通过实例，总结出程序设计适用的要素。

　　➤ 本书与同类书籍的比较
　　• 传统的程序设计语言教材基本上都是以高级语言自身的体系为脉络展开教学的，重点都是注重语法规则、基本概念之类的知识点的细节讲解。如何从一个问题入手，如何从实现的角度去看程序设计问题，如何具体设计算法，传统的教材没有总结出一个一般性的方法，即语法规则有余而设计思想不足，因此，学生们普遍的反映就是学了程序设计语言，只会一些语法规则，而很难很快掌握编程的方法。再者，程序是"一分编三分调"，一般的教材都只给出调试环境的说明，而欠缺调试方法和技巧的介绍。而且传统教材缺乏程序测试概念的介绍。

• 本书从学以致用的角度，强调程序的设计思路、分析方法、测试及调试方法，弥补传统教材中的不足，教学生以"程序的思维"看问题，快速理解并掌握程序设计方法，达到课程期望的目标。

➤ 本书的特色

• 先从大的面入手，从开始就给出如何做程序设计的整体印象，然后逐步深化，让初学者能快速把握整体框架，树立信心，形成初步应用能力。

• 注意分析各种机制设置的本质原因，不仅能让读者清晰地理解各个概念，还通过比较与类比，把握住相关概念间的联系，有利于读者建立系统的思路。

• 把重点从详细讨论 C 语言的语法及各种规则转移到编程方法论及具体实现上，让读者知道哪些是需要重点记忆的规则，哪些不必强记，使用时知道用什么关键字去查阅手册即可。

• 设置问答环节——注重方法的引导及思维的启发。

• 设置上机调试环节——在相关知识点间穿插调试方法及测试方法的介绍。

• 设置读程环节——介绍读程分析方法，注重训练快速有效的读程能力。

• 强调代码风格，培养良好的软件工程习惯。

• 示例简洁，要点突出。

• 注重语言的生动性和可理解性，适合初学者。

➤ 本书的主要内容

第1章　走马观花看编程。本章不仅给出了算法和自顶向下分析法的概念，而且结合相应实例，给出了程序设计的全貌。

• 着重让读者了解计算机解题的特点；

• 运用自顶向下、逐步细化"的方法分析问题并在之后的所有章节都使用这种方法；

• 提出程序列表分析法；

• 总结算法的普遍规律；

• 介绍软件测试的概念；

• 设置关于做算法的习题，以帮助读者逐步建立算法设计的思想。

第2章　程序中的数据。本章在介绍数据类型使用规则及方法的基础之上，给出了概述性的归类总结。

• 数据要素的归类总结；

• 给出数据类型的本质含义，重点介绍整型和实型存储机制的不同点；

• 强调各类运算的结果归类(这点非常重要，否则在后续的使用中会造成很多重要概念的不清楚)；

- 给出数据表现形式的总结和需要记忆的知识点。

第 3 章　程序语句。本章在介绍语句语法规则及使用方法的基础之上，给出了同类语句的比较及共性总结。

- 同类语句的特点、相互间的联系、选用条件等；
- 流程图分析程序的效率训练；
- 自顶向下算法设计的训练；
- 读程序的训练；
- 介绍语句调试要点。

第 4 章　数组——类型相同的一组文据。本章在介绍数组的概念、使用规则及方法实例的基础之上，注意强调数组与普通变量的不同。

- 数组和数组元素与单个变量的类比，说明其表现形式与本质含义；
- 数组的空间存储特点及调试要点；
- 多维数组的编程要点；
- 自顶向下算法设计的训练。

第 5 章　函数——功能相对独立的程序段。本章在给出函数的三种形式、函数参数的含义、使用规则及方法实例的基础上，揭示了函数的本质特点、设计要素的把握方法。

- 函数三种形式机制设置的原因及原理，它们之间的相互关系的本质含义、多函数实现与一个函数实现的不同，会引发的问题及解决的方法；
- 用多个函数实现功能的设计要素；
- 读程序的训练；
- 自顶向下算法设计的训练；
- 介绍函数间信息传递调试要点。

第 6 章　指针——地址问题的处理。本章在给出指针的含义、使用规则及方法实例的基础上，将指针与普通变量做类比，使之易理解和掌握。

- 通过指针变量与普通变量的类比，说明其表现形式与本质含义并说明指针变量与普通变量的不同之处以及使用的相同之处；
- 强调指针偏移量的本质含义；
- 读程序的训练；
- 自顶向下算法设计的训练；
- 介绍指针调试要点。

第 7 章　复合的数据类型——类型不同的相关数据组合。本章在给出结构体类型及变量的定义、使用规则及方法实例的基础之上，对相关概念做了比较和总结。

- 通过结构与数组的类比，说明其表现形式与本质含义；
- 通过结构体类型与基本类型的类比，说明其表现形式与本质含义；
- 通过结构成员与普通变量的类比，给出其使用规则；
- 读程序的训练；
- 自顶向下算法设计的训练；
- 结构的空间存储特点及调试要点。

第 8 章　文件——外存数据的操纵。本章给出文件的定义、文件的操作步骤、文件操作库函数的介绍及使用方法实例。

- 通过人工操作文件与程序操作文件的类比，说明文件操作的基本步骤；
- 分类简要介绍可以对文件操作的库函数功能。

第 9 章　编译预处理——编译前的工作。本章简要介绍以下三部分内容：

- 宏定义；
- 文件包含；
- 条件编译。

第 10 章　程序调试及测试——程序 bug 的查找方法。

- 程序开发环境 vc6.0 介绍；
- 程序测试方法；
- 程序调试方法。

➢ 书中的符号约定

 编写具有更高可读性和更易维护的程序。

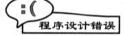 对常见的程序错误提高注意力。

 可以减少 bug，从而简化测试和调试过程。

 提出问题，引起思考或展开讨论。

 给出程序的调试步骤。

 给出需要掌握的重要结论。

 给出相关内容的知识背景或扩展内容的介绍。

 给出程序和运行结果，让读者自己做读程练习。

 给出编程中的一些规则。

 给出名词的定义及相关概念的解释。

➤ 致谢

大概在十年前，在我最初做教师时，常会和教了一辈子高等数学的父亲讨论一些 C 语言的教学方法和设想。他觉得有些思路很好，鼓励我写出来，可当时觉得只有一点点体会，总没有信心。

在随后多年的 C 语言和数据结构的教学中，通过与学生的互动，逐渐发现学生们学习编程的困难所在，由此不断地改进授课的方法与技巧，以期让学生们容易掌握编程的思想与方法。

在两年前给教改班的学生上数据结构课程时，屈宇澄同学给我建议说，老师上课的思路不错，可以写本数据结构的书，应该会比较有特色。这时，我也觉得好像应该可以写些东西了，由于数据结构的内容毕竟比 C 语言要深一些，但二者不少授课的基本思想是一致的，所以我决定还是先写 C 语言的内容。

在本书的写作过程中，屈宇澄同学完成了全部作业题目、部分程序样例及附录文档的收集整理工作，并调试了相关程序，对书稿提出了许多建设性的建议；屠仁龙同学做了部分样例的修改和测试，并认真阅读了最初的书稿，提出了许多建设性的建议；孙蒙、袁斌、黄山等同学也阅读了最初的书稿，提出了许多建设性的建议。

感谢我的父亲，让我有了最初的梦想；感谢我的学生们，让这个梦想得以实现。师生情谊的温暖，令人感动，你们的支持和帮助，是本书得以完成的最大动力；你们的鼓励，激励着我去尽力完成这本以方便初学者入门为初衷的书。愿此书像烛光，照亮学习者探索的路，在学习编程的过程中，少些困扰多些乐趣，得到享受。

西安电子科技大学出版社的戚文艳、雷鸿俊编辑为本书的编辑出版做了大量工作，张香梅、刘芳侠、刘非为本书的排版付出了艰辛的劳动，西安电子科技大学出版社为本书的出版提供了帮助与支持。在此向所有相关人员及单位表示衷心的感谢！

本书的编写得到了西安电子科技大学教材基金的资助。

由于水平有限，书中不足之处在所难免，欢迎广大读者提出宝贵意见。若想获得本书的源程序或需交流有关问题，可通过 E-mail 直接与作者联系：xnzhou@xidian.edu.cn。

西安电子科技大学　周幸妮

2012 年 6 月于长安

目　　录

引　言

　　大千世界，千差万别，人类在进化过程中学会了许多发现问题和解决问题的途径和方法，但是，当我们希望用电脑的智慧去处理这些问题的时候，人的大脑所习惯的方法未必适合机器去实施。"程序设计"就是借助人脑的智慧结合机器的特点来寻求问题的解决之道。

1. 人脑的惯性思维

　　我们的许多观念都是如此深地陷入理当如此的假定中，以至于在正常情况下，我们根本不会想到要去质疑它们。

　　　　　　　　　　——(美)迈克尔·施瓦布(Michael Schwalbe)
　　　　　　　　　　(《生活的暗面——日常生活的社会学透视》的作者)

　　人们的大脑里塞满了物理定律。电脑里面装满了软件，按"软件定律"运行。软件运行原理和物体不一样，物理定律不再适用于软件。结果导致人们很难明白电脑内部发生的事情。我们的头脑中存在很多解题陷阱，但是我们自己不知道。我们在观察事物的时候总是用头脑中已经有的概念系统或已经有的判断方式对事物进行解读，比如物理法则。

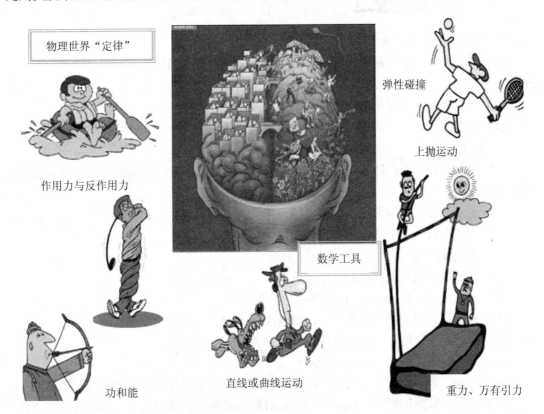

物理世界"定律"

弹性碰撞

上抛运动

作用力与反作用力

数学工具

功和能

直线或曲线运动

重力、万有引力

2．电脑的另类思维

在软件世界里，物理定律不再适用，编程要用另一套有别于以前经验的处理方式。

实际上，C 语言不仅仅是一种语言，也是一种进一步抽象的意识形态，通过它你可以进一步理解计算机的思维方式。学习编程，也就是要学会用电脑的方式看世界。

计算机能完成许多有趣和令人惊异的工作，它是由程序来控制的，本书将让你了解如何命令计算机去完成这些工作，带领你进入程序设计的世界。我们将要踏上的是一条充满挑战且回报丰厚的旅途，期望你能够在学习的过程中获得享受的乐趣！

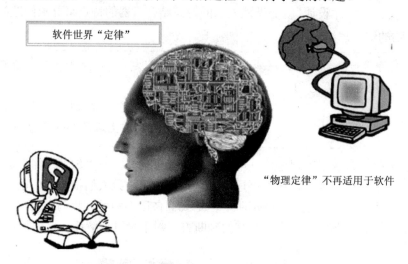

软件世界"定律"

"物理定律"不再适用于软件

3．程序设计课程的特点

（1）思维另类。编程的思维方式与数学等需要逻辑推理的课程不太一样，入门有一个过程。

（2）规则琐碎。要记忆的规则多，比较琐碎。

（3）实践积累。重实践及经验积累，仅仅纸上谈兵的练习是远远不够的。

4．学习方法

（1）把握关键。站在计算机的角度观察问题。编程要用另一套有别于以前经验的方式处理问题(软件法则)。

（2）重复记忆。尽量通过不断重复练习来记忆、熟练规则。

（3）多多上机。要下功夫，多上机练习。

5．课程主要内容

（1）程序设计的基本概念与基本方法；

（2）程序的基本结构、语句、数据类型；

（3）数组：数据的组织方式之一，可解决一组同类型数据的存储运算问题；

（4）函数：模块化，可解决程序规模足够大时产生的问题；

（5）指针：逻辑指代与物理指代；

（6）结构：数据的组织方式之二，可解决一组非同类型数据的存储运算问题；

（7）文件：数据的组织方式之三，它是对数据的永久存储与重复使用；

（8）程序的调试与测试的基本概念和方法。

6. C语言的作用

每次在给新同学上课时，学生最常问的问题之一就是："老师，您教的这门课有什么用？"

C语言是用来编程序的，也就是做代码开发的，它在下面的领域有重要的用途：

(1) 单片机、电子、嵌入式行业。C语言具有很强的功能性和结构性，同汇编语言开发相比，它可以缩短单片机控制系统的开发周期，而且易于调试和维护，已经成为目前单片机语言与嵌入式系统中最流行也是应用最广泛的编程语言，在将来很长一段时间内仍将在嵌入式系统应用领域占重要地位。

(2) 游戏开发。我们玩的 PC 游戏很多都是使用 C/C++语言编写的。

(3) 系统软件开发。C语言允许直接访问物理地址，可以直接对硬件进行操作，因此既具有高级语言的特点，又具有低级语言的特性，能够像汇编语言一样对位、字节和地址进行操作，而这三者是计算机最基本的工作单元，可以用来编写系统软件。目前最著名、最有影响、应用最广泛的三个操作系统 Windows、Linux 和 UNIX 都是用 C 语言编写的，因此 C 语言适用范围大、可移植性好。

7. C语言适用的机器

今天，事实上所有新的主流操作系统都是用 C 或 C++语言编写的。C语言可以应用于多数计算机上。通过仔细设计，程序员可以编写出能够移植到大多数计算机上的 C 程序。

——(美)迪特尔(H. M. Deitel)(《C How to Progran》的作者)

8. C 与 C++的用武之地

曾经在教"数据结构"课程时，有学生对笔者说，当初上 C 语言课时没有好好学，原因是认为 C++比 C 更高级，所以上 C 语言课时，就在下面看 C++的书，结果是 C 没学好，C++也没学好。

对 C 与 C++的关系，C++ 之父 Bjarne Stroustrup 是这样描述的："C++是 C 的一个直接后代，它几乎包含整个 C 即将其作为一个子集。C++支持 C 语言的编程风格。"C++是以 C 为基础的，先学 C 则比较容易入门。无论是 C 还是 C++，都是编程的工具而已，应该根据应用的需要选择采用哪个，没有哪个更高级的问题。

如果要做内核开发、嵌入式开发算法实现或编写驱动程序，C 是更合适的语言；如果要开发应用软件(一般有用户界面)，用 OO(Object-Oriented，面向对象)语言就会更加得心应手。

第1章　走马观花看编程

【主要内容】
- 程序的概念；
- 算法设计方法；
- 程序设计方法；
- 简单的 C 程序介绍。

【学习目标】
- 理解程序设计的基本步骤；
- 能够用自顶向下、逐步求精的方法确定算法。

1.1　程序的概念

为了使计算机能够按人的意图工作，人类就必须要将需要解决问题的思路、方法和手段，通过计算机能够理解的形式告诉它，使得计算机能够根据人的指令一步一步去工作，完成特定的任务。

编程就是让计算机为解决某个问题而使用某种程序设计语言编写程序代码，并最终得到结果的过程。

- ➤ 程序：为了让计算机解决特定问题而专门设计的一系列计算机可执行的指令集合。
- ➤ 程序设计语言：即 Programming Language，是用于书写计算机程序的语言。
- ➤ C 语言：Combined Language(组合语言)的中英文混合简称，是一种计算机高级语言。

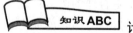 计算机语言

计算机语言的种类非常多，总的来说可以分成机器语言、汇编语言和高级语言三大类。目前通用的编程语言有两种：汇编语言和高级语言。

1. 机器语言

由于计算机内部只能处理二进制代码，因此，用二进制代码0和1描述的指令称为机器指令。全部机器指令的集合构成计算机的机器语言。用机器语言编写的程序称为目标程序。只有目标程序才能被计算机直接识别和执行。但是用机器语言编写的程序无明显特征，难以记忆，不便阅读和书写，且依赖于具体机种，局限性很大。机器语言属于低级语言。

2．汇编语言

汇编语言的实质和机器语言是相同的，都是直接对硬件操作，只不过其指令采用了英文缩写的标识符，更容易识别和记忆。它同样需要编程者将每一步具体的操作用命令的形式写出来。

汇编源程序一般比较冗长、复杂、容易出错，而且使用汇编语言编程需要有更多的计算机专业知识。但汇编语言的优点也是显而易见的，用汇编语言所能完成的操作不是一般高级语言所能实现的，而且源程序经汇编生成的可执行文件不仅比较小，而且执行速度很快。

3．高级语言

高级语言是目前绝大多数编程者的选择。和汇编语言相比，它不但将许多相关的机器指令合成为单条指令，并且去掉了与具体操作有关但与完成工作无关的细节，这样就大大简化了程序中的指令，编程者也就不需要有太多的计算机硬件知识。

高级语言主要是相对于汇编语言而言的，它并不是特指某一种具体的语言，而是包括了很多编程语言，如目前流行的 VB、C++、Delphi 等，这些语言的语法、命令格式都各不相同。

用高级语言所编制的程序不能直接被计算机识别，必须经过转换才能被执行。按转换方式可将它们分为两类：

(1) 解释类：执行方式类似于我们日常生活中的"同声翻译"。应用程序源代码一边由相应语言的解释器"翻译"成目标代码(机器语言)，一边执行，因此效率比较低，而且不能生成可独立执行的可执行文件，应用程序不能脱离其解释器。但这种方式比较灵活，可以动态地调整、修改应用程序。

(2) 编译类：编译是指在应用源程序执行之前，就将程序源代码"翻译"成目标代码(机器语言)，因此其目标程序可以脱离其语言环境独立执行，使用比较方便，效率较高。但应用程序一旦需要修改，必须先修改源代码，再重新编译生成新的目标文件(*.OBJ)才能执行，如果只有目标文件而没有源代码，则修改很不方便。现在大多数的编程语言都是编译型的，例如 C/C++、Delphi 等。

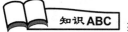 **软件与程序的关系**

常常听到这样的说法，编程(Programming)就是编写软件。但程序与软件在概念上是有区别的。软件应该包含以下三个方面的含义：

(1) 运行时，能够提供所要求功能和性能的指令或计算机程序集合。

(2) 程序能够满意地处理信息的数据结构。

(3) 描述程序功能需求以及程序如何操作和使用所要求的文档。

所以可以认为：

$$软件=程序+数据+文档$$

1.2　计算机解题过程

从"加工"的角度看，计算机解题的过程可以分成三个步骤，如图 1.1 所示。先由系统分析员根据实际问题建立数学模型，当这个模型不完全适合计算机时，还要将它转换成计算机能够"接受"的模型，做这个转换的工作需要有数据结构的知识。解题模型建立后，程序员根据它编制程序，再交由计算机执行，得到最终的结果。

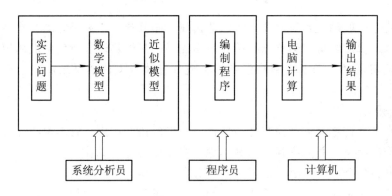

图1.1　计算机解题过程

1.3　编制程序的全过程

编制程序有三个基本的步骤：定算法、编程序、调试通。

(1) 定算法——确定算法：先要明确实际问题要求完成的功能是什么，它要处理的信息有哪些(这些信息是要输入到计算机中的)；计算机对上述信息处理完毕，实现了指定的功能后，结果是什么，即输出的信息有哪些；计算机完成指定功能的具体步骤是什么。

(2) 编程序——代码实现：根据前面确定的算法，编写相应的程序代码。

(3) 调试通——调试通过：在IDE中，将编好的程序通过编译器翻译成机器码，这个过程叫做"编译"。

(注：IDE(Integrated Development Environment)即集成开发环境软件，是用于程序开发环境的应用程序，一般包括代码编辑器、编译器、调试器和图形用户界面工具。该程序可以独立运行，也可以和其他程序并用。)

在编译过程中，编译器可以查找程序中的语法错误，当没有语法错误后，生成后缀为OBJ的目标文件；若程序是由多个OBJ组合而成的，则还要把这多个OBJ文件进行链接，最后形成一个后缀为EXE的可执行文件，这时，就算是编写好了一个可以在计算机上运行(Run)的程序了。试着运行一下这个程序，计算机会严格按照用户编写的指令一步步执行下去。此时可以去看运行的结果，若结果和预设的一致，那就完成了任务。

但事情往往没那么简单，除非是很简单的程序，一个很有经验的程序员也不能保证程序首次运行就得到正确的结果。为什么会这样呢，编译完成，程序不是已经没有语法错误了吗？没有语法错是程序可以运行的前提，但程序中还会有一种叫做"逻辑错"的错误，它会造成运行结果的不正确。逻辑错是需要程序员自己去查找的。找逻辑错的工作叫做程序调试，这是一个很需要耐心和专注力的工作，难度往往比编程还要大。

调试的基本方法将在第10章"程序调试及测试"中专门介绍。

 **程序的逻辑错**

程序的逻辑错主要表现在程序运行后,得到的结果与预期设想的不一致,这就有可能是出现了逻辑错。比如运算应该是先加后乘的处理,如果忘了加括号,运算结果就会出现错误。通常出现逻辑错的程序都能正常运行,系统不会给出错误在哪里的提示信息。

1.4 程序的构成

如果把数据和程序语句看成是原料,程序结构和算法是制作方法和工艺要求,则程序就是最后加工出来的产品,如图 1.2 所示。

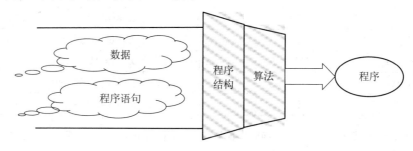

图 1.2 程序加工处理示意图

程序由程序语句(有一定的语法规则)和数据(要处理的信息)组成,是在符合程序结构的构造框架(有一定之规)下,按照事先设计的完成特定功能要求的执行步骤(算法)最终完成的指令序列,将其写成一般的形式如图 1.3 所示。

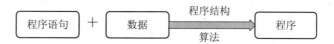

图 1.3 程序组成

算法是程序的灵魂,用于解决"做什么"、"怎么做"的问题;数据是加工的对象;程序结构是设计方法;语言是工具。

1.4.1 程序的构成成分之一——数据

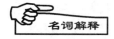 **名词解释**

数据:计算机可"表现"、"存储"、"运算"的信息。
数据的表现形式:常量和变量;
数据的存储尺寸:由类型决定;是数据在存储区占据的空间大小。
数据的运算方式:通过运算符实施。

1. 程序中的数据

程序中的数据是指计算机可接收,即可存储到计算机中,并可对其进行加工处理的信息。

知识ABC 计算机中的数据

在计算机中，各种信息如数字、字符、声音、图像等都是以二进制编码方式存储的。下面介绍编程中相关的数据知识。

1．数据的存储单位

数据的存储单位见表1.1。

表1.1　数据的存储单位

存储单位	缩　写	中文名称	进　率
bit	b	位	
Byte	B	字节	1 B=8 b
Word	W	字	1 W=2 B
Kilobyte	KB	千字节	1 KB=1024 B
Megabyte	MB	兆字节	1 MB=1024 KB
Gigabyte	GB	吉字节	1 GB=1024 MB
Terabyte	TB	太字节	1 TB=1024 GB

一个位(bit)有多大？位是内存的最小单位。二进制数系统中，每个 0 或 1 就是一个位。

2．ASCII 码

ASCII 码(American Standard Code for Information Interchange，美国标准信息交换码)是基于拉丁字母的一套电脑编码系统。它主要用于显示现代英语和其他西欧语言。它是现今最通用的单字节编码系统。

ASCII 码使用指定的 7 位或 8 位二进制数组合来表示128 或256 种可能的字符。标准 ASCII 码也叫基础 ASCII 码，使用 7 位二进制数来表示所有的大写和小写字母、数字 0~9、标点符号以及在美式英语中使用的特殊控制字符。

256 种字符中的后 128 个字符称为扩展 ASCII 码，目前许多基于 x86 的系统都支持使用扩展(或"高")ASCII 码。扩展 ASCII 码允许将每个字符的第 8 位用于确定附加的 128 个特殊符号字符、外来语字母和图形符号。

3．汉字编码

为汉字设计的一种便于输入计算机的代码。计算机中汉字的表示也是用二进制编码，同样是人为编码的。根据应用目的的不同，汉字编码分为外码、交换码、机内码和字形码。

1981 年，国家标准局公布了《信息交换用汉字编码字符集基本集》(简称汉字标准交换码)，其中共收录了 6763 个汉字。这种汉字标准交换码是计算机的内部码，可以为各种输入/输出设备的设计提供统一的标准，使各种系统之间的信息交换有共同一致性，从而使信息资源的共享得以保证。

2．数据的表现形式——常量和变量

在许多问题中，都会有有些量固定不变，有些量不断变化的情形。如物体运动中的速度、时间和距离，圆的半径、周长和圆周率，购买商品的数量、单价和总价等。

数据在程序中的表现形式有两种：常量和变量。常量是在程序运行过程中，值不能被改变的量；变量是在程序运行过程中，值能被改变的量。

C 语言中会给变量起一个名字，在内存中给它分配一个存储单元，用来存储它的值。

变量的起名和分配存储单元都是在一个称做"变量定义"的语句中完成的，存储变量的值如果在定义时指定，则称做是对变量进行初始化。

初始化：在变量定义时对变量进行赋值的操作。

变量没有初始化，那么它的存储单元里会是什么数？答案会在第 2 章中给出。

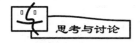

为什么要用变量？

答：程序要解决的问题往往是通解。比如，计算 n！的程序，n=5 时，能给出正确结果；n=10 时，也应该能给出正确结果，即只要输入的 n 为一定范围的正整数，那么程序都应该能计算出结果，这样的程序才有实际的意义。

3．数据的存储尺寸——由类型决定

数据在机器中存放，需要一定的内存空间，变量在内存中给它分有存储单元，那么这个存储单元的大小是多少呢？

实际的情形应该是，程序员根据数据实际需要占多少位(bit)，来向计算机系统申请分配相应大小的存储单元。

C 语言根据数据的各种情形，把它们分成不同的类型，如表 1.2 所示。

表 1.2 数 据 类 型

数据类型	基本类型	整型
		字符型
		实型(浮点型)
		枚举类型
	指针类型	
	构造类型	数组类型
		结构体类型
		共用体类型
	空类型	

不同类型的数据对应的存储单元的大小是不同的，计算机系统提供了不同"规格尺寸"的空间大小——基本数据类型，构造类型是由基本类型组合而成的。

变量存储单元的大小是由其数据类型决定的，程序员可以根据需要选用。

为什么要有各种数据类型？

答：① 可解决数据的有效存储空间问题；

② 不同类型的数据其处理规则、方式不相同。

4. 数据的运算方式——通过运算符实施

对数据的加工处理是通过各种运算符来实施的。

C 语言中的各种运算符见表 1.3，具体使用方法会在第 2 章中介绍。

表 1.3　C 语言中的运算符

算术运算符	+, -, *, /, %	逗号运算符	,
关系运算符	>, <, ==, >=, <=, !=	指针运算符	*, &
逻辑运算符	!, &&, ||	求字节数运算符	sizeof
位运算符	<<, >>, ~, |, ^, &	强制类型转换符	(type)
赋值运算符	=	分量运算符	·, ->
条件运算符	? :	下标运算符	[ ]

1.4.2　程序的构成成分之二——程序语句

程序语句：向机器发出的操作指令。

语句由语句命令字、数据、运算符等构成。语句命令字有三类，见表 1.4。选择及循环语句的功能及用法将在第 3 章中介绍，函数 return 语句将在第 5 章中介绍。

表 1.4　语 句 命 令 字

选择	if-else
	switch case default
循环	for
	while
	do-while
	break 和 continue
	goto
函数	return

1.4.3　程序的构造框架——程序结构

任何程序都可由顺序、选择、循环三种基本控制结构构造而成。

1．顺序结构

顺序结构是最简单的程序结构，语句按照事前排好的顺序，顺次执行。

如图 1.4 中，A 语句和 B 语句是依次执行的，只有在执行完 A 语句后，才能接着执行 B 语句。A 语句和 B 语句可以是一条语句或一组语句。

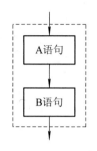

图 1.4　顺序结构

2．选择结构

在处理实际问题时，只有顺序结构是不够的，经常会遇到一些条件的判断，流程根据条件是否成立有不同的流向。如图 1.5 所示，程序根据给定的条件 Q 是否成立而选择执行 A 操作或 B 操作。先进行条件 Q 的判断，成立，转向 Y(Yes)分支；否则，转向 N(No)分支。

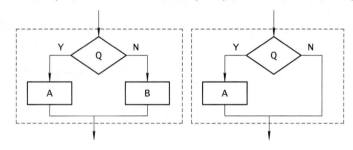

图 1.5　选择结构

C 语言从机制上提供了三类选择语句，来实现选择结构的功能。

(1) 单路选择：

    if(表达式) 语句 A；

(2) 双路选择：

    if(表达式)语句 A；

    else 语句 B；

(3) 多路选择：

    switch(表达式)
    {
        case 常量 1：语句 A；
        case 常量 2：语句 B；
        default：语句 C；
    }

3．循环结构

需要重复执行同一操作的结构称为循环结构，即从某处开始，按照一定条件反复执行某一处理步骤。在解决一些问题时，经常需要重复执行一些操作，我们可以利用循环结构控制程序按照一定的条件或者次数重复执行。循环结构有当型循环和直到型循环两类形式，如图1.6所示。

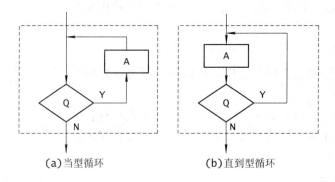

(a)当型循环   (b)直到型循环

图1.6　循环结构

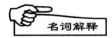

➢ 循环体：反复执行的处理步骤称为循环体。

➢ 当型循环：当条件Q成立时，执行语句A，然后再判断条件Q是否成立，如此循环，直到Q不满足，退出循环。

➢ 直到型循环：先执行语句A，然后再判断条件Q是否成立，如此循环，直到Q不满足，退出循环。

C语言从机制上提供了四类循环语句，来实现循环结构的功能。

(1) 形式一：

```
while (表达式) 语句;
```

(2) 形式二：

```
do {
    语句 ;
    } while  (表达式);
```

(3) 形式三：

```
for(表达式1;表达式2;表达式3)  语句;
```

(4) 形式四：

```
if (表达式) … goto
```

1.4.4　程序的构造方法——算法

有两种思想，像放在天鹅绒上的宝石一样熠熠生辉，一个是微积分，另一个就是算法。

微积分以及在微积分基础上建立起来的数学分析体系造就了现代科学，而算法造就了现代世界。

——David Berlinski(《算法的出现》的作者)

1. 算法的概念

> 算法(algorithm)：为解决一个问题而采取的方法和步骤。
> 计算机算法：计算机能够执行的算法。

算法可以理解为由基本运算及规定的运算顺序所构成的完整的解题步骤，或者看成按照要求设计好的有限的确切的计算序列，并且这样的步骤和序列可以解决一类问题。

计算机算法解题的方法和步骤要符合计算机的特点，即每一步都很简单，可以不厌其烦地执行简单的步骤。计算机解题也具有一定的局限性，有时日常可行的方案，在计算机中却无法实现。

2. 算法的表示方法

1) 算法的表示方法 1 —— 流程图

流程图是用一些图框表示各种操作。用图形表示算法直观形象，易于理解。

美国国家标准化协会 ANSI(American National Standard Institute)规定了一些常用的流程图符号，如图 1.7 所示。

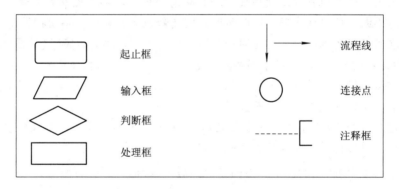

图 1.7　流程图符号

2) 算法的表示方法 2 —— N-S 图

N-S 图是无线的流程图，又称盒图，1973 年由美国学者 I.Nassi 和 B.Shneiderman 提出。

N-S 图对三种基本程序结构的描述方法如图 1.8 所示。

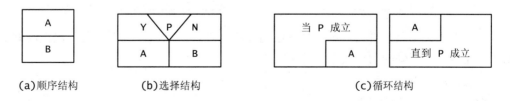

图 1.8　N-S 图表示法

3) 算法的表示方法 3 —— 伪代码

伪代码(Pseudocode)：用代码的格式表示程序执行过程和算法，但不能在编译器上通过编译的代码。其目的是用易于理解和表述的方式展示程序的执行过程。

伪代码是不依赖于具体程序语言的，它只是用程序语言的结构形式来表示程序执行过程。

用伪代码描述算法，可以使用任何一种用户熟悉的文字，关键是把程序的执行意图清晰明确地表达出来。

 伪代码

伪代码又称虚拟代码，是高层次描述算法的一种方法。它不是一种现实存在的编程语言，它可能综合使用多种编程语言的语法、保留字，甚至会用到自然语言。

伪代码以编程语言的书写形式指明算法的职能。相比于程序语言(如 Java、C++、C、Delphi 等)它更类似自然语言。我们可以将整个算法运行过程的结构用接近自然语言的形式描述出来。这里用户可以使用任何一种熟悉的文字，如中文或英文等，关键是把程序的意思表达出来。使用伪代码，可以帮助我们更好地表述算法，不用拘泥于具体的实现。

人们在用不同的编程语言实现同一个算法时意识到，他们的实现(注意：是实现，不是功能)往往是不同的，尤其是对于那些熟练于某种编程语言的程序员来说，要理解一个用其他编程语言编写的程序的功能可能很困难，因为程序语言的形式限制了程序员对程序关键部分的理解。伪代码就这样应运而生了。

当考虑算法功能(而不是其语言实现)时，常常应用伪代码。计算机科学在教学中通常使用伪代码，以使得所有的程序员都能理解。

【例 1-1】 伪代码的例子。下面是"清晨上课准备"的两种算法：

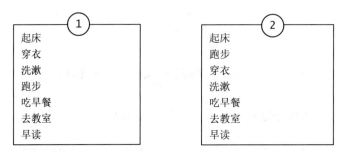

由上面的例子可以看出，第二种算法明显不合理，所以，算法不仅要确定正确的执行动作，还要确定正确的动作执行的顺序。

3．算法的阐述方法

(1) 程序的质量首先取决于它的结构。

(2) 程序设计的基本方法是自顶向下地逐步求精和模块化。

1．结构化程序设计

结构化程序设计(Structured Programming)是以模块功能和处理过程设计为主的详细设计的基本原则。其概念最早是由 E.W.Dijikstra 在 1965 年提出的,是软件发展的一个重要的里程碑。它的主要观点是:采用自顶向下、逐步求精的程序设计方法;使用三种基本控制结构构造程序,即任何程序都可由顺序、选择、循环三种基本控制结构构造。结构化程序设计主要强调的是程序的易读性。

2．自顶向下逐步细化

程序设计时,应先考虑总体,后考虑细节;先考虑全局目标,后考虑局部目标。不要一开始就过多追求众多的细节,先从最上层总目标开始设计,逐步使问题具体化。对复杂问题,应设计一些子目标作为过渡,逐步细化。

用这种方法设计程序,似乎复杂,实际上优点很多,可使程序易读、易写、易调试、易维护、易保证其正确性及验证其正确性,在程序设计领域引发了一场革命,成为程序开发的一个标准方法,尤其是在后来发展起来的软件工程中获得了广泛应用。

3．模块化设计

一个复杂问题,一般是由若干稍简单的问题构成的。模块化是把程序要解决的总目标分解为子目标,再进一步分解为具体的容易实现的小目标,每一个小目标被称为一个模块。

4．算法的特性

算法应具有以下五个重要特性:

(1) 输入性:一个算法有零个或多个输入。

(2) 输出性:一个算法有一个或多个输出,且输出是与输入有着某些特定关系的量。

(3) 有穷性:一个算法必须在执行有穷步之后结束,且每条指令的执行次数有限。

(4) 确定性:算法中每条指令必须确切定义且含义明确,不可有二义性;对于相同的输入只能得出特定的结果。

(5) 可行性:算法中描述的操作都是可以通过已经实现的基本运算执行有限次来实现的,即每条指令都应在有限的时间内完成。

1.5　算法是如何设计出来的

1.5.1　算法与计算机算法

我们在日常生活中解决问题的方式方法,有时却不能直接用到计算机中。

【例 1-2】 算法的例子 1。将两个存储单元的数据 A、B 互换,且互换后的数据不损失。

【解】 (1) 通用法:借助第三个存储单元,分别按图 1.9 中①、②、③的顺序移动即可。

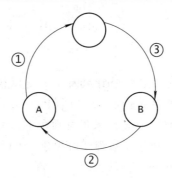

图 1.9　数据交换

（2）另类法：具体可采用以下几种方法。

- 高空抛物法：把 A、B 想象成物体，像杂耍一般，将 A、B "抛向空中"，然后交换位置。
- 管子运输法：把两个存储单元用两个 "管道" 连接起来，分别输送 A、B 至对方单元。
- 原地挪空法：假设 A、B 所在的单元空间足够大，这样可以把 B 先放到 A 所在的单元，然后把 A 移动到 B 原先所在的单元。

对于通用法和另类法，在现实世界里，一定条件下都是可行的，但在计算机世界里，通用法是可以的，另类法中的 "原地挪空" 在一定条件下也是可行的，其他的方法就是强计算机所难了。

【算法结论 1】　有时在日常能行得通的方法，在计算机中是无法实现的。

1.5.2　算法的通用性

现代计算机(20 世纪 40 年代开始)在诞生之初常被冠以 "通用" 字样，以突出其通用性。

——《软件调试》张银奎

什么是适合计算机实现的方法呢？那就是规则要简单，并对所有的数据处理，其操作规则要 "通用"。

【例 1-3】　算法的例子 2。小学生的除法问题：用计算机模拟除法运算过程，只考虑两位数除以一位数，且商为一位数的情形。如：

$$23÷4=5…3 \qquad 37÷6=6…1$$

小学老师的方法对我来说好难哦！

小学老师教的试商方法

（1）找 4 乘几是二十几，有 7、6、5；

（2）用 23 分别与 4×7、4×6、4×5 比较；

（3）当余数（大于 0）小于除数 4 时即可。

对于人脑来说，小学老师教的试商方法巧妙快捷；但对于计算机来说，小学老师教的试商方法实现起来还是很复杂。

计算机的一揽子方案(通解)					
23	÷	4	=	5	...	3
A	÷	B	=	T	...	R

其中：A(被除数)为两位数，B(除数)、T(商)、R(余数)均为一位数。

【方案一】 一律从 9 开始试商法。我们先用伪代码的方式来表述处理问题的思路。表 1.5 给出了方案一的顶部伪代码描述。

表 1.5　例 1-3 方案一伪代码 1

顶部伪代码描述
从 9 开始试商
找到合适的结果
输出结果

写顶部伪代码，是把问题及你想要对它进行处理的方法简要地描述一下，后面的细化可以逐步进行，直至可以方便地写成程序的形式为止。

顶部伪代码对应的流程图如图 1.10 所示。

由顶部的伪代码还无法直接写出写出程序，可以再把其中的步骤更进一步地细化描述。表 1.6 和表 1.7 给出了方案逐步细化的过程，相应的流程图如图 1.11、图 1.12 所示。

图 1.10　顶部伪代码流程

表 1.6　例 1-3 方案一伪代码 2

第一步细化
设初始时商 T 的值为 9
当 B*T>A，则 T 减 1
直到 B*T<A 停止
输出：商、余数

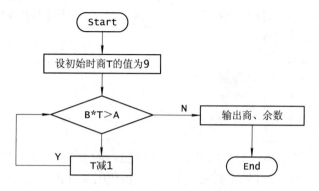

图 1.11　第一步细化对应流程

表 1.7　例 1-3 方案一伪代码 2

第二步细化
设初始时商 T 的值为 9
while （B*T>A)
{ 商 T 的值减 1 }
输出：商为 T，余数为 A–B*T

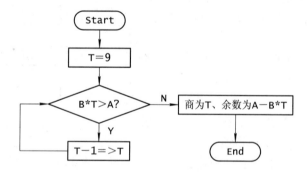

（注："T-1 =>T" 表示把 T 减 1 的值放入 T 的存储单元）

图 1.12　第二步细化对应流程

处理问题一般分为下面三个阶段：

（1）开始的工作：先从 9 开始试商，然后再细化，要考虑 9 放在哪里，而且应该在程序一开始就得到这个值。

（2）中间处理过程：试商找到合适的结果；第一步细化为商 T 与除数 B 的乘积，再与被除数 A 相比，若商 T 大，则减 1 再试，直到满足 B*T<A 为止；第二步细化则写成更适合用程序语句实现的形式，while(B*T>A)成立，则循环执行{商 T 的值减 1}的操作，直到上述条件不满足，循环操作停止。

（3）得到结果：确定最后得到的结果是哪些项。

表 1.8 中给出了图 1.12 第二步细化对应流程图的逐步执行分析步骤。

表 1.8　结 果 分 析 表

商 T	9	8	7	6	5
B*T	36	32	28	24	20
B*T>A	yes	yes	yes	yes	no

表 1.8 中的第一列，商 T 的初始值为 9，B 为常量 4，A 为常量 23，对条件 B*T>A 是否成立进行判断。首次 B*T 为 36，故 B*T>A 成立，流程执行"yes"分支，T 的值减 1，变成 8(到表格第二列)，再回到条件 B*T>A 的判断，这样循环下去，直到 B*T>A 不成立，流程执行"no"分支，输出结果后，流程结束。

> 绘制图表是调试过程中任何时候都能使用的启发方式。
>
> ——《软件调试思想》Robert Charles Metzger

下面，再给出问题的第二种解法——被除数连续减除数，这样便于比较。同一问题，解题方法可以不同，而表述方式却是类似的。

【方案二】　被除数连续减除数。本方案的伪代码细化过程见表 1.9～表 1.11。

机器解决问题的特点之一是按部就班，本次计算往往要用到上一次的结果。

表 1.9　例 1-3 方案二伪代码 1

顶部伪代码描述
被除数连续减除数
输出结果

表 1.10　例 1-3 方案二伪代码 2

第一步细化
被除数 A 连续减除数 B，其差值放在 R 中
直到 R 小于除数 B
输出结果

注：此处利用余数 R 变量单元来存放 A-B 的中间结果。

表 1.11　例 1-3 方案二伪代码 3

第二步细化
设商 T 为 0，余数 R=被除数 A
do　　R=余数 R-除数 B
商 T 加 1
Until　（余数 R 小于除数 B）
输出：商为 T，余数为 R

表 1.11 的执行流程参见图 1.13。

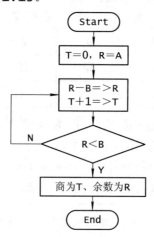

图 1.13 被除数连续减

表 1.12 中列出了处理流程中，每一步执行时变量 R、T 的值的变化和条件 R< B 的判断结果。

表 1.12 运行结果分析

余数 R	23	19	15	11	7	3
商 T	0	1	2	3	4	5
R<B	—	no	no	no	no	yes

【算法结论 2】 日常看似"巧"的方法，对机器而言，不一定是好方法。

1.5.3 算法的全面性

【例 1-4】 算法的例子 3。求 n!。

【解】 为分析问题方便，此处设 n=5。

人工计算 5! =1*2*3*4*5 的通用方法的步骤见表 1.13。这里即使是人来计算阶乘，也强调了"通用"的方法，而不是用"巧"的速算的方法，这样就是用"程序的思维"来看问题了。

表 1.13 n! 的计算步骤分析

步 骤	操 作	说 明
Step1	1*2=>S	把 1 乘 2 的结果放到 S 中
Step2	S*3=>S	取 S 的值与数值 3 相乘，结果放到 S 中
Step3	S*4=>S	取 S 的值与数值 4 相乘，结果放到 S 中
Step4	S*5=>S	取 S 的值与数值 5 相乘，结果放到 S 中

下面再来分析机器计算 5! 的通用方法。计算机需要知道的信息:

(1) 运算方法: 乘法。

(2) 运算数据: 1、2、3、4、5。

如何让计算机得到上面的运算数据呢?

答: 其实计算机是"很笨"的,你要让它处理的所有数据、所用方法,一点一滴都要你"手把手"地交给它,不然它什么都不会做。

方法一: 每个数都可以通过键盘输入到计算机中。

方法二: 除了 1 之外,每个数都是前一个数加 1 而来,或者说迭代而来的。

对于方法一,当数据较少时可以采用,数据多了就显得很麻烦。

方法二则是一个比较好的办法。

递推(迭代)法

递推法是指根据问题的递推关系,由已知项,经过有限次的递推迭代,得到待求的未知项。

凡是具有递推公式的一类数值问题,都可以用迭代法来求解。

迭代步骤:

(1) 列出问题的已知项;

(2) 根据问题的关系,写出递推公式;

(3) 对递推公式进行有限次的递推迭代,直到待求的未知项,即为所解。

根据 n! 的计算步骤特点、运算的方法、运算数据的获得方式等,可以写出计算 n! 的伪代码,参见表 1.14~表 1.16。

表 1.14　例 1-4 伪代码 1

顶部伪代码描述
求 5!
输出结果

表 1.15　例 1-4 伪代码 2

第一步细化
由 1 乘 2 开始结果放到 S 中,乘数每次增 1
乘 4 次结束
输出结果 S

表 1.16　例 1-4 伪代码 3

第二步细化
设乘积 S=1,乘数 T=2
do　　S=S*T
T 增加 1
Until　(T>5)
输出 S

图 1.14 所示为求 5! 的流程，执行循环后变量 S 和 T 的变化见表 1.17。

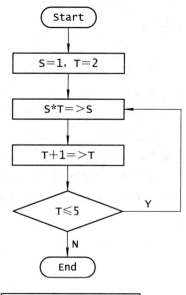

S: 累乘之积；T: 乘数

图 1.14　求 5! 的流程

表 1.17　执行流程数据分析

S	1	2	6	24	120
T	2	3	4	5	6

在对 5! 处理完毕后，从程序的通用性方面还需要考虑一些问题。

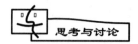

(1) 要计算 10!，怎么办呢？

(2) 计算 1! 时，结果对吗？

(3) 若要分别计算许多整数的阶乘怎么办呢？

答：问题(1)：可以把图 1.14 中的判断 T≤5 改为 T≤10。

问题(2)：图 1.14 中，计算 1! 结果为 2，显然是错误的。

问题(3)：可以把图 1.14 中的判断 T≤5 改为 T≤n，n 设为整数，可以通过输入得到 n 的具体值。

在考虑了上述所有问题之后，可以对图 1.14 所示的流程进行改进，得到如图 1.15 所示的处理流程。讨论到此，是不是此问题的解决方案就完善了呢？

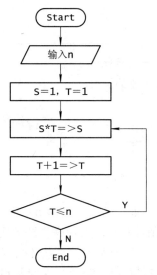

图 1.15　求 n! 改进的处理流程

若用户输入 n=-1，怎么办呢？

答：当用户有意或无意当中输入了"非法"的数据时，程序应该有合适的应对方法，而不能对此"束手无策"。我们可以对输入的 n 值增加一个是否在正常范围的判断。

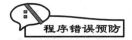

程序应该验证所有输入的合法性，以防错误信息影响程序的计算。

改进后的最终流程如图 1.16 所示。

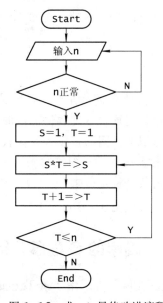

图 1.16　求 n! 最终改进流程

结论

> 【算法结论 3】 算法设计的一般步骤:
>
> (1) 按问题的普遍规律给出处理的流程。
>
> (2) 设定初始值。
>
> (3) 确定程序结束的条件。
>
> (4) 考虑临界点或特殊点的处理。
>
> (5) 考虑异常情况。

说明:

(1) 先按问题的普遍规律给出处理的流程。对 n! 而言,根据它的数学定义,可以先找一个一般情形且规模不太大的值比如 5,来考虑算法的实现。

(2) 设定初始值。计算 5!,它的起始条件是从 1*1 开始计算。

(3) 确定程序结束的条件。计算 5!,乘数为 5 时结束。

(4) 考虑临界点或特殊点的处理。0 和 1 是 n! 的特例情形,对这些特别 "点" 的处理,是先把它们作为输入的数据,去测试前面已经构建好的算法。若测试通过,则程序合格;若没有通过,再做局部的修改,直至达到预定的功能。

(5) 考虑异常情况。对 n!,应该对输入为 n<0 的 "非法" 情形做限定性处理,以防错误信息影响程序的计算。

1.5.4 算法的验证

从前面做算法的一般性步骤中可以看到,对于做好的算法,它是否完善及能否达到预期的目标,是要经过验证的。对于算法的验证,要设计出合适的测试用例,我们可以借鉴软件测试的一般性方法。

测试用例的设计,应该在进行算法设计时就尽量考虑全面,而不是在程序编完之后随便找些数据来测试它。

名词解释

➤ 软件测试:在规定的条件下对程序进行操作,以发现程序错误,衡量软件品质,并对其是否能满足设计要求进行评估的过程。这是软件测试的经典定义。

软件测试是一种实际输出与预期输出间的稽核或者比较过程。

➤ 测试用例:为某个特殊目标而编制的一组测试输入、执行条件以及预期结果,以便测试某个程序路径或核实是否满足某个特定需求。

关于测试的更进一步的介绍,参见第 10 章。

1.6 简单的 C 程序介绍

【例 1-5】 C 程序的样例 1。在屏幕上输出 "Welcome to C!",程序及语句含义解释见表 1.18。

表 1.18 C 程序样例 1

行号	程 序	含 义
1	/* C 语言的第一个程序 */	程序的说明或功能注释
2	#include <stdio.h>	文件包含
3		
4	/* 程序从函数 main 开始执行 */	函数开始
5	int main()	main 是主函数
6	{	
7	printf("Welcome to C!\n");	输出 "Welcome to C!"
8		\n——换行符
9	return 0; /* 表示程序成功结束 */	
10		
11	} /* 函数 main 结束 */	函数结束

程序结果：

    Welcome to C!

表 1.18 中，"程序"一列给出的是一个完整的 C 语言程序，"行号"和"含义"两列是为方便说明程序而加的，并不是程序的内容。

表 1.18 程序完成的功能是在屏幕上输出"Welcome to C!"这样一串字符。其中主要几行的说明如下：

第 1 行：注释。

程序注释：用一组/* */(或 //)括起来的字符串，用于程序语句等含义的说明。

在 C 语言中，所有的注释由字符/*开始，以*/结束。在星号及斜杠之间不允许有空格。编译程序编译时将忽略注释的内容，即不会把它们翻译成机器码。

一般情况下，源程序有效注释量应在 20% 以上。注释的原则是有助于对程序的阅读理解。注释语言必须准确、易懂、简洁。

第 2 行：文件包含。

include 是 c 语言的预编译命令，表示文件包含的意思；stdio.h 是英文 Standard input output head(标准输入输出头文件)的缩写。

第 5 行：主函数 main。

一个 C 程序总是有一个称为 main 的主函数，主函数中间的所有语句都被一对大括号{}包括在内。本例的左右大括号分别出现在第 6 行和第 11 行。

函数：C 语言中，把功能相对独立的程序段称做"函数"。

第 7 行：库函数 printf()。

printf 是系统提供的库函数，它的说明是放在 **stdio.h** 这个头文件中的，功能是把括号内双引号中的内容输出到屏幕上。

printf 输出的内容可以由程序员根据需要来填写。

库函数：库函数并不是 C 语言的一部分，它是由编译系统把实现常用功能的一组程序放在系统程序库中，用户可以通过引用程序库相应的程序说明文件(头文件)来使用这些程序，即库函数。

C 语言中常见的库函数参看附录 C。

 为什么要建立函数库？

建立函数库是为了把可重复使用的函数放在一起，供其他程序员和程序共享。例如，几个程序可能都会用到一些通用的功能函数，那就不必在每个程序中都复制这些源代码，而只需把这些函数集中到一个函数库中，然后用连接程序把它们连接到程序中。这种方法有利于程序的编写和维护。

文件包含：其功能是把指定的文件插入该命令行位置取代该命令行，从而把指定的文件和当前的源程序文件连成一个源文件。

形式：#include <文件名>

(或者：#include "文件名")

说明：

(1) 被包含的文件可以由系统提供，也可以由程序员自己编写。

(2) 一个 include 命令只能指定一个被包含文件，若有多个文件要包含，则需用多个 include 命令。

(3) 如果文件名以尖括号括起，在编译时将会在指定的目录下查找此头文件；如果文件名以双引号括起，在编译时会首先在当前的源文件目录中查找该头文件，若找不到才会到系统的指定目录下去查找。

(4) 更多的内容参见第 9 章。

头文件：头文件的目的是把多个 C 程序文件公用的内容单独放在一个文件里，以减少整体代码尺寸。头文件的扩展名为 **.h**。

凡是在程序中要用到库函数时，都必须包含该函数原型所在的头文件。C 语言的头文件中包括了各个标准库函数的说明形式。

程序设计好习惯

· 注释——每个函数之前都应该有一段描述该函数目的的注释。每个函数开始、结束时应该加一注释，标明该函数开始或结束。

· 输出格式——输出的最后一个字符应该是换行符(\n)。这种约定有助于软件的可重用性。

· 缩进——应该把函数体缩进一个级别。这强调了程序的函数化结构，使程序更易阅读。用户可设置自己喜欢的缩进大小约定，然后在程序设计时统一使用这个约定。可用 Tab 键来缩进。

【例 1-6】 C 程序的样例 2。求两个数之和。程序及语句含义解释见表 1.19。

表 1.19 C 程序样例 2

行号	程 序	含 义
1	#include <stdio.h>	文件包含
2	/*求两个数之和*/	函数目的的注释
3	int main( )	
4	{	
5	int a,b,sum;	定义变量
6	a=123; b = 456;	变量赋值
7		
8	sum=a+b;	运算
9	printf("sum is %d\n",sum);	打印结果
10	return 0;	
11	}	

程序结果：

```
sum is 579
```

【例 1-7】 C 程序的样例 3。通过键盘输入两个整数，计算这两个整数的和，并将结果显示到屏幕上，程序见表 1.20。

表1.20 C程序样例3

行号	程序
1	/*C 程序的样例 3——加法程序*/
2	#include <stdio.h>
3	/*程序从函数 main 开始执行*/
4	int main()
5	{
6	int integer1; /*用户输入的第一个数*/
7	int integer2; /*用户输入的第二个数*/
8	int sum; /*sum 为保存和的变量*/
9	
10	printf("Enter first integer\n"); /*提示*/
11	scanf("%d", &integer1); /*读入一个整数*/
12	printf("Enter second integer\n"); /*提示*/
13	scanf("%d", &integer2); /*读入一个整数*/
14	sum = integer1 + integer2; /*赋值给 sum*/
15	printf("Sum is %d\n", sum); /*输出 sum*/
16	return 0; /*表示程序成功结束*/
17	} /*函数 main 结束*/

程序结果:
```
Enter first integer
6
Enter second integer
23
Sum is 29
```

【例 1-8】 C 程序的样例 4。含有多个函数的程序，见表 1.21。

表 1.21 C 程序样例 4

行号	程 序	含 义
1	#include <stdio.h>	文件包含
2	int max(int x, int y);	函数的声明或函数原型
3		
4	int main()	
5	{	
6	int a,b,c;	变量定义
7	printf("Enter two integer\n");	输入提示
8	scanf("%d,%d",&a,&b);	从键盘输入整数 a、b
9	c= max(a,b);	让函数 max 求出 a、b 中大者并记录到 c 中
10	printf("max=%d",c);	在屏幕上输出 c 的值
11	return 0;	
12	}	
13		
14	int max(int x, int y)	函数 max 需要处理的信息是两个整数 x、y
15	{ int z;	
16		
17	if (x>y) z=x;	比较 x、y，用 z 记录其中大的数
18	else z=y;	
19	return (z);	告诉调用者 z 的值
20	}	

表 1.21 中的这段程序除了有主函数 main 外，还有一个子函数 max，它的形式和 main 类似，也是中间的所有语句都被一对大括号{}包括在内。主函数和子函数的关系是各自完成功能相对独立的工作，再配合起来完成一个比较复杂的功能。

通过学习以上几个程序示例可对程序有一些感性认识，表 1.22 总结了程序的一般性结构。

表 1.22　程 序 构 成

程 序 构 成	程 序 举 例	说 明
预编译命令	`#include <stdio.h>`	

`int main( )`
`{　声明部分;`
`　　执行部分;`
`}`
	`int main( )`
	`{`
	`　　int a,b,c;`
	
	`　　scanf("%d,%d",&a,&b);`
	`　　c=max(a,b);`
	`　　printf("max=%d",c);`
	`　　return 0;`
	`　}`
		主函数

`f1(参数表)`
`{　声明部分;`
`　　执行部分;`
`}`
	`int　max(int x,　int y)`
	`{`
	`　　int z;`
	
	`　　if (x>y)　z=x;`
	`　　else z=y;`
	`　　return (z);`
	`　}`
		子函数

…	…	…

`fn(参数表 )`
`{　声明部分;`
`　　执行部分;`
`}`
		子函数

说明：程序由预编译命令和多个函数构成，其中必须要有一个主函数 main，可以有 0 个或多个子函数。每个函数内都是由声明部分和执行部分组成的。

编译预处理：也称预编译命令，是以#号开头的一些命令，在编译开始之前得到处理，用以辅助编译器的编译工作。

编译预处理命令有宏定义、文件包含和条件编译三种。

所谓预处理，是指在进行编译的第一遍扫描(词法扫描和语法分析)之前所做的工作，它由预处理程序负责完成。当对一个源文件进行编译时，系统将自动引用预处理程序对源程序中的预处理部分进行处理，处理完毕，再对源程序进行编译。其详细内容将在第 9 章介绍。

代码风格：书写程序时应该遵循的格式规则。

【例 1-9】　代码风格示例。

```
/* 对 fahr = 0, 20, …, 300
      打印华氏温度与摄氏温度对照表 */

#include <stdio.h>
int main()
{
    int  fahr, celsius;
    int  lower, upper, step;

    lower = 0;       /*温度表的下限*/
    upper = 300;     /*温度表的上限*/
    step  = 20;      /*步长*/
    fahr  = lower;

    while (fahr <= upper)
    {
        celsius = 5 * (fahr-32) / 9;
        printf("%d\t%d\n", fahr, celsius);
        fahr = fahr + step;
    }
    return 0;
}
```

在书写程序时，应遵循相应的程序格式规则：

（1）注释足够——在程序的最开始位置把程序要实现的功能简要说明一下；对于重要的变量，也要给出其含义说明。这样做目的只有一个，就是要让"程序的可读性"好。可读性好，一是让读程序者容易看明白程序的意思，二是编程者过一段时间自己再看，也很容易回想起来。

（2）Tab 缩进——Tab 是键盘上的"制表符键"，按一次 Tab 键，一般会跳 4 个空格的长度。它与按"空格"键的区别是缩进的效率高。

注：不同的编辑器，Tab 键所设置的空格数目不同。

（3）{}对齐——在一个函数内可有多组{}，对每一组{}应该在纵向位置对齐，这样使得程序结构清晰，相应语句的作用范围一目了然，便于阅读。

（4）适时空行——用空行来"划分"不同的功能区域，变量的说明、赋值、执行语句通过空行分隔开，从视觉效果上清晰明了，而且便于阅读。

1.7 本 章 小 结

◆ 算法设计的一般步骤：

(1) 按问题的普遍规律给出处理的流程。

(2) 设定初始值。

(3) 确定程序结束的条件。

(4) 考虑临界点或特殊点的处理。

(5) 考虑异常情况。

◆ 伪代码(Pseudocode)：用代码的格式表示程序执行过程和算法，但不能在编译器上通过编译的代码。目的是为了用易于理解和表述的方式展示程序的执行过程。

◆ 程序设计基本方法：自顶向下地逐步求精和模块化。

> 编程有三大步骤有规可循，
> 定算法、编程序、调试通顺。
>
> 编程如作文，算法是灵魂，
> 想要做什么，功能是根本，
> 设开始、定中间、结果确认；
> 描述有流程图、伪代码，
> 先总体后局部，逐步细化要认真。
>
> 语句和数据是程序基本成份，
> 段落结构有顺序、条件、循环，三种形式必居其中一份。
> 整体架构是函数，
> main 为统领不可缺，唯我独尊；
> 子函数是兵士，听令为臣。

习 题

用伪代码或流程图的形式给出下面各题的算法描述。

1.1 为下面的每个叙述系统地阐述一个算法：

(1) 从键盘中获取两个数字，计算出这两个数字的和，并显示出结果。

(2) 从键盘中获取两个数字，判断出哪个数字是其中的较大数，并显示出较大数。

(3) 从键盘中获取一系列正数，确定并显示出这些数字的和。假定用户以输入标志值"-1"来表示"数据输入的结束"。

1.2 输入若干非 0 实数，统计其中正数与负数的个数，遇到 0 时结束。

1.3 一个整数，它加上 100 后是一个完全平方数，再加上 168 又是一个完全平方数，该数是多少?

1.4 给定一个整数 num,判断这个整数是否为 2 的 N 次方。

1.5 读入一个 5 位数,判断该整数是否是回文。(注:回文是指顺读和倒读都一样的词语。)

1.6 编写一程序,使该程序不断显示出整数 2 的倍数,即 2、4、8、16、32、64…,循环不中止(也即应创建一个无限循环)。

1.7 给出一个不多于 5 位的正整数,要求:① 求出它是几位数;② 分别打印出每一位数字;③ 按逆序打印出各位数字,例如原数是 321,应输出 123。

1.8 如果整数只能被 1 和自身整除,那么这个整数就是质数。例如,2、3、5 和 7 都是质数,但 4、6、8 和 9 却不是。写出判断一个数是否为质数的算法。

1.9 写出能够计算第 n 个斐波那契数的算法。

注:斐波那契数列是指后面的每个数据项都是前两项的和的数列,如 0,1,1,2,3,5,8,13,21,…。

1.10 某电信部门规定:拨打市内电话时,如果通话时间不超过 3 分钟,则收取通话费 0.22 元;如果通话时间超过 3 分钟,则超过部分以每分钟 0.1 元收取通话费(通话不足 1 分钟时按 1 分钟计)。试设计一个计算通话费用的算法的程序。

1.11 有 5 个人坐在一起,问第 5 个人多少岁,他说比第 4 个人大 2 岁;问第 4 个人多少岁,他说比第 3 个人大 2 岁;问第 3 个人多少岁,他说比第 2 个人大 2 岁;问第 2 个人多少岁,他说比第 1 个人大 2 岁;最后问第 1 个人多少岁,他说是 10 岁。那么第 5 个人到底多大?给出通用的计算规则及算法(递归的方法)。

第 2 章　程序中的数据

【主要内容】
- 介绍数据类型使用规则及方法，给出数据要素的归类总结；
- 给出类型的本质含义，重点介绍整型和实型存储机制的不同点；
- 重点强调各类运算的结果归类；
- 给出数据表现形式的归结和需要记忆的知识点。

【学习目标】
- 理解并掌握 C 语言的数据类型的概念；
- 理解并掌握常量和变量的使用；
- 掌握常用运算符和表达式的使用；
- 理解增 1 和减 1 运算符在表达式中的应用。

2.1　数据的类型

　　编程序时要处理的信息就是数据。程序设计遇到的首要问题，是解决如何把数据存储到计算机的内存中的问题，然后才是如何对它们进行处理的问题。具体地说就是解决数据要以什么样的规则存放到内存中，可以对它们实施什么样的运算操作。

　　程序语言中的"数据类型"，正是解决上面的数据存储问题的。所谓数据类型，是指按数据的性质、表示形式、占据存储空间的多少、构造特点来给数据进行分类。

　　C 语言有丰富的数据类型，可以表达复杂的数据结构。C 语言中的数据类型分为基本类型、指针类型、构造类型和空类型四大类，如图 2.1 所示。

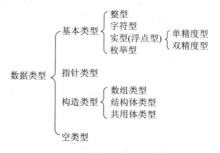

图 2.1　C 语言中的数据类型

说明：

　　(1) 基本类型最主要的特点是，其不可以再分解为其他类型。

　　(2) 指针是一种特殊的且具有重要作用的数据类型，其值用来表示某个对象在内存中的地址。

　　(3) 构造类型是多个数据类型的集合，它根据已定义的一个或多个数据类型用构造的方法来定义。也就是说，一个构造类型的值可以分解成若干个"成员"或"元素"，每个"成员"都是一个基本数据类型或又是一个构造类型。

(4) 空类型不指定具体的数据类型，在某些特定情形下使用。

本章只介绍基本数据类型，其他类型会在后续章节陆续介绍。

2.2　从存储的角度看数据

2.2.1　数据的存储尺寸由类型决定

C 中的数据类型细分起来很多，不同的计算机系统对相同类型的数据可能分配的空间尺寸有所不同，所以一般不用强记哪种类型占多少比特位，但有一些大的原则是要记住的。

数据类型规则：

(1) 最小存储单元长度是 8 bit，可以存储一个字符，故 8 bit 也称做"一个字节"即 byte。其他的数据类型存储单元都是 8 bit 的整数倍。

(2) 指针类型存储的是"存储单元编号"即是一个整数，所以和整型的长度是一样的。

(3) 浮点数也就是小数的长度一般都是整型长度的 2N 倍(N 为整数)，见图 2.2。

(4) 存储规则有两大类：整型、字符型、指针型数据属于同一类，都按整数规则处理；浮点数为一类，按小数存储规则处理。

图 2.2　各数据类型长度间的比例关系

2.2.2　基本类型的分类及特点

C 中基本数据类型的相关信息见表 2.1 所示。

表 2.1　基本数据类型

类型	符号	关　键　字	含　义	位数	数的表示范围
整型	有	int	基本整型	16	-32768~32767
		short	短整型	16	-32768~32767
		long	长整型	32	-2147493648~2147493648
	无	unsigned int	无符号整型	16	0~65535
		unsigned short	无符号短整型	16	0~65535
		unsigned long	无符号长整型	32	0~4294967295
实型	有	float	单精度实型	32	3.4e-38~3.4e38
		double	双精度实型	64	1.7e-308~1.7e308
字符型	有	char	字符型	8	-128~127
	无	unsigned char	无符号字符型	8	0~255

注：① 不同的系统中，同一类型数据位长有可能不一样。C 语言定义的 long 类型长度总是等于机器的字长。

② 机器字长是指计算机进行一次整数运算所能处理的二进制数据的位数。

③ 目前一般 PC 系统的整型位数为 32 位。

1. 整型

整型又分为四类：

(1) 基本整型：关键字为 int(int 取英文 integer(整数) 的前三个字母)。

(2) 短整型：关键字为 short [int]([ ] 中的内容表示使用时可以缺省的项)。

(3) 长整型：关键字为 long [int]。

(4) 无符号整型：又分为无符号基本整型(unsigned [int])、无符号短整型(unsigned short)和无符号长整型(unsigned long)三种，只能用来存储无符号整数。

2. 实型

实型又分为两种：

(1) 单精度实型：关键字为 float，一般占 4 字节(32 位)，提供 7 位有效数字。

(2) 双精度实型：关键字为 double，一般占 8 字节，提供 15～16 位有效数字。

3. 字符型

字符型关键字为 char，一般占用 1 字节内存单元。

字符变量用来存储字符常量。将一个字符常量存储到一个字符变量中，实际上是将该字符的 ASCII 码值(无符号整数)存储到内存单元中。

我们前面提到，不同的系统中，同一类型数据位长有可能不一样，于是就有这样一个问题：我们怎么才能知道正在使用的机器中，某一数据类型的位长是多少呢？

答：C 语言提供了一个 sizeof 操作符，可以完成数据类型位长的测试工作。

sizeof 是 C/C++中的一个操作符，其作用是返回一个对象或者类型所占的内存字节。

【例 2-1】 用 sizeof 操作符测试数据类型的位长。

```
1    /*sizeof运算符测试数据类型位长 */
2    #include<stdio.h>
3    int main()
4    {
5        printf("int size = %d\n", sizeof(int));
6        printf("short int size = %d\n", sizeof(short int));
7        printf("long int size = %d\n", sizeof(long int));
8        return 0;
9    }
```

程序结果：

    int size = 4

```
short int size = 2
long  int size = 4
```

说明：`int size = 4`，表示运行以上程序的 `IDE`(集成开发环境，参见第 10 章)，`int` 的长度是 4 `byte`。

2.2.3 数据在内存中的存储形式

1. 整数的存储

整数分有符号和无符号两种，它们使用同样长度的存储空间，因此也有相同的存取效率。一般可以根据需要来选用其中一种。

1) 有符号整数的存储

一个整数是以其二进制形式存放在计算机内存中的。在计算机中一般用两个或四个字节存放一个整数。例如正整数 12，它在内存中的存储形式如表 2.2(a)所示。-12 在机器中的存储是把+12 的二进制取反加 1 得到的。

表 2.2   有符号整数的存储(a)

+12 的二进制	0000	0000	0000	1100
取反	1111	1111	1111	0011
加 1	1111	1111	1111	0100

表 2.2(b)中，最左端的一位是符号位，值为 0 时表示正数，值为 1 时表示负数。如果最左端这一位不用来表示正负，而是和后面的连在一起表示整数，那么就不能区分这个数是正还是负，规定这样的情形就表示正数，这就是无符号整数。

表 2.2   有符号整数的存储(b)

有符号数	在内存中的存储形式			
整数+12	0000	0000	0000	1100
整数-12	1111	1111	1111	0100

符号位：0 表示正数；1 表示负数

2) 无符号整数的存储

表 2.3 所示为无符号整数存储的例子。

表 2.3   无符号整数的存储

在内存中的存储形式				表示的十进制无符号数
0000	0000	0000	1100	12
1111	1111	1111	0100	65524

无符号位：此位当正常数据看待

3) 字符的存储

字符是以编码的二进制形式存储的，每一个字符的代码用一个字节存放。C 采用的字符的编码是 ASCII 码。

例如，字符"A"的 ASCII 码为十进制值 65，其存储形式见表 2.4。

表 2.4 字 符 的 存 储

字符	ASCII 码	在内存中的存储形式	
A	65	0100	0001

 字符编码

计算机中的信息包括数据信息和控制信息，数据信息又可分为数值和非数值信息。非数值信息和控制信息包括字母、各种控制符号、图形符号等，它们都以二进制编码方式存入计算机并得以处理，这种对字母和符号进行编码的二进制代码称为字符代码 (Character Code)。计算机中常用的字符编码有 ASCII 码(美国标准信息交换码)和 EBCDIC 码(扩展的 BCD 交换码)。

2. 实型数(浮点数)的存储

在介绍浮点数的存储规则之前，我们先来看一个"关于浮点数的陷阱"问题。请看下面的程序：

```c
int main()
{
    float f;

    f=123.456;   /*往存储单元 f 里放一个小数 123.456*/
    if(f==123.456)printf("Yes");/*若 f 等于 123.456，则输出 Yes*/
    else printf("No");/*否则 输出 No*/
    return 0;
}
```

如果不运行上面的代码，让你来直接猜测输出的结果，你认为是什么呢？如果告诉你运行程序之后输出的结果是"No"而非"Yes"，是不是出乎了你的意料？

若对前面的显示结果有怀疑，我们还可以做更进一步的程序测试：

```c
int main()
{
    float f=123.456;            /*在内存单元 f 中放一个浮点数 123.456*/
    printf("f=%f\n",f);         /*把 f 的内容以浮点数的形式显示到屏幕上*/
    return 0;
}
```

程序结果：

    f=123.456001

为什么会是 123.456001？最后那个 1 是怎么来的呢？为什么会有这样奇怪的事情发生呢？实际上这是由浮点数的存储和读出的规则引起的，下面我们来看一下浮点数据的存储规则。

1）浮点数据的存储格式（IEEE-754 标准）

为便于软件的移植，浮点数的表示格式应该有统一标准。目前大多数高级语言（包括 C）都按照 IEEE-754 标准来规定浮点数的存储格式。

 IEEE754 标准

在 20 世纪六七十年代，各家计算机公司的各个型号的计算机有着千差万别的浮点数表示，却没有一个业界通用的标准，这给数据交换、计算机协同工作造成了极大不便。IEEE（Institute of Electrical and Electronics Engineers，美国电气电子工程师学会）的浮点数专业小组于 70 年代末期开始酝酿浮点数的标准。1980 年，英特尔公司推出了单片的 8087 浮点数协处理器，其浮点数表示法及定义的运算具有足够的合理性、先进性，被 IEEE 采用作为浮点数的标准，于 1985 年发布。而在此前，这一标准的内容已在 80 年代初期被各计算机公司广泛采用，成了事实上的业界工业标准。

IEEE754 标准规定浮点数的存储自左至右由符号位、阶码和尾数三部分构成，见表 2.5。

表 2.5　浮点数存储格式

类　型	存储顺序及位数			总位数	偏移值
	符号位	阶码	尾数		
短实数（float）	1	8	23	32	127(0x7F)
长实数（double）	1	11	52	64	1023(0x7FFF)

$$实数真实值=[(-1)^{符号}]\times[1.尾数]\times(2^{[阶码-偏移值]}) \tag{2-1}$$

（注：式(2-1)中符号^表示指数）

根据式(2-1)，表 2.6 给出了实数 -12 和 0.25 在位长是 32 bit 时的二进制存储形式。

表 2.6　浮点数存储实例

十进制	规格化	指数	符号	阶码(指数+127)	尾　　数		
-12	-1.1×2^3	3	1	10000010	1000000	00000000	00000000
0.25	1.0×2^{-2}	-2	0	01111101	0000000	00000000	00000000

规格化的转换步骤：

$$(12)_{10} \rightarrow (1100)_2 \rightarrow 1.1\times2^3$$

注：括号后下标为数的进制。

尾数表示方法：去掉规格化小数点左侧的 1，并用 0 在右侧补齐。

2）整数与实数的存储形式比较

我们把整数 -12 和实数 -12 分别按照它们的存储规则转换成二进制形式列于表 2.7 中，可以清楚地看出它们的二进制值是完全不一样的。

表 2.7　浮点数与整数存储比较

	在内存中的存储形式
整数-12	1111,1111,1111,1111,1111,1111,1111,0100
实数-12	1100,0001,0100,0000,0000,0000,0000,0000

 结论

　　整数与实数的存储规则是完全不同的,同一个数按整数存与按实数存其形式截然不同。当数据以某种类型存储时,除非你知道它的本质,不然不要试图用另一种类型去读,否则会引起误差。

　　下面,我们再回顾前面 123.456 的显示问题。123.456 规格化后为 1.111011 01110100101111001x2⁶,见表 2.8。

表 2.8　123.456 的机内存储形式

符号	阶码	尾　数
0	1000,0101	1110110,11101001,01111001

　　根据式(2-1),123.456 的二进制存储形式转换成十进制为

$[(-1)^\wedge 符号] \times [1.尾数] \times (2^\wedge[阶码-127])$

　$=[(-1)^\wedge 0] \times [1.1110110,11101001,01111001] \times 2^\wedge[1000,0101-0111,1111]$

　$=1.1110110,11101001,01111001 \times 2^\wedge 6$

　$=1.92900002002716 \times 64$

　$=123.456001281738$

　　所以 123.456 经过存储再输出,就变成了 123.456001。后面的部分没有显示,是显示程序的显示精度问题。

 结论

　　(1) 十进制实数存储:按规定的国际标准转化成二进制形式存储到计算机中。

　　(2) 十进制实数显示:将存储在机器中的相应二进制形式按国际标准转化成十进制数,并按用户要求的精度显示。

　　(3) 实数的比较规则:要避免实数比相等。

2.3　从运行的角度看数据

　　从程序处理的角度看,计算机中的数据可以分成常量和变量两类。所谓常量,是指在程序运行过程中其值不能改变的量;所谓变量,是指在程序运行过程中其值可以改变的量。

2.3.1　常量

1. 各种类型的常量

常量有整型常量、实型常量和字符常量三类,见表 2.9。

表2.9 常 量

		出现形式	例 子
整型常量	十进制: 0~9		23, 127
	八进制: 0~7, 以 0 开头		023, 0127
	十六进制: 0~9, A~F/a~f, 以 0x 或 0X 开头		0x23,0xC8
实型常量	十进制形式		1.0 1. +12.0 -12.0
	指数形式		1.8e-3 -123E+6
字符常量	可视字符常量: 单引号括起来的单个可视字符		'a'、'A'、'+'、'3'、' '
	转义字符常量: 单引号括起来的\与可视字符组合		'\n'
	字符串常量: 用双引号括起的一个字符序列		"ABC"、"123"、"a"
	符号常量: 用编译预处理命令 define 定义		#define LEN 128

注: ① 1.8e-3 表示 1.8×10^{-3}。

② -123E+6 表示 -123×10^{6}。

③ 可视字符: 可显示、可打印的字符。

④ 转义字符: 一些特殊字符, 如无法从键盘输入的或者有其他用途的字符, 是用转义字符表示的。C 语言转义字符表见附录 D。

⑤ #define LEN 128 表示在程序中出现的符号 LEN 都会被 128 代换。

 "回车和换行"后面的故事

在计算机还没有出现之前, 有一种叫做电传打字机(Teletype Model 33)的机器, 每秒可以打 10 个字符。但是它有一个问题, 就是打完一行换行的时候, 要用去 0.2 秒, 正好可以打两个字符。要是在这 0.2 秒里面又有新的字符传过来, 那么这个字符将丢失。

于是, 研制人员想了个办法解决这个问题, 就是在每行后面加两个表示结束的字符。一个叫做 "Carriage Return" 即 "回车", 告诉打字机把打印头定位在左边界; 另一个叫做 "Line Feed" 即 "换行", 告诉打字机把纸向下移一行。这就是 "换行" 和 "回车" 的来历。后来, 计算机发明了, 这两个概念也就被般到了计算机上。

【例2-2】 常量的例子。

```
1    /* 常量的例子 */
2    #include <stdio.h>
3    #define PRICE 100 /*定义符号常量 PRICE, 在程序中表示数值100*/
4
5    int main()
6    {
7        int sum;
8        sum=PRICE*20;/* PRICE——符号常量; 20——直接常量*/
9        printf("%d\n",sum);
```

```
10        return 0;
11   }
```

说明：#define 是"宏定义"命令，更详细的内容参见第 9 章编译预处理。

避免使用不易理解的数字，用有意义的标识来替代。涉及物理状态或者含有物理意义的常量，不应直接使用数字，必须用有意义的枚举或宏来代替。

2.3.2 变量

变量有三个要素，即变量名、变量值和变量存储单元，这三个要素确定了，变量也就确定了。变量定义可图示如下：

变量是一段有名字的连续存储空间。在源代码中通过定义变量来申请并命名这样的存储空间，且通过变量的名字来使用这段存储空间。 变量空间是程序中数据的存放场所，空间的大小是由变量的类型决定的。

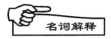

➢ 标识符：是语言中用来表示应用程序量的名称，包括变量名、常量名、类型名、函数名等。

· 标识符由字母、数字和下划线 "_" 组成，并且首字符不能是数字。下划线和大小写是为了增加标识符的可读性；程序中基本上都采用小写字母表示各种标识符。

· 标识符对大小写敏感。

· 标识符命名应做到"见名知意"。"见名知意"便于记忆和阅读，最好使用英文单词或其组合。某些功能的变量采用习惯命名，如循环变量习惯用 i、j、k。

· 不能把 C 语言关键字作为标识符。

➢ 关键字：是系统专用的标识符，具有特定的含义。

 C 的关键字

ANSI C 规定了 32 个关键字(保留字)，不能再用作其他的标识符：auto，break，case，char，const，continue，default，do，double，else，enum，extern，float，for，goto，if，int，long，register，return，short，signed，sizeof，static，struct，switch，typedef，union，unsigned，void，volatile，while。

C 语言还使用下列 12 个标识符作为编译预处理的特定字，使用时前面应加 "#"：define，elif，else，endif，error，if，ifdef，ifndef，include，line，progma，undef。

程序设计好习惯

(1) 由多单词组成的变量名，会使程序具有更强的可读性；

(2) 标识符的"见名知意"，有助于程序的自我说明(减少注释)。

例如，下面为三个变量名：

- variablename
- variable_name
- VariableName

第二个是 UNIX 命名格式，第三个是 Windows 命名格式。从直观上看，显然第一个的可读性不好，而第二个和第三个则一目了然。

3．变量定义及初始化

变量定义格式：

数据类型说明符　　　变量列表；

说明："变量列表"是指此处可以同时有多个变量，即同类型的多个变量可以定义在一起。

名词解释

变量初始化：是指在定义变量时，同时对变量赋值。

表 2.10 中给出了一些变量定义和初始化的例子。

表 2.10　变量定义及初始化

变量定义	变量名	存储单元内容	存储单元长度
int sum;	sum	随机值	sizeof(int)
int sum=16;	sum	16	sizeof(int)
long m, n=12;	m	随机值	sizeof(long)
	n	12	sizeof(long)
double x=23.568, y;	x	23.568	sizeof(double)
	y	随机值	sizeof(double)
char ch1='a', ch2=66;	ch1	97	sizeof(char)
	ch2	66	sizeof(char)

说明：

(1) 表中"存储单元内容"列是指在变量定义初始时刻，存储单元内的数值，这个值在随后程序的运行中是可以根据需要被改变的。

(2) "随机值"的意思是这个数值并没有事先被指定为一个确定的值，是系统随机"放置"的。

(3) 以上均是在函数内定义变量的情形。

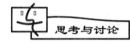

对变量 ch1 赋值是 'a'，为什么其内存单元的值是 97 呢？

答：字符是以其 ASCII 码的形式存放在内存单元中的，字符 a 的 ASCII 码值是 97。

【例2-3】 变量的例子 1。

```
1    /*变量的例子1 */
2    #include<stdio.h>
3    int  main()
4    {
5        char c1,c2;
6
7        c1=97; /*在c1存储单元里赋值97*/
8        c2='b'; /*在c2存储单元里赋值98*/
9        printf( "%c %c\n ", c1, c2); /* %c—按照字符的形式输出c1、c2*/
10       printf( "%d %d ", c1, c2);  /* %d—按照数字的形式输出c1、c2*/
11       return 0;
12   }
```

程序结果：

a b

97 98

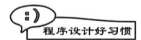

每行只写一条语句，这样方便调试。

说明：语句 printf("%c %c\n ", c1, c2)和 printf("%d %d ", c1, c2)中，%c 和 %d 是输出函数 printf 的格式控制符，其功能是把要输出的数据按照约定的形式显示到屏幕上。

以变量 c1 为例，其存储单元的值是 97，要以字符的格式输出时，即是把 97 对应的 ASCII 字符显示到屏幕上；当要求以数字的格式输出时，则直接把 97 显示到屏幕上。

变量 c1、c2 的三要素等见表 2.11。

表 2.11 变 量 含 义

变量名	存储单元内容	存储单元长度	对应 ASCII 码字符
c1	97	1 byte	a
c2	98	1 byte	b

图 2.3、图 2.4 分别为例 2-3 的调试步骤 1 和调试步骤 2。跟踪调试法参见第 10 章。

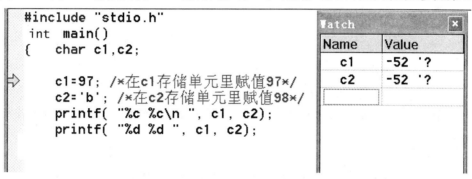

图 2.3 例 2-3 调试步骤 1

图 2.3 中，变量 c1 和 c2 在定义时，其存储单元的初始值是随机值-52，因为-52没有对应的 ASCII 码，所以 ASCII 码位显示 "?"。

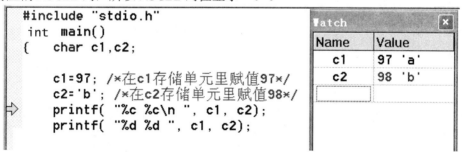

图 2.4 例 2-3 调试步骤 2

在 c1、c2 赋值语句执行后，c1 的值为 97，对应 ASCII 码为 a，c2 的值为 98，对应 ASCII 码为 b，如图 2.4 所示。

【例 2-4】 变量的例子 2。

```
1    /*变量的例子 2*/
2    #include <stdio.h>
3    int main()
4    {
5        char  ch = 'b';        /*定义字符变量出，并初始化*/
6
7        ch = ch - 32;          /*对 ch 的值做减 32 的运算*/
8        printf("%c, %d\n",ch,ch);    /*分别以字符和数值的形式输出 ch*/
```

```
9        return 0;
10   }
```

程序结果：

```
B, 66
```

程序的功能：将小写字母转换为大写字母。

 大写、小写字母的 ASCII 码值与 32

从 ASCII 码表可知，'A'=65，'a'=97，则

'a' - 'A'=32

为什么要把大写、小写字母的 ASCII 码之差设计为 32 呢？我们把它们转换成十六进制：

'A'=65 =0x41,   'a'=97=0x61,

'a' - 'A'=32=0x20

这样的设计，在二进制或十六进制中，字母间的大小写转换的运算是十分方便的。

图 2.5、图 2.6 分别为例 2-4 的调试步骤 1 和调试步骤 2。

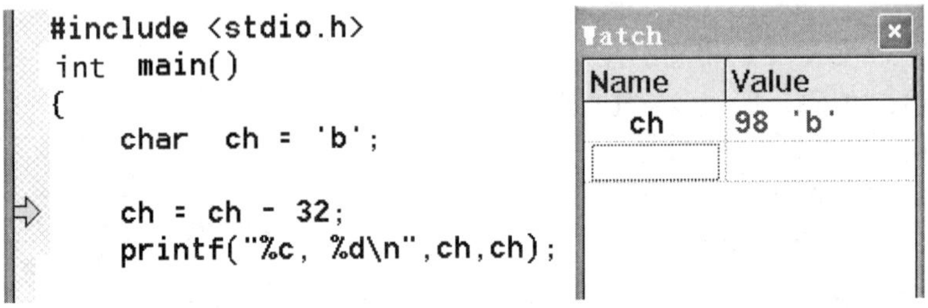

```
#include <stdio.h>
int  main()
{
    char  ch = 'b';

    ch = ch - 32;
    printf("%c, %d\n",ch,ch);
```

Watch	
Name	Value
ch	98 'b'

图 2.5　例 2-4 调试步骤 1

图 2.5 中，Watch 窗口里，字符变量 ch 初始化的数值为 98，ASCII 码 98 对应的字符为'b'。

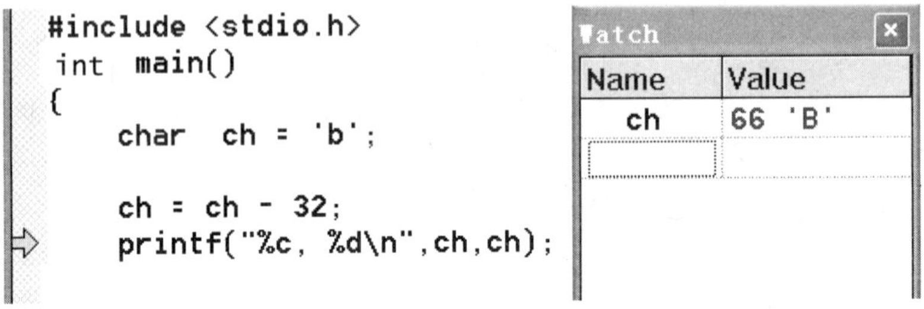

```
#include <stdio.h>
int  main()
{
    char  ch = 'b';

    ch = ch - 32;
    printf("%c, %d\n",ch,ch);
```

Watch	
Name	Value
ch	66 'B'

图 2.6　例 2-4 调试步骤 2

图 2.6 中，对 ch 做减 32 的操作，ch 单元的值变为 66，对应的字符为'B'。

我们把例 2-4 中第 7 行语句做一个小的改动如下：

ch = ch - ('a' - 'A');

其中'a'-'A'=97-65=32，即我们可以通过字符引用来求得小写字母与对应大写字母的 ASCII 值相差 32。

> 字符的 ASCII 码值是不必记忆的，需要时，可以通过"字符引用"的方式显示出来。

2.4　数据的运算

对数据实施什么样的操作，是由运算符决定的。C 语言的运算符有 8 类，如表 2.12 所示。

表 2.12　运算符种类

类　型	运　算　符
算术运算符	+, -, *, /, %, ++, --, +, -
赋值运算符	= 及其扩展
关系运算符	>, <, >=, <=, ==, !=
逻辑运算符	&&, ||, !
位运算符	&, |, ^, ~, <<, >>
条件运算符	? :
逗号运算符	,
其他运算符	& sizeof （数据类型标识符）

注：位运算规则参见附录 E。

在运算时，如果一个运算式子里有不同的运算符，就关系到运算符的优先级问题，C 语言中规定的运算符优先级见表 2.13。

表 2.13　运算符优先级

运　算　符	描　　述	结合性
()	圆括号	自左向右
!, ++, --, sizeof	逻辑非，递增，递减，求数据类型的大小	自右向左
*, /, %	乘法，除法，取余	自左向右
+, -	加法，减法	自左向右
<, <=, >, >=	小于，小于等于，大于，大于等于	自左向右
==, !=	等于，不等于	自左向右
&&	逻辑与	自左向右
||	逻辑或	自左向右
=, +=, *=, /=, %=, -=	赋值运算符，复合赋值运算符	自右向左

以上运算符的优先级从上至下顺次降低，同一行中运算符优先级相同。

特别提醒：运算符的优先级不必强记，编程时记不住可以查手册，或通过在表达式中加括号的方法来指定运算的顺序。

注意运算符的优先级，并用括号明确表达式的操作顺序，避免使用默认优先级，这样可以防止阅读程序时产生误解，防止因默认的优先级与设计思想不符而导致程序出错。

名词解释

➤ 表达式：用运算符将操作对象连接起来、符合 C 语法规则的式子称为表达式。表达式因运算符种类不同也可分为各种表达式，如算术表达式、关系表达式、赋值表达式等；每一个表达式也都具有一定的值，如 a=b+c。

➤ 运算符的优先级：指不同的运算符在表达式中进行运算的先后次序。在求解表达式的值的时候，总是先按运算符的优先次序由高到低进行操作。

➤ 运算符的结合性：当一个运算对象两侧的运算符优先级相同时，可按运算符的结合性来确定表达式的运算顺序。运算符的结合性指同一优先级的运算符在表达式中操作的组织方向，即运算对象与运算符的结合顺序。C 语言规定了各运算符的结合性。

运算符的结合性分为左结合和右结合两种。运算对象先与左面的运算符结合称左结合，如+、-、*、/的结合方向为自左向右；运算对象先与右面的运算符结合称右结合，如单目运算符++、--的结合方向是自右向左。

大多数运算符结合方向是"自左至右"，即先左后右。例如 a-b+c，b 两侧有-和+两种运算符，其优先级相同，按先左后右结合方向，b 先与减号结合，执行 a-b 的运算，再执行加 c 的运算。

运算符的结合性只用于表达式中出现两个以上相同优先级的操作符的情况，用于消除歧义。

2.4.1 算术运算

算术运算符作用于整型或浮点型数据，完成算术运算，具体例子见表 2.14。

表 2.14 算术运算

运 算 符	含 义	例 子
+	加法运算符或正值运算符	3+5　　　+a
-	减法运算符或负值运算符	3-5　　　-a
*	乘法运算符	3*5
/	除法运算符	3/5=0
%	除模运算符，或称为求余运算符	10%5=0 13%5=3 -13%5=-3 13%(-5)=3

说明：

(1) C 规定：整数除以整数，结果为整数。

(2) 对负数求余，先取绝对值，再按正规情况求余，最后结果的符号和被除数相同。

算术表达式：用算术运算符把运算对象连接起来的式子。

例如：(a+b)/(c-d)　　　和　　　　(a+b)/2*c

2.4.2　赋值运算

赋值表达式的形式及含义等见表 2.15。

表 2.15　赋值运算符和赋值表达式

赋值表达式	含　义	例　子	运算顺序
变量=表达式	(1) 求表达式值 (2) 赋值	A=B+3*C;	先计算 3*C，再将加 B 后的结果赋给 A
		X=Y=Z=100;	"="是右结合，所以从最右边的"="开始，100 赋值给 Z，Z 再赋给 Y，Y 再赋给 X
		A+(B=3)	先处理括号内的 B=3，然后再与 A 相加

说明：

(1) "="不是等于号，而是赋值运算符。

(2) 赋值运算符左边必须是变量，不能是表达式，并且赋值运算要由右向左进行。

(3) 赋值运算符右侧表达式的值即为赋值表达式的值。

二元运算赋值表达式的含义及例子见表 2.16。

表 2.16　二元运算赋值表达式

格　式	含　义	例　子
V oper = E;	V=V oper E;	x+=3;　　/*相当于 x=x+3*/ a%=3;　　/*相当于 a=a%3*/

说明：V、E 是变量，oper 是运算符。

2.4.3　增 1 和减 1 运算

增 1 和减 1 运算符的含义及例子见表 2.17。

表 2.17　增 1 和减 1 运算符

运算符	例　子	含　义	等价语句
++	y = ++x	先使 x 单元值增 1，然后 y 才能访问 x 单元	x++; y=x;
	y = x++	y 先访问 x 单元，然后 x 单元值增 1	y=x; x++;
--	y = --x	先使 x 单元值减 1，然后 y 才能访问 x 单元	x--; y=x;
	y = x--	y 先访问 x 单元，然后 x 单元值减 1	y=x; x--;

说明：

(1) 操作对象 x 只能是整型变量。

(2) 此处的"访问"是取存储单元值的意思。

【例 2-5】 增 1 和减 1 运算符的例子 1。

```
    int main()
    {  int x, y;

        x=10;
        y=++x;   /*先加1后赋值*/
        printf("%d, %d\n", x, y);
        return 0;
    }
运行结果:
    11, 11
```

```
    int main()
    {  int x, y;

        x=10;
        y=x++;   /*先赋值后加1*/
        printf("%d, %d\n", x, y);
        return 0;
    }
运行结果:
    11, 10
```

 结论

当自增或自减的对象在同一个语句中还要被其他量访问时，自增或自减的时机很重要。

我们把上面的例子改动一下：

```
    int main()
    {  int x,y;

        x=10;
        ++x;
        y=x;
        printf("%d, %d\n", x, y);
        return 0;
    }
运行结果:
    11, 11
```

```
    int main()
    {  int x, y;

        x=10;
        x++;
        y=x;
        printf("%d, %d\n", x, y);
        return 0;
    }
运行结果:
    11, 11
```

 结论

当自增或自减的对象作为单独一个语句时，自增或自减的时机就无关紧要了。

【例 2-6】 增 1 和减 1 运算符的例子 2。

```
1    /*前置增量与后置增量*/
2    #include <stdio.h>
3    int main( )
4    {
5      int c; /*定义变量*/
```

```
 6
 7      c = 6; /*将 c 赋值为6*/
 8      printf( "%d\n", c ); /*输出 6*/
 9      printf( "%d\n", c++ ); /*输出 6，然后增加 1*/
10      printf( "%d\n\n", c ); /*输出 7*/
11
12      c = 6; /*将 c 赋值为 6 */
13      printf( "%d\n", c ); /*输出 6*/
14      printf( "%d\n", ++c ); /*先增加 1，然后输出 7*/
15      printf( "%d\n", c ); /*输出 7*/
16        return 0;
17    }
```

程序结果:

```
6
6
7


6
7
7
```

【例 2-7】 增 1 和减 1 运算符的例子 3。读程序，给出结果。

```
 1    #include <stdio.h>
 2    int main()
 3    {
 4        int  a=5, b=4, x, y;
 5
 6        x=a++*a++*a++;
 7        printf ("a=%d, x=%d\n", a, x);
 8        y=--b* --b* --b;
 9        printf ("b=%d, y=%d\n", b, y);
10        return 0;
11    }
```

【解】 看这个程序时，你会觉得哪些语句不容易看得明白？是不是 x=a++*a++*a++
和 y=--b* --b* --b 呢？把这两条语句拆分一下：

(1) x=a++*a++*a++; 等价于：

x=a*a*a;

a=a+1; a=a+1; a=a+1;

(2) y=--b* --b* --b;等价于：

b=b-1; b=b-1; b=b-1;

y=b*b*b;

拆分后，是不是既清楚又明白？对拆分前的语句我们只能用"晦涩难懂"来评价之。

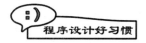

在一行语句中，一个变量最好只出现一次自增或自减运算。

关于自增和自减运算符在使用时需要注意的问题：

（1）过多的自增和自减运算混合的语句可读性差。之所以要编出这种晦涩难懂的语句，可能是形成的可执行代码效率高，但在实际的编程中，程序的可读性差的直接结果是导致程序员的效率降低。

（2）不同编译器会产生不同的运行结果。这点是对采用这种一个表达式中过多自增自减混合运算从根本上的否定。

（3）过多的自增和自减运算混合会丧失调试代码的机会。调试器在调试程序时，最小的"执行步"是一行语句，当一行有多条语句时，也在一个"执行步"内完成。

以语句 x=a++*a++*a++ 为例，单步跟踪时，一次执行完 4 条语句，则中间 a 的变化过程就无法看清，我们调试程序的目的就是要看清楚变量在执行过程中的变化，如果不是这样，也就丧失了调试代码的机会。

高技巧语句不等于高效率的程序，实际上程序的效率关键在于算法。

2.4.4　关系运算

关系运算实际上是"比较运算"，即进行两个量的比较，判断比较的结果是否符合指定的条件。C 的关系运算符见表 2.18。

表 2.18　关系运算符及运算结果

运 算 符	含 义	关系运算结果	
>	大于	0：表示假。 说明该关系不成立	非 0：表示真。 说明该关系成立
>=	大于等于		
<	小于		
<=	小于等于		
==	等于		
!=	不等于		

关系表达式的计算结果是逻辑值(真或假)。在 C 语言中，没有专门的逻辑值，而是用非 0 表示"真"，用 0 表示"假"。因此，对于任意一个表达式，如果值为 0，就代表一个"假"值；如果值是非零，无论是正数还是负数，都代表一个"真"值。

注意关系运算符==和赋值运算符=的含义不同，不能用混了。

程序设计好习惯

为避免 "==" 与 "=" 用混，可以采用如下方法：在判断一个变量是否等于常量时，将常量写在前面，变量写在后面，如 x==5 写成 5==x；如果误写成 5=x，则编译通不过，这样就避免了可能出现的错误。

关系运算的例子见表 2.19。

表 2.19　关系运算的例子

语句或表达式	结果	说　明
x=10;		
printf("%d\n", x>=9);	1	x>=9 的结果为"真"
x=5;		
printf("%d\n", x>=9);	0	x>=9 的结果为"假"
'A'<'B'	1	字符比较按其 ASCII 码值进行

2.4.5　逻辑运算

逻辑运算是用逻辑运算符连接一个或多个条件，并判断这些条件是否成立。逻辑表达式的计算结果等于逻辑值(真或假)。逻辑运算含义等见表 2.20，逻辑运算的结果见表 2.21，这两个表中 a、b 表示条件，若 a、b 为数值，则按 0 表示假，非 0 表示真处理。逻辑运算的例子见表 2.22。

表 2.20　逻 辑 运 算 符

运算符	含义	逻辑运算结果		例　子
&&	与运算	0 表示假	非 0 表示真	a && b：表示 a、b 只有同为真时结果才为真，近似于乘法
||	或运算			a || b：表示 a、b 只要有一个为真时结果即为真，近似于加法
!	求反			! a：取 a 的相反结果

表 2.21　逻辑运算真值表

运算对象		逻辑运算结果		
a	b	a && b	a || b	!a
0	0	0	0	1
0	1	0	1	1
1	0	0	1	0
1	1	1	1	0

表 2.22　逻辑运算的例子

编号	表 达 式	含 义
1	(a>b && b>c)	a>b 并且 b>c 同时为真，则表达式 1 的结果为真，否则为假
2	(a>b||b>c)	a>b 为真，或者 b>c 为真，则表达式 2 的结果为真，否则为假
3	!(a>b||b>c)	表达式 2 的结果取反

对于逻辑与条件运算混合的表达式，当记不清运算符的优先级时，只能去查手册才能知道其含义。在编程时，有没有不需要查手册，而又能清晰规定运算顺序的方法呢？当然是有的——加括号！

> 一般来说，如果一段代码总是需要程序员求助于参考手册才能读懂的话，那它要么是编写得不够好，要么是需要增加一些注释来提供缺少的细节。
>
> —— Alan R.Feuer（福伊尔，世界著名的 C 语言专家）

【例 2-8】 运算符的例子 1。设 int x=3，y=4，z=4，表达式 z>=y && y >=x 成立吗？

【解】 上述表达式如果在编写时加上括号，其运算顺序就一目了然了：

```
((z>=y) && (y>=x))
=(TRUE && (y>=x))
=(TRUE && TRUE)
=(TRUE)
```

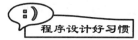

在复杂的表达式里，使用括号有助于读者搞清楚操作符与操作数之间的关联关系。

【例 2-9】 运算符的例子 2。设 int x=1，y=1，z=1，求表达式++ x||++ y && ++ z 的结果。

【解】 编写表达式时加上括号：

```
((++ x) || ((++ y) && (++z)))
=(2 || ((++ y) && (++z)))
=(TRUE || 任意值)
=TRUE
```

注意：运算结束后 x=2，y=1，z=1，因为"||"操作符的左操作数是 TRUE，所以没有必要继续求值了，这是需要注意的逻辑操作符的副作用。

建议：在做逻辑或关系运算时，变量本身不要同时进行++或--的运算。

2.4.6　条件表达式

条件表达式形式：

表达式 1? 表达式 2；表达式 3

条件表达式的含义是：如果表达式 1 为真，则执行表达式 2，否则执行表达式 3。它等价于下面的语句：

```
if(表达式 1)表达式 2；
else 表达式 3；
```

说明：此种表达式切忌用得过于繁杂。

【例 2-10】 条件表达式的例子。把 a、b 中的大者放入 z 中。

方法 1：

```
if (a>b)   z=a；
else   z=b；
```

方法 2：

```
z=(a>b)? a:b；
```

2.4.7 数据的类型转换

数据的类型转换是指把数值从一种类型转换为另一种类型。

1. 数据类型转换的种类

对数据进行处理时，可能会出现一些不同的情形，此时可按表 2.23 所示的数据类型转换规则来规范最后的处理结果。

表 2.23　数据类型转换规则

种　类	发　生　情　形	处理规则
运算转换	不同类型数据混合运算时	先转换、后运算
赋值转换	把一个值赋给与其类型不同的变量时	转换为变量类型
输出转换	输出时转换成指定的输出格式	按指定格式输出
函数调用转换	实参与形参类型不一致时	以形参为准
	返回值类型和函数类型不一致时	以函数类型为准

2. 数据类型转换的方式

类型转换有两类：自动类型转换和强制类型转换。

1）自动类型转换(隐式转换)

所谓隐式类型转换就是在编译时由编译程序按照一定规则自动完成，而不需人为干预。如 int 类型变量 x 与 float 类型变量相加时，编译程序自动将 x 的值取出转换为 float 型，但不改变 x 存储单元本身的内容。

C 语言编译系统提供的内部数据类型的隐式自动转换规则如下：

(1) 算术运算：低类型(短字节)可以转换为高类型(长字节)。

(2) 赋值运算：等号右边表达式的值的类型自动隐式地转换为左边变量的类型。

(3) 函数处理：

① 实参的类型转换为形参的类型；

② 返回表达式值的类型转换为函数的类型。

【例 2-11】 自动类型转换的例子 1。表达式 10+'a'+1.5-8765.1234*'b' 的结果类型是什么？

答：是先按最长类型 float 转换后再运算，结果是 float 型。

【例 2-12】 自动类型转换的例子 2。

```
1    /*自动类型转换的例子2*/
2    #include <stdio.h>
3    int main()
4    {
5         float  x;
6         int  i;
7
8         x=3.6;
9         i=x;
10        printf( "x=%f, i=%d ", x, i);
11        return 0;
12   }
```

程序结果：

```
x=3.600000, i=3
```

2）强制类型转换

所谓强制类型转换只不过是一种显式的类型变换，它可以把表达式的类型转换成我们希望的类型，例如我们可以强制把 float 类型变量的值转换为整型值。

强制类型转换格式：

> (数据类型)(表达式)

说明：强制转换得到的是所需类型的中间量，原变量或表达式的类型不变。

【例 2-13】 强制类型转换的例子。

```
1    /*强制类型转换的例子*/
2    #include <stdio.h>
3    int main()
4    {
5         float  x, y;
6         x=2.3;
7         y=4.5;
8
9         printf("(int)(x)+y=%f\n",(int)(x)+y);
10        printf("(int)(x + y)=%d\n",(int)(x + y));
11        printf("x=%f,y=%f\n",x,y);
```

```
12        return 0;
13    }
```

程序结果：

　　(int)(x)+y=6.500000

　　(int)(x + y)=6

　　x=2.300000,y=4.500000

说明：

(1) 第 9 行：

　　(int)(x)+y = (int)(2.3)+4.5 = 2+4.5 = 6.5

(2) 第 10 行：

　　(int)(x+y) = (int)(2.3+4.5) = (int)(6.8) =6

(3) 对表达式的值进行强制转换，并不改变 x、y 本身的值。

图 2.7 为例 2-13 的调试过程。

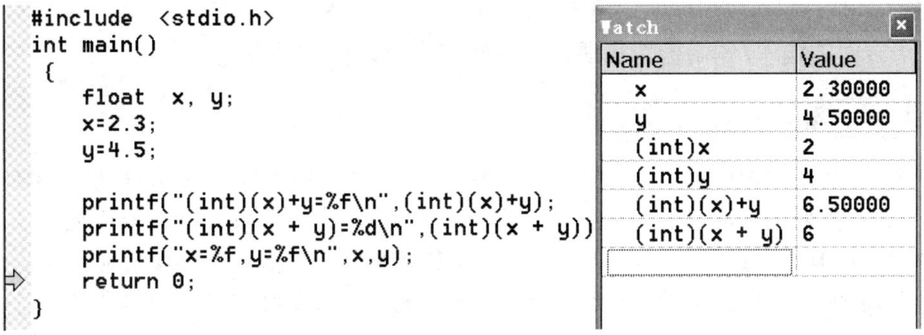

```
#include <stdio.h>
int main()
{
    float x, y;
    x=2.3;
    y=4.5;

    printf("(int)(x)+y=%f\n",(int)(x)+y);
    printf("(int)(x + y)=%d\n",(int)(x + y));
    printf("x=%f,y=%f\n",x,y);
    return 0;
}
```

Watch	
Name	Value
x	2.30000
y	4.50000
(int)x	2
(int)y	4
(int)(x)+y	6.50000
(int)(x + y)	6

图 2.7　例 2-13 调试过程

通过图 2.7 中的 Watch 窗口，可以观察到程序运行至 return 语句虽然对变量 x、y 都做了强制类型转换，但它们本身的值并未发生变化。

程序错误预防

要尽量减少没有必要的数据类型默认转换与强制转换。

2.4.8 数据运算中的出界问题

无论是哪一种基本数据类型的变量，都有一个规定的取值范围，在运算时如果对变量的操作超出了其取值的范围，将得不到预想的结果。

【例 2-14】 无符号数的使用问题。设变量类型如下：

　　unsigned char size;

当 size 等于 0 时，再减 1 的值是什么？

答：因为 size 是无符号类型，故 size 的值不会小于 0，而是 0xFF。

【例 2-15】 字符型数据的使用问题。C 语言中字符型变量的有效值范围为-128～127，故以下表达式的计算存在一定风险：

```
char chr = 127;
int sum = 200;

chr +=1; /*127 为 chr 的边界值，再加 1 将使 chr 上溢到-128，而不是 128*/
sum += chr; /* 故 sum 的结果不是 328，而是 72*/
```

使用变量时要注意其边界值的情况。

2.5 数据的输入/输出

C 语言中数据的输入/输出是以计算机为主体的。所谓输入，是指从标准输入设备上输入数据到计算机内存。具体地说，就是通过键盘为程序中的变量赋值。所谓输出，是指将计算机内存中的数据送到标准输出设备。具体地说，就是向显示器输出表达式的值。

C 语言中的输入/输出操作是通过调用标准库函数来实现的。

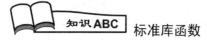 标准库函数

ANSI(American National Standards Institute，美国国家标准学会)标准定义了 C 语言的标准库函数，如数学类函数、输入/输出类函数、字符处理类函数、图形类函数和时间日期类函数等，其中每一类里又包括几十个到上百个具体功能函数。一般的 C 编译环境都部分或全部提供了对这些库函数的支持，需要时可以查阅本书的附录，也可以查阅 C 编译软件的帮助文件。

标准库函数的方便之处在于，用户可以不定义这些函数，就直接使用它们。比如我们想打印输出，只要了解输出函数的功能、输入/输出参数和返回值，具体使用时按照给定参数调用即可。

在调用标准库函数时，需要在当前源文件的头部添加#include "头文件名称" 或者#include <头文件名称>。标准库函数的说明中一般都写明了需要包含的头文件名称，参见表 2.24。

表 2.24 库函数及头文件

库函数分类	头 文 件
数学计算	math.h
字符处理	ctype.h
字符串处理	string.h
输入/输出	stdio.h
通用实用程序	stdlib.h

例如，如果要使用 sqrt 函数(即求平方根函数)，需要在文件头部增加一行：

```
#include "math.h"
```

应熟悉库函数并尽可能使用库函数，而不是所有的工作都是从头开始，这可以减少程序的开发时间，使得程序员的工作更加容易。使用 C 标准库函数中的函数的另一个好处是使得程序更易于移植。

2.5.1　数据的输出

C 的输出函数有两类：字符输出函数和格式输出函数。

1. 字符输出函数

形式：`putchar(ch)`

功能：在标准输出设备(即显示器屏幕)上输出一个字符。

说明：ch 表示字符变量或字符常量。

注意：putchar 函数一次只输出一个字符。

【例 2-16】　字符数据输出的例子 1。字符输出函数 putchar(ch)中，括号内的参数可以是字符变量或字符常量，具体例子参见表 2.25。

表 2.25　字符输出函数参数形式

例　子	输　出
putchar('a');	a
putchar('\n');	回车
putchar('\101');	A
putchar(st);	字符变量 st 代表的字符

注：'\101'中 101 为八进制数，对应的十进制数为 65，是字母 A 的 ASCII 码值。

【例 2-17】　字符数据输出的例子 2。

```
1    #include "stdio.h"
2    int main()
3    {
4        char c1,c2;/*定义两个字符变量*/
5
6        c1='a'; c2='b'; /*给字符变量赋值*/
7        putchar(c1); putchar(c2); putchar('\n');/*输出字符*/
8        putchar(c1-32);  putchar(c2-32);
9        putchar('\n');
10       return 0;
11   }
```

程序结果：

ab

AB

2．格式输出函数

格式：printf(格式控制串，参数 1,…,参数 n)

功能：按格式控制串所指定的格式，在标准输出设备上输出参数 1～n 的值。

说明：

(1) 格式控制串：用双引号括起来的字符串，用于指定输出数据的类型、格式和个数，包括普通字符和格式说明符。printf 函数格式控制串含义如表 2.26 所示，其中加[]的部分是可以省略的。

(2) 格式说明符：其含义见表 2.27。

(3) 参数：单个变量或表达式。

表 2.26　printf 函数格式控制串

％	±	m	.	n	h/l	格式说明符
开始符	[标志字符]	[宽度指示符]	[]	[精度指示符]	[长度修正符]	格式转换字符

表 2.27　输出格式说明符

类型	格式说明符	含　　义
整型 数据	%d	以有符号十进制形式输出整型数
	%o	以无符号八进制形式输出整型数
	%x	以无符号十六进制形式输出整型数
	%u	以无符号十进制形式输出整型数
实型 数据	%f	以小数形式输出实型数
	%e	以指数形式输出实型数
	%g	按数值宽度最小的形式输出实型数
字符型 数据	%c	输出一个字符
	%s	输出字符串(从指定的地址输出字符，直到遇到'\0'停止)
其他	%%	输出字符 ％ 本身

说明：

(1) 在％和格式符之间可以使用附加说明符，见表 2.28。

(2) '\0' 是字符串的结束标志，是系统自动添加的。

表 2.28　附加格式说明符

l	输出长整型数(只可与 d、o、x、u 结合使用)
m	指定数据输出的总宽度(即总位数，小数点也算一位)
.n	对实型数据，指定输出 n 位小数；对字符串，指定左端截取 n 个字符输出
+	使输出的数值数据无论正负都带符号输出
−	使数据在输出域内按左对齐方式输出

附加格式说明符举例：

%ld——输出十进制长整型数；

%m.nf——右对齐，m 表示位域宽，n 表示位小数或 n 个字符；

%-m.nf——左对齐。

【例 2-18】 格式输出的例子 1。设有变量：

　　int a=12, b=56;

　　float x=10.8;

printf 函数的调用形式等见表 2.29。

表 2.29　格式输出例子

例　　子	格式控制串	参数	输出
printf("%d %f\n", a,x);	%d %f\n	a,x	12□10.8
printf ("%d+%d =%d\n",a, b, a+b);	%d + %d =%d\n	a,b,a+b	12+56=68

说明：

(1) 第一行：格式控制符%d 和参数 a 对应；格式控制符%f 和参数 x 对应。

(2) 第二行：第一个%d 对应参数 a；第二个%d 对应参数 b；第三个%d 对应参数 a+b。

(3) □代表一个空格。

(1) 格式输出函数中，格式控制符与参数是顺次对应的。

(2) 格式控制串中，除了格式控制符处按参数输出，其他字符都是照原样输出(转义字符按约定形式输出)。

【例 2-19】 整型数据输出的例子。printf 函数处理整型量的情形如表 2.30 所示。

表 2.30　整型数据的输出

语　　句	输　　出
int a=11,b=22;	
int m=-1;　long n=123456789;	
printf("%d %d\n",a,b);	11□22
printf("a=%d, b=%d\n",a,b);	a=11,□b=22
printf("m: %d, %o, %x,%u\n",m,m,m,m);	m: -1, 177777, ffff, 65535
printf("n=%d\n",n);	n=-13035
printf("n=%ld\n",n);	n=123456789

注意：-1 按照不同的格式输出，其形式是不是有点出乎意料？-1 的二进制值是1111111111111111，即它在内存中的形式，就是一个全"1"的数，以不同的格式看它，只是呈现的形式不一样而已。

【例 2-20】 实型数据输出的例子。printf 函数处理实型量的情形如表 2.31 所示。

表 2.31　实型数据的输出

语　句	输　出	说　明
float x=1234.56,y=1.23456789; double z=1234567.123456789;		**float**：位长为 4 字节时，6~7 位有效数字（整数+小数）
printf("x=%f, y=%f \n",x,y);	x=1234.560059,y=1.234568	
printf("x=%d, y=%d \n",x,y);	x= -2147483648, y=1083394621	%d 与 x 的类型不匹配
printf("z=%f\n",z);	z=1234567.123457	**double**：位长为 8 字节时，15~16 位有效数字（整数+小数）
printf("z=%e\n",z);	z=1.23457e+006	
printf("z=%18.8f\n",z);	z=□□1234567.12345679	
printf("x=%10.3f\n",x);	x=□□1234.560	右对齐，共 10 位，3 位小数，小数点算一位
printf("x=%-10.3f\n",x);	x=1234.560	左对齐，共 10 位，3 位小数，小数点算一位
printf("x=%4.3f\n\n",x);	x=1234.560	整数部分依然显示完全

【例 2-21】　字符型数据输出的例子。printf 函数处理字符型量的情形如表 2.32 所示。

表 2.32　字符型数据的输出

语　句	输　出	说　明
int m=97; char ch='B';		
printf("m:　%d　　%c\n",m,m);	m:□97□a	同一变量，格式控制符不同，显示内容不同
printf("ch: %d　　%c\n",ch,ch);	ch:□66□B	
printf("%s\n","student");	student	
printf("%10s\n","student");	□□□student	右对齐，总宽度为 10
printf("%-10s\n","student");	student	左对齐，总宽度为 10
printf("%10.3s\n","student");	stu	截取 3 个字符
printf("%.3s\n\n","student");	stu	截取 3 个字符

【例 2-22】　转义字符的使用

```
1    /*转义字符的使用 */
2    #include <stdio.h>
3    int main()
4    {
5        char a,b,c;
6        a='n';
7        b='e';
8        c='\167';                        /*八进制数 167 代表字符 w*/
```

```
9        printf("%c%c%c\n",a,b,c);          /*以字符格式输出*/
10       printf("%c\t%c\t%c\n",a,b,c);     /*每输出一个字符跳到下一输出区 */
11       printf("%c\n%c\n%c\n",a,b,c);     /*每输出一个字符后换行*/
12       return 0;
13   }
```

程序结果:

new

n□□□□□□□e□□□□□□□w

n

e

w

注: \t 是转义字符, 表示横向跳格, 即跳到下一个输出区, 一个输出区占 8 列。

2.5.2 数据的输入

C 语言中的数据输入函数分为两类: 字符输入函数和格式输入函数。

1. 字符输入函数

格式: getchar()

功能: 从键盘上交互输入一个字符。

注意: getchar 函数需要交互输入, 即接收到键盘输入的字符之后才继续执行程序, 否则程序会一直在控制台窗口等待。

getchar 的使用方法如下:

```
    char ch;            /*定义一个字符变量*/
    ch=getchar();       /* 从键盘接收一个字符, 存放在字符变量 ch1 中*/
```

【例 2-23】 字符输入函数的例子。

```
1    #include "stdio.h"
2    int main( )
3    {
4        char ch;
5        ch=getchar( );        /* 从键盘输入一字符,放到变量 ch 中*/
6        printf("%c  %d\n",ch,ch);     /*显示 ch 字符及对应的 ASCII 码值;*/
7        printf("%c  %d\n\n",ch-32,ch-32);
8        /*显示将 ch 的 ASCII 码值减去 32 后相应的字符及 ASCII 值*/
9        return 0;
10   }
```

程序结果:

输入: m

输出: m 109

　　　M 77

在 Watch 窗口中查看 ch 及 ch-32 的值，如图 2.8 所示。

```
#include "stdio.h"
void main( )
{
    char ch;
    ch=getchar( );
    printf("%c  %d\n",ch,ch);
    printf("%c  %d\n\n",ch-32,ch-32);
}
```

Watch	
Name	Value
ch	109 'm'
ch-32	77

图 2.8 变量 ch 的查看

注：同一字母，其小写和大写的 ASCII 码的差值是 32。

2．格式输入函数

格式输入函数 scanf 的功能是按用户指定的格式，从键盘上把数据输入到指定的变量中。

格式：scanf(格式控制串，地址参数 2…，地址参数 n)；

功能：按格式控制指定的格式，从键盘输入数据，依次存放到对应变量中。

说明：

(1) 格式控制串：用双引号括起的字符串，用于指定输入数据的类型、格式、个数以及输入的形式，包括普通字符和格式说明符，与 printf 函数的格式控制串类似。

(2) 格式说明符：与 printf 函数的格式说明符相同。

(3) 地址参数：存放地址值，如变量的地址等。

取变量地址的方式：&变量名。&为取地址运算符。

【例 2-24】 格式输入的例子 1。scanf 函数处理整型实型量的情形如表 2.33 所示。

表 2.33 scanf 的例子 1

例　　子	输入样例	结　果	数据分割标记
scanf("%d%f ", &a, &f);	32　　5.2	a=32　　f=5.2	空格(默认)
scanf("a=%d, b=%d", &a, &b);	a=4, b=6	a=4　　b=6	指定字符

说明：数据分割标记指用以区分多个输入数据的符号。

在格式控制串部分有两种情形：

(1) 只有格式控制符：有默认的数据分割方式，见表 2.34。

(2) 格式控制符+普通字符：这个"普通字符"要按原样输入；若格式控制符间有普通字符，则以普通字符做数据的分割标记。

表 2.34 scanf 结束数据输入的默认方式

一个数据项的结束	① 遇空格、"回车"、"tab"键
	② 遇宽度结束
	③ 遇非法输入
整个 scanf 的结束	scanf 函数仅在每一个数据域均有数据，并按回车后结束

注：一个数据项指 scanf 参数中的一个地址参数项。

【例 2-25】 格式输入的例子 2。数字的输入方法见表 2.35。

设备变量类型如下：

```
int  a,b,c;
float  x;
```

表 2.35　数 字 的 输 入

语　　句	输入样例	分割标记
scanf("%d%d%d", &a, &b, &c);	3□5　□　7 ↙	空格
	3 ↙5 ↙7 ↙	回车
	3<tab>5<tab>7 ↙	tab 键
scanf("%d,%o,%f ", &a, &b, &x);	3,5,7.2↙	指定字符
scanf("a=%d, b=%d", &a, &b);	a=32，b=28 ↙	指定字符

说明：

(1) 表中用□代表空格，↙代表回车换行。

(2) <tab>——tab 键。

【例 2-26】　格式输入的例子 3。字符的输入方法见表 2.36。

设备变量类型如下：

```
char  ch1,ch2,ch3;
int  m,n;
char  ch;
```

表 2.36　字 符 的 输 入

语　　句	输入样例	说　　明
scanf("%c%c%c", &ch1, &ch2, &ch3);	错：a□b□c↙	一个 char 变量只能接收一个字符
	对：　abc↙	
scanf(" %d%d ", &m, &n); scanf(" %c ", &ch);	错：32□28↙a	错误原因：第二个输入接收了回车字符
	对：32□28a↙	

2.5.3　数据输入/输出的常见问题

初学者上机练习，往往会遇到这样的情况，在控制台窗口输入了 scanf 要求的数据，但机器仍然在控制台窗口等待，而不继续运行，这究竟是什么问题造成的呢？主要的原因是输入者认为数据已经按要求输入了，但机器认为数据的输入还未结束。

对于格式输入函数 scanf，初学者上机练习最容易犯的错误如表 2.37 所示。这些错误虽然从表面上看很简单，但程序运行时，错误却不容易找到，致使学生在做编程练习时，因为输入数据的不正确，导致结果出现错误，最终花费了大量的上机时间而效率很低。

表 2.37 使用 scanf 常见问题

编号	语 句	错 误
1	int a; scanf("%d", a);	忘记输入&，运行时 a 的值被当做地址。例如，a 的值如果是 100，那么输入的整数就会从地址 100 开始写入内存，运行停止
2	int a; scanf("%f", &a);	输入被当做 float，以 float 的二进制形式写到 a 所在的内存空间
3	char c; scanf("%d", &c);	输入以 int 的二进制形式写到 c 所在的内存空间。c 所占内存不足以放下一个 int，其后的空间也被覆盖
4	int a; scanf("%d\n", &a);	输入样例：5 ✓ 此时机器仍然在控制台窗口等待，而不继续运行

说明：

（1）错误 1——scanf 函数的地址参数项出错。

scanf 函数的地址参数项出错是初学者最容易犯的错误。

程序实例：

```
int a;
scanf( "%d ", a );
```

忘记在 scanf 的变量前加 &。

现象：

① 编译：编译只给出一个下面的告警，却让其编译通过。（注：只要编译通过的程序就是可以运行的。）

Warning C4700: local variable 'a' used without having been initialized

② 运行：程序运行时，在输入 scanf 要求的数据后，会弹出如图 2.9 所示的提示框后停止运行。

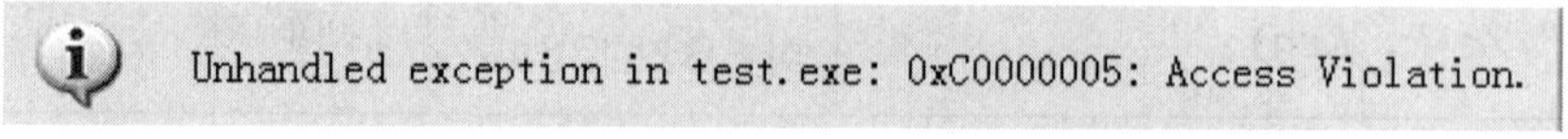

Unhandled exception in test.exe: 0xC0000005: Access Violation.

图 2.9 提示框

（注：test.exe 为此例最后生成的可执行文件。）

说明：

① Unhandled exception——未处理的异常。

② Access Violation——非法访问。Access Violation 错误是计算机运行的用户程序试图存取未被指定使用的存储区时常常遇到的状况。

（2）错误 2——格式控制符与对应变量不一致，程序无法继续运行。

程序实例：

```
int a;
scanf("%f",&a);
```

在 scanf 中，格式控制符与对应变量类型不一致。

现象：

① 编译、链接均无错。

② 运行：在输入 scanf 要求的数据如数字 6(无论整数或实数)后，会弹出如图 2.10 所示的告警对话框后停止运行。

在选择"忽略"后，User screen 窗口的内容如图 2.11 所示。

图 2.10　告警对话框

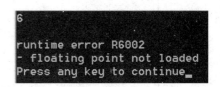

图 2.11　结果

runtime error R6002——R6002 错误解释：

A format string for a printf or scanf function contained a floating-point format specification, and the program did not contain any floating-point values or variables.

——格式控制串中有浮点格式控制符，但程序并未包含浮点值或变量。

(3) 错误 3——格式控制符与对应变量不一致，程序可继续运行，接收数据错误。

程序实例：

```
char c;
scanf("%d", &c );
```

输入样例：

① 输入数值，以 int 的二进制形式写到 c 所在的内存空间。因为变量 c 所占内存不足以放下一个 int，所以其后的空间将被覆盖。

② 输入非数值字符，则不对变量 c 单元赋值。

(4) 错误 4——格式控制串中，把'\n'当回车输入，而不是"原样输入"。

程序实例：

```
int a;
scanf("%d\n",&a);
```

在 scanf 中的格式控制串里加'\n'。

输入样例：　5 ✓

现象：此时机器仍然在控制台窗口等待，而不继续运行。

原因：格式控制中的"%d\n"内容，除了%d之外，所有的内容都是要按原样输入的，"\n"在此不按"回车换行"的含义解释。

2.6　本　章　小　结

数据是计算机要处理的信息。数据的三要素是存储、运算和形式，见表2.38。

(1) 存储：数据存储涉及存储空间的分配、所占空间的大小以及引用方式。

(2) 运算：由运算符决定对数据的操作方法。

(3) 形式：数据在程序中的表现形式有常量和变量两种。

表 2.38　数 据 三 要 素

数据 三要素	存储	存储三要素	存储尺寸	类型决定
			存储空间分配	变量定义时分配
			存储空间数据引用	变量引用
	运算	运算方式 由运算符 决定	运算方式	结果
			算术运算：算一算	数值
			关系运算：比一比	真假
			逻辑运算：行不行	真假
	形式	常量	有不同类型的常量	
		变量	变量三要素	名字
				数值
				存储单元

数据类型自己选，
大小长度不一般；
数据可以混合算，
注意类型会改变；
常量直接拿来用，
遇到变量分单元。

习　　题

2.1　编写一个 C 语句实现下面每一句话的要求。

(1) 把变量 c、thisvariable、q76354 和 number 定义为 int 类型。

(2) 提示用户输入一个整数。使用冒号结束提示信息，在冒号后面跟随一个空格，并把光标定位在这个空格之后。

(3) 从键盘中读取一个整数，并把输入的值存储在变量 a 中。

(4) 在一行中输出消息 "This is a C program."。

(5) 在两行中输出消息 "This is a C program."，并且第一行以字母 C 结束。

(6) 输出消息 "This is a C program."，每行显示一个单词。

(7) 输出消息 "This is a C program."，使用制表符把单词分隔开。

2.2　编写一个(或注释)语句实现下面每一句话的要求。

(1) 指出一个程序将计算 3 个整数的乘积。

(2) 把变量 x、y、z 和 result 声明为 int 类型。

(3) 提示用户输入 3 个整数。

(4) 从键盘中读取 3 个整数，并把这 3 个整数存储在变量 x、y、z 中。

(5) 计算出包含在变量 x、y、z 中的 3 个整数的乘积，并把结果赋给变量 result。

(6) 输出 "The product is"，并在后面输出变量 result 的值。

2.3　使用在题 2.2 中所编写的语句，编写一个能够计算 3 个整数乘积的完整程序。

2.4　华氏温度 F 与摄氏温度 c 的转换公式为：c=(F-32)*5/9，则 "float C, F; C=5/9*(F-32)" 是其对应的 C 语言表达式吗？如果不是，为什么？

2.5　编写程序，读入 3 个双精度数，求它们的平均值并保留此平均值小数后一位数，对小数点后第二位数进行四舍五入，最后输出结果。

2.6　编写程序，输入一行字符(用回车结束)，输出每个字符以及与之对应的 ASCII 码值，每行输出三对。

2.7　编写一个程序，要求用户输入两个数字，从用户处取得这两个整数，然后显示它们的和、积、差、商和模。

2.8　编写程序，输入一行数字字符(用 EOF 结束——输入 ctrl Z)，每个数字字符的前后都有空格。请编程，把这一行中的数字转换成一个整数。例如，若输入 "2　4　8　3"，则输出整数 "2483"。

2.9　对于 "统计一行中数字字符的个数" 的要求，写出判别数字字符的条件表达式。

2.10　输入整数 a 和 b，若 a+b>100，则输出 a+b 百位以上的数字，否则输出两数之和。给出题目中的输入/输出语句和判断条件表达式。

2.11　要将 "China" 译成密码，密码规律是：用原来的字母后面第 4 个字母代替原来的字母，如字母 "A" 用 "E" 代替。因此 "China" 应译为 "Glmre"。请编一程序，用赋初值的方法使 c1、c2、c3、c4、c5 五个变量的值分别为 "C"、"h"、"i"、"n"、"a"，经过运算，使 c1、c2、c3、c4、c5 分别变成 "G"、"l"、"m"、"r"、"e"，并输出。

2.12　幼儿园有大、小两个班的小朋友。分西瓜时，大班 4 个人一个，小班 5 个人一个，正好分掉 10 个西瓜；分苹果时，大班每人 3 个，小班每人 2 个，正好分掉 110 个苹果。给出满足题目条件的表达式。

2.13　编写程序，读入 3 个整数给 a、b、c，然后交换它们中的数，把 a 中原来的值给 b，把 b 中原来的值给 c，把 c 中原来的值给 a。

第3章 程序语句

【主要内容】

- 基本程序语句；
- 同类程序语句的特点、相互间的联系、选用条件等；
- 流程图分析程序的效率训练；
- 自顶向下算法设计的训练；
- 读程序的训练；
- 语句调试要点的介绍。

【学习目标】

- 掌握用基本语句进行顺序、选择和循环结构程序设计的方法；
- 掌握表达式语句的格式，理解表达式与表达式语句的区别；
- 掌握 C 语言的基本控制结构和基本控制语句的使用方法；
- 掌握简单的程序调试方法；
- 了解测试用例选取方法。

3.1 程序的语句与结构

1. C 程序语句类型

从程序流程的角度来看，程序语句有三种基本结构，即顺序结构、分支(选择)结构和循环结构。这三种基本结构可以组成所有的复杂程序。C 语言提供了多种语句来实现这些程序结构。C 程序的执行部分是由语句组成的，程序的功能也是由执行语句实现的。C 语句可分为如表 3.1 所示的几类。

表 3.1　C 程序语句类型

语句类型	形式或种类
变量声明语句	数据类型　标识符；
表达式语句	表达式；
函数调用语句	函数名(实际参数表)；
空语句	；
复合语句	{语句 A；语句 B；…}
控制语句	(1) 判断选取控制语句
	(2) 循环控制语句
	(3) 其他控制语句

说明：复合语句是用{ }括起来的 0 条或多条语句序列。

2．C 程序的构成

顺序结构、分支结构和循环结构可以相互嵌套，在循环中可以有分支、顺序结构，分支中也可以有循环、顺序结构。不管哪种结构，我们均可广义地把它们看成一个语句。在实际编程过程中常将这三种结构相互结合以实现各种算法，设计出相应程序。

当要编程处理的问题较大时，编写出的程序就往往很长、结构重复多，造成可读性差，难以理解，解决这个问题的方法是将 C 程序设计成模块化结构。所谓模块化程序结构，就是把较长的、复杂的 C 程序分为若干模块，每个模块都编写成一个 C 函数，然后通过主函数调用函数及函数调用函数来实现一大型问题的 C 程序编写，因此可以说：

C 程序=主函数+子函数

从程序的模块化结构来看，C 程序由函数组成，必须有一个主函数，可以有 0 个到多个子函数，具体格式参见表 3.2。

表 3.2 C 程序的构成

C 程 序	说 明
函数类型 f1(形式参数)；	子函数 f1 的声明
函数类型 f2(形式参数)；	子函数 f2 的声明
…	…
全局变量说明；	全局变量：所有函数都能用的变量
int main( ) /* main 函数开始*/	主函数
{ 局部变量的说明；	局部变量：只有声明该变量的函数能用的变量
语句序列；	
} / main 函数结束*/	
函数类型 f1(形式参数) /* f1 函数开始*/	子函数 f1 的定义
{ 局部变量说明；	
语句序列；	
} /* f1 函数结束*/	
函数类型 f2(形式参数)	子函数 f2 的定义
{ 局部变量说明；	
语句序列；	
} /* f2 函数结束*/	
…	

3.2 顺 序 结 构

顺序结构的执行流程如图 3.1 所示，当 A 执行完后，无条件地执行 B。语句按照书写的顺序由上至下逐条执行。

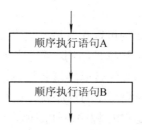

图 3.1　顺序结构的流程

【例 3-1】 顺序结构程序的例子。从键盘输入 4 位学生的学号和英语考试成绩，打印这 4 人的学号和成绩，最后输出 4 人的英语平均成绩。

```
1    /*顺序结构程序的例子*/
2    #include  <stdio.h>
3    int main( )
4    {
5         int number1,number2, number3, number4; /* 设 4 个学号 */
6         float grade1, grade2, grade3, grade4;  /* 设 4 个成绩 */
7         float ave;  /* 平均成绩 */
8
9         printf("input  number:\n "); /* 提示 */
10        /* 输入 4 个学号 */
11        scanf("%d%d%d%d",&number1,&number2,&number3, &number4);
12        printf("input  grader:\n ");/* 提示 */
13       /* 输入 4 个成绩 */
14        scanf("%f%f%f%f",&grade1,&grade2, &grade3, &grade4);
15
16        ave=(grade1+ grade2+ grade3+ grade4)/4;/*计算平均分*/
17        printf("%d: %f\n ", number1, grade1);
18        printf("%d: %f\n ", number2, grade2);
19        printf("%d: %f\n ", number3, grade3);
20        printf("%d: %f\n ", number4, grade4);
21        printf("average=%f\n ", ave);
22        return 0;
23    }
```

程序结果：

```
input  number:
 1 2 3 4
input  grader:
 86 92 75 64
 1: 86.000000
 2: 92.000000
```

3: 75.000000

4: 64.000000

average=79.250000

可以看到，这个程序中，重复的类似变量和语句比较多，在后续的章节中可以看到改进的处理方法。

3.3 选 择 结 构

对于选择程序结构，先判断给定的条件，再根据判断的结果来控制程序的流程。C 有三种形式的条件语句，如表 3.3 所示。

表 3.3 C 条 件 语 句

单路选择	if 语句	if(表达式)语句 A;
双路选择		if(表达式)语句 A; else 语句 B;

多路选择	switch 语句	switch(表达式)
		{
		    case 常量1：语句 A;
		    case 常量2：语句 B;
		    default: 语句 C;
		}

3.3.1 二选一结构——if 语句

if 语句有单路选择和双路选择两种基本形式，其对应的执行流程如图 3.2 所示。

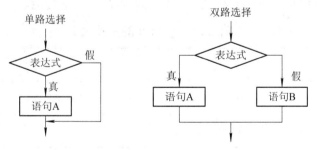

图 3.2 选择结构执行流程

1. 单路选择的 if 语句

(1) 基本格式：

> if(表达式)语句 A;

(2) 执行过程：执行 if 语句时，首先计算紧跟在 if 后面一对圆括号中的表达式的值。如果表达式的值为非零（"真"），则执行其后的 if 子句，然后执行 if 语句后面的下一条语句；如果表达式的值为零（"假"），则跳过 if 子句，直接执行 if 语句后面的下一条语句。

2．双路选择的 if 语句

（1）基本格式：

```
if(表达式) 语句A;
else 语句B;
```

（2）执行过程：执行 if-else 语句时，首先计算紧跟在 if 后面一对圆括号内表达式的值。如果表达式的值为非零（"真"），则执行 if 子句，然后跳过 else 子句，去执行 if-else 语句之后的下一条；如果表达式的值为零（"假"），则跳过 if 子句，会执行 else 子句，执行完之后接着执行 if-else 语句之后的下一条语句。

说明：

（1）图 3.2 中的语句 A、B 既可以是一条语句，也可以是复合语句。以后各种 C 语句的语法中凡出现"语句"的地方，其含义都相同。

（2）图 3.2 中的表达式，理论上是条件或逻辑表达式，其结果为"真"或"假"。

【例 3-2】 if 语句的例子 1。用 if 语句实现表 3.4 的功能。

表 3.4　y 与 x 的关系式 1

	取值	条件
y=	1	x>2
	2	其余

【解】
```
if (x>2)  y=1;
else  y=2;
```

【例 3-3】 if 语句的例子 2。用 if 语句实现表 3.5 的功能。

表 3.5　y 与 x 的关系式 2

	取值	条件
y=	0	0≤x ≤2
	1	x>2
	2	x<0

【解法一】
```
if (x>=0 && x<=2)    y=0;
if (x>2)    y=1;
if (x<0)    y=2;
```

程序的执行过程是怎样的呢？直接读程序是不大容易看得清楚的，画出流程图就一目了然了，见图 3.3。

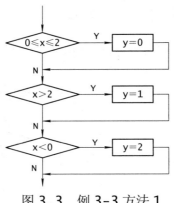

图 3.3 例 3-3 方法 1

 思考与讨论

从流程图 3.3 中，我们可以发现什么问题呢？

(1) 若 x 满足 0≤x≤2，则在第一次遇到的条件判断中为真，得到结果 y=0，后面再判断 x>2 和判断 x<0 就是多余做的工作了。

(2) 若 x 满足 x<2，则判断 x<0 就是多余做的工作了。

由此，我们可以对此程序得出评价——可读性好，效率不高。

【解法二】 由方法 1 改进后的流程如图 3.4 所示。由流程图写出程序。

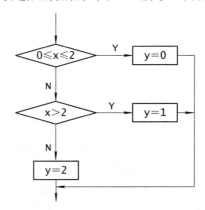

图 3.4 例 3-3 方法 2

```
if (x>=0)&&(x<=2)  y=0;
else {   if (x>2)  y=1;
         else  y=2;
     }
```

 思考与讨论

改进后的程序同方法一相比，容易看出 x 和 y 的关系吗？

答：是不太容易看清楚，也就是说，此程序的可读性不好。那是不是有程序又清晰，执行效率又高的方法呢？我们看一下解法三。

【解法三】 由方法 2 改进后的流程如图 3.5 所示。

改进后的效果依然是从流程图 3.5 看起来比较直观，对应程序如下：

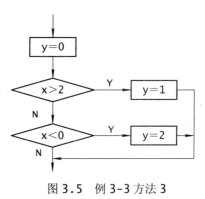

```
y=0;
if (x>2) y=1;
else if (x<0) y=2;
```

到此，程序可读性好、执行效率高的目标就达到了。

图 3.5　例 3-3 方法 3

相对于程序语句，流程图可以帮助我们更直观清晰地观察程序的执行状况。

下面举例说明嵌套的 if-else 语句中的对应规则。

实例 1：

```
if ( )
if ( ) 语句 1;
else  语句 2;
```

实例 2：

```
if  ( )
  {
      if ( ) 语句 1;
  }
else 语句 2;
```

在上面的两个嵌套的条件语句 if-else 实例中，else 和哪个 if 配对，都有两种可能性。为了避免二义性，C 语言中有相应的规则。

对于实例 2，哪个 if 算是与 else 最近呢？从语法上看，{ }中的内容是复合语句，应该是第一个 if 后语法上要求的语句，即属于这个 if 的一部分，所以 else 应该和第一个 if 匹配。

注：复合语句是用{ }括起来的一组语句。

if 语句的嵌套结构中，else 总是与最近的 if 匹配的。

【例 3-4】 if 语句的例子 3。求 a、b、c 三个整数中最大者(a、b、c 的值通过键盘输入)。

我们在第 1 章中已经介绍了设计算法的一般步骤，首先分析一下要处理的数据 a、b、c 之间可能的关系，可以有表 3.6 所示的情形。

表 3.6　例 3-4 数据分析

数据可能出现的情形	一般情形	a、b、c 不等
	特殊或临界状态	a、b、c 中有相等的

按照设计算法的第一个步骤，应该选择一般情形来设计处理的流程，待算法设计完毕，再去测试数据的特殊情形和临界状态，如果有问题，再进行修改。

【解法一】　根据题目的要求，可以给出相应的顶部伪代码以及细化的伪代码，如表 3.7～表 3.9 所示。

表 3.7　例 3-4 方法一伪代码 1

顶部伪代码描述
比较三个数 a、b、c，找到其中的大者

表 3.8　例 3-4 方法一伪代码 2

第一步细化
输入三个数 a、b、c
先取 a、b 比较
若 a 大，则 a 与 c 比较，取大者
否则，b 与 c 比较，取大者
输出结果

表 3.9　例 3-4 方法一伪代码 3

第二步细化
输入三个数 a、b、c
if　a>b
a 与 c 比较
if　a>c　max=a
else　max=c
else
b 与 c 比较
if　b>c　max=b
else　max=c
输出 max

根据伪代码，可以画出相应的执行流程，如图 3.6 所示。

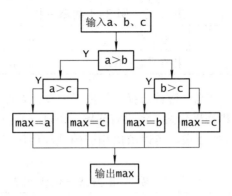

图 3.6 例 3-4 方法一流程图

按照数据的一般情形我们设计出了算法流程，然后再按数据的特例情形设计测试用例，如表 3.10 所示。

表 3.10 例 3-4 特例情形测试用例

情 形	结 果
a=b=c	max=c
a=b	max 取 b、c 中大者
a=c	max 取 b、c 中大者
b=c	max 取 a、c 中大者

测试样例验证通过后，根据第二步细化结果或流程图就可以编程了，程序如下：

```
1    /*求出整数 a、b、c 三者中大者，放入 max*/
2    #include <stdio.h>
3    int main()
4    {
5        int  a, b, c, max;
6
7        scanf("%d,%d,%d",&a, &b, &c);/*通过键盘输入 a、b、c*/
8        if (a>b)
9        {
10           if (a>c)
11           {
12               max=a;
13           }
14           else
15           {
16               max=c;      /*max 取 a、c 中的大者*/
17           }
18       }
19       else
20       {
```

```
21          if (b>c)
22          {
23              max=b;
24          }
25          else
26          {
27              max=c;     /*max 取 b、c 中的大者*/
28          }
29      }
30      printf("max=%d", max); /*输出结果*/
31      return 0;
32  }
```

程序设计好习惯

成对括号，成对输入。

上机练习输入程序时，括号的输入，最好养成一次输入一对的习惯，如 main(){ }，然后在{ }中输入程序语句。这样做的好处是在程序较长时，也不会有忘记配对括号的输入问题。输入时丢括号，也是初学者经常会犯的编译错误，往往要花大量的时间还不容易找到错误，这也是因为编译错误提示得并不明确。

【解法二】 方法一中，既然 max 记录最大值，则可以在 a 与 b 的比较时就使用它，改进的伪代码如表 3.11 所示，对应的流程如图 3.7 所示。

表 3.11　例 3-4 方法二伪代码

第一步细化
输入三个数 a、b、c
先取 a、b 比较，大者放入 max
max 与 c 比较，大者放入 max
输出结果

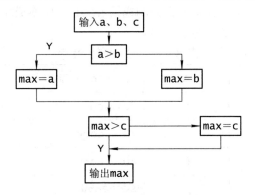

图 3.7　例 3-4 方法二流程图

根据图 3.7 所示的流程，对应条件 a>b 的二选一语句很容易写出来：

```
if (a>b) max=a;
else max=b;
```

对应条件 max>c 的二选一语句，写的时候会有如下问题。

实现情形一：

```
if (max>c) printf(…);
else {max=c; printf(…);}
```

这种情形只有一个输出与流程不完全对应。

实现情形二：

```
if (max>c)  max=max;
else  max=c;
printf(…);
```

其中的 max=max 语句实属多余。

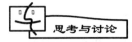

怎么让程序与流程图完全对应起来呢？

实现情形三：把流程中的 max>c 条件改成 max<c。

```
if ( max < c) max=c;
printf(…)
```

【解法三】 用条件表达式：

```
max=(a>b)? a : b;
max=(max>c)? max : c;
```

评价：此法简洁而清晰。

3.3.2 多选一结构——switch 语句

在实际应用中，要在多种情况中选择一种情况，执行某一部分语句，当然可以使用嵌套的 if 或 if else if 语句来处理，但其分支过多，程序冗长、难读且不够灵巧。

【例 3-5】多选一的例子。输入百分制成绩 score，转换成相应的五分制成绩 grade 并输出。分数和等级的对应关系见表 3.12。

表 3.12 成绩转换表

grade=	A	90≤score≤100
	B	80≤score<90
	C	70≤score<80
	D	60≤score<70
	E	score<60

用 if 语句实现的方法如下:

```
1    #include <stdio.h>
2    int  main()
3    {
4        int score;
5        printf("Please input score: ");
6        scanf("%d", &score);      /*输入成绩*/
7        if ( score>100 || score <0 )
8            printf("input  error! "); /*异常处理*/
9        else if (score >= 90) printf("%d--A\n", score);
10       else if (score >= 80) printf("%d--B\n", score);
11       else if (score >= 70) printf("%d--C\n", score);
12       else if (score >= 60) printf("%d--D\n", score);
13       else if (score >= 0 ) printf("%d--E\n", score);
14       else  printf("Input  error\n");
15       return 0;
16   }
```

评价: 程序的分支太多, 可读性差。

C 语言还提供了另一种用于多分支选择的 switch 语句, 它是处理多路选择问题的一种更直观和有效的手段。其流程图如图 3.8 所示。

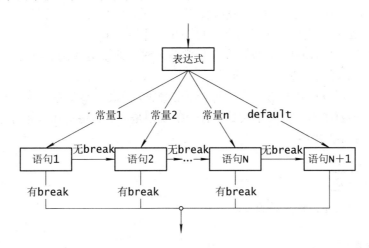

图 3.8　多分支选择流程图

多选一结构中的 "表达式" 与 if 语句中的 "表达式" 有区别吗?

答: 从原则上说, if 语句中的 "表达式" 应该是关系或逻辑表达式, 结果是逻辑值; switch 语句中的 "表达式" 应该是运算表达式, 结果是数值。

switch 语句的语法形式：

switch(表达式)

```
{   case    常量1:       语句系列 A;    [break;]
    case    常量2:       语句系列 B;    [break;]
    ...
    case    常量 n:      语句系列 N;    [break;]
    default:            语句系列 N+1;
}
```

注：[ ]内的内容为可选项。

switch 语句执行过程如下：

(1) 当执行 switch 语句时，首先计算紧跟其后的一对括号中的表达式的值，然后在 switch 语句体内寻找与该值吻合的 case 标号(常量1～常量 n)。

(2) 如果有与该值相等的标号，则执行该标号后开始的各语句，包括在其后的所有 case 和 default 中的语句，直到 switch 语句结束。

(3) 如果没有与该值相等的标号，并且存在 default 标号，则从 default 标号后的语句开始执行，直到 switch 语句体结束。

(4) 如果没有与该值相等的标号，同时又没有 default 标号，则跳出 switch 语句体，去执行 switch 语句之后的语句。

说明：

(1) break 语句的作用：跳出 switch 语句体。

(2) 常量1～常量 n 可以是数值常量、符号常量，它们互不相等。

(3) 每个 case 分支可有多条语句，可不用{ }括起来。

(4) 不要忽略 default 处理，在有异常情形时，即表达式的值没有在所列出的所有 case 中时，有可能会造成程序运行崩溃。

(5) switch 后表达式的值可为任何类型的数据，但最好不要是实数，原因是什么呢？

我们在介绍数据类型时，关于实数，有一条规则是"实数避免比相等"，因为实数比相等有可能会得出错误的结果。

不要忽略了 default 情形的处理。

 关于实数比相等的问题

先看一个对实数比相等的测试：

```
int main()
{
    float x;
    char k;
    x=1.0/10;
```

```
    if (x==0.1) k='y';
    else k='n';
    printf( " k=%c,x=%f \n" , k,x);
    return 0;
}
```

结果: k=n, x=0.100000

这个结果是不是大大出乎你的预料呢？其原因是 float 类型变量的精度有限，这个问题请参看第 2 章中浮点数据的存储格式(IEEE-754 标准)相关内容。

当我们一定需要 x 和 0.1 比较时，可以写成如下形式：

(x>=0.1-ϵ)&& (x<=0.1+ϵ)

其中，ϵ 为允许的误差，如 $ϵ=10^{-5}$。

注意: ϵ 太小了不行，原因是 float 类型变量的精度有限。

一定要避免实型变量与数字用 "==" 或 "! =" 比较。

【例 3-6】开关语句的例子 1。用 switch 语句实现百分制成绩转换成相应的五分制的功能。

【解】 先把语句的框架列出来：

```
switch ( 表达式 )
{
     case 常量1:  printf("%d-----A\n",  score); break;
     case 常量2:  printf("%d-----B\n",  score); break;
     case 常量3:  printf("%d-----C\n",  score); break;
     case 常量4:  printf("%d-----D\n",  score); break;
     case 常量5:  printf("%d-----E\n",  score); break;
     default:     printf("Input  error\n");
}
```

现在的关键问题是要确定 switch （ 表达式)中表达式的形式是什么。

score 的正常取值范围是 0~100，要找到一个公式，把它们分成 5 个非均匀的级别，这可能有些困难。我们可以考虑将 score 缩小 10 倍，分成 10 级，这样，上面 switch 的框架就可以写成：

```
switch ( score/10 )
  {
        case 10:
        case 9: printf("%d-----A\n",  score); break;
        case 8: printf("%d-----B\n",  score); break;
        case 7: printf("%d-----C\n",  score); break;
        case 6: printf("%d-----D\n",  score); break;
        case 5:
```

```
        case  4:
        case  3:
        case  2:
        case  1:
        case  0:  printf("%d-----E\n",  score); break;
        default:  printf("Input  error\n");
    }
```

说明：

（1）因为 score 为整型，所以 score/10 的结果为整型值。

（2）score=100 时，score/10=10，在 switch 中跳到 case 10 分支，此分支无语句，语法规定，可以再找下面的语句 printf("%d-----A\n", score)执行，直到遇到 break 语句，才跳出 switch。

（3）对于 score<60 时的情形，其执行状况与 score=100 时是类似的。

根据题目的数据特点，可以设计如表 3.13 所示的测试用例。

表 3.13　例 3-6 测试用例

score	score/10
>=110	default
100<score<110	default
100	10
90<= score<100	9
80<= score<90	8
70<= score<80	7
60<= score<70	6
0<= score<60	5/4/3/2/0
score<0	default

用样例数据测试结果，当 100<score<110 时，score/10=10，程序结果显示成绩是"A"，这显然是错误的。改进后的程序如下：

```
        scanf("%d", &score);
        if (score>100 && score<110) score=110;        /*将 100 至 110 之间的数归为
            switch（ score/10 ）                            统一的一种异常情形*/
            {
                case  10:
                case  9:  printf("%d-----A\n",  score); break;
                case  8:  printf("%d-----B\n",  score); break;
                case  7:  printf("%d-----C\n",  score); break;
```

```
        case  6:  printf("%d-----D\n",  score); break;
        case  5:
        case  4:
        case  3:
        case  2:
        case  1:
        case  0:  printf("%d-----E\n",  score); break;
        default:  printf("Input  error\n");
    }
```

【例 3-7】 开关语句的例子 2。将下列语句改写为 switch 语句(a 为整数):

```
if ( a<5) && (a>=0)
{ if (a>2)
    {  if (a<4)  x=1;
        else  x=2;
    }
    else  x=3;
}
```

分析:switch 语句是要表现 a 取不同值时 x 对应的值,这就需要先把 a 与 x 的对应关系表达出来,给定的已知语句可读性不好,我们可以直接在坐标图中画出来,这样就比较直观清晰了。

根据坐标图 3.9,再列出 a、x 的关系表 3.14,根据这张表,写出 switch 语句就比较容易了。

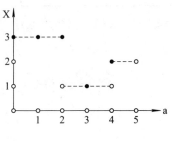

图 3.9 a、x 对应关系

表 3.14 a、x 对应关系表 1

a	x
0	3
1	3
2	3
3	1
4	2

程序实现:

```
switch (a)
{  case 0:
   case 1:
   case 2: x=3;  break;
   case 3: x=1;  break;
   case 4: x=2;  break;
   default: printf("a is error\n");
}
```

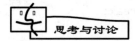

若 a 为实数，switch 语句又该如何写？

分析：switch(表达式)中表达式的值只能是离散的而非连续的，a 是实数，其变化是一个连续的状态，根据前面的坐标图，给出 a 与 x 的关系表 3.15。

表 3.15 a、x 对应关系表 2

a	x
0<=a<=2	3
2<a<4	1
4<=a<5	2

用取整的方法，将 a 的取值处理成离散的状态，见表 3.16。

表 3.16 a、x 对应关系表 3

a	(int)a	x
0<=a<=2	0	3
	1	
	2	
2<a<4	2	1
	3	1
4<=a<5	4	2

从表 3.16 里可以看出：当 a=2 时，x=3；当 2<a<3 时，x=1。只要在程序中分清这两种情况即可。

程序实现：

```
switch ( (int) a )
{ case 0:
  case 1:
  case 2: if (a>2)  x=1;
          else x=3; break;
  case 3: x=1;   break;
  case 4: x=2;   break;
  default: printf("a is error\n");
}
```

问题 1：这个程序至少应该测试哪些点？

答：测试原则我们已经知道了，要测试正常的值、边界值、特殊值和异常情形，测试数据可以有表 3.17 里的这些值。

表 3.17　测 试 数 据

a	<0	0	1	2	2~3	3	4	>4
x	异常	3	3	3	1	1	2	异常

问题 2：程序测试时方便吗？

答：测一个数就得重新运行一次程序，很不方便。理想的测试运行，应该是把所有数据都测试完，程序再退出。我们在学习了循环语句后，就可以达到这个目的了。

【例 3-8】　开关语句的例子 3。设计程序，完成用户可以通过键盘输入数值，进行加、减、乘、除的运算。

【解】　先对数据的输入、输出做一个分析，具体见表 3.18。

表 3.18　数 据 分 析

case	输入			输出
	float	char	float	float
'+'	a	+	b	a+b
'-'	a	-	b	a-b
'*'	a	*	b	a*b
'/'	a	/	b	a/b

根据输入数据的特点，可以用运算符做 case 值，用 switch 语句实现如下：

```
1    #include <stdio.h>
2    int main()
3    {
4        float a,b; /*定义两个要运算的数*/
5        char c;     /*运算符*/
6
7        printf("input expression: a+(-,*,/)b \n");/*提示输入*/
8        scanf("%f%c%f",&a,&c,&b);       /*按序输入计算式*/
9        switch(c)   /*对运算符分情形处理*/
10       {
11           case '+':
12               printf("%f\n",a+b);
13               break;
14           case '-':
15               printf("%f\n",a-b);
16               break;
17           case '*':
```

```
18            printf("%f\n",a*b);
19            break;
20        case '/':
21            printf("%f\n",a/b);
22            break;
23        default:
24            printf("input error\n");
25    }
26    return 0;
27 }
```

使用 switch 语句来统计一篇文章中元音字母 a、e、i、o、u 出现的次数(大小写均统计)。

```
1     #include<stdio.h>
2     int main()
3     {
4         char letter;
5         int aCount=0;
6         int eCount=0;
7         int iCount=0;
8         int oCount=0;
9         int uCount=0;
10
11        printf("Enter the letters of the article one by one.\n");
12        printf("Enter the EOF character to end input.\n");
13
14        /* 循环直到用户输入表示文件结束的标志 EOF */
15        while (( letter=getchar() ) !=EOF )
16        {
17            switch (letter)
18            {
19                    case 'a':
20                    case 'A':
21                        ++aCount;
22                        break;
23                    case 'e':
24                    case 'E':
25                        ++eCount;
26                        break;
```

```
27                  case 'i':
28                  case 'I':
29                      ++iCount;
30                      break;
31                  case 'o':
32                  case 'O':
33                      ++oCount;
34                      break;
35                  case 'u':
36                  case 'U':
37                      ++uCount;
38                      break;
39              }
40          }  /*while 循环结束*/
41
42          printf("Numbers of each letter are:\n");
43          printf("A: %d\n",aCount);
44          printf("E: %d\n",eCount);
45          printf("I: %d\n",iCount);
46          printf("O: %d\n",oCount);
47          printf("U: %d\n",uCount);
48          return 0;
49      }
```

说明：

(1) EOF 定义在头文件 stdio.h 中。

(2) EOF：即 End Of File，意思是文件结束。

(3) EOF 输入方法：ctrl+Z，显示^Z。

(4) while 语句的含义见后面 3.4 节。

程序结果：

```
Enter the letters of the article one by one.
Enter the EOF character to end input.
I am a student.
^Z
Numbers of each letter are:
A: 2
E: 1
I: 1
O: 2
U: 2
```

3.4 循 环 结 构

在不少实际问题中有许多具有规律性的重复操作，如前面顺序结构的例子：从键盘输入 4 位学生的学号和英语考试成绩，打印这 4 人的学号和成绩，最后输出 4 人的英语平均成绩。其中，学号和成绩的输入和打印等都是有规律的重复操作。当人数只有 4 时，用顺序结构的程序实现方法已经显得繁琐，当人数是 8、16 甚至更多时，这样的方法就几乎是不可忍受的了。

为方便叙述，我们把上述问题简化为：从键盘输入 4 位学生的学号和英语考试成绩，输出 4 人的英语平均成绩。

用循环的方法，其实现可写成如表 3.19 所示的伪代码。

表 3.19 伪 代 码

伪 代 码 描 述
while 输入次数小于学生人数
输入学号、成绩
累加成绩
输出平均成绩

当指定的条件"输入次数小于学生人数"为真，那么程序就会执行"输入学号、成绩；累加成绩"的操作，当条件一直为真，则这个动作一直会重复执行。最终，当上述条件变为假，即全部学生的信息输入完了，此时，循环过程就终止，程序将执行循环后面的"输出平均成绩"的指令。

循环结构是程序设计语言中最重要的控制结构，把需要反复多次执行的任务设计成循环结构，不仅可以减少源程序重复书写的工作量，简化程序设计过程，还可以减少源程序占用的内存空间，这是程序设计中最能发挥计算机特长的程序结构。

C 语言中提供了四种循环，即 goto 循环、while 循环、do-while 循环和 for 循环。四种循环可以用来处理同一问题，一般情况下它们可以互相替换，但不提倡用 goto 循环，因为强制改变程序的顺序经常会给程序的运行带来不可预料的错误。在循环语句中我们主要学习 while、do-while 和 for 三种循环。

常用的三种循环结构 while、do-while 和 for 中，有三个要素是相同的，可以称之为循环三要素，即：

(1) 循环初始条件：循环开始运行时，循环控制量的初始值。

(2) 循环运行条件：循环能否继续重复的条件。

(3) 循环增量：定义循环控制的量，每循环一次后按什么方式变化。

循环体：一组被重复执行的语句称之为循环体。

循环是由循环体及循环三要素两大部分组成的，在把握住了循环问题的三要素后，各种循环形式的转换就是很容易的事情了。

 思考与讨论

前面求均值的例子中，循环三要素分别是什么？循环体包括哪些语句？

答：循环三要素分别如下。

(1) 循环初始条件：输入次数=0;

(2) 循环运行条件：输入次数小于学生人数;

(3) 循环增量：输入次数每次加 1。

循环体语句包括：输入学号、成绩和累加成绩。

完整的伪代码如表 3.20 所示。

表 3.20 伪 代 码

伪 代 码 描 述
输入次数=0
while 输入次数小于学生人数
输入学号、成绩
累加成绩
输入次数加 1
输出平均成绩

结论

(1) 循环增量可以放在循环体语句中。

(2) 一般的循环形式如图 3.10 所示。

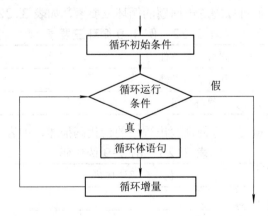

图 3.10　一般的循环形式

(3) 循环三要素中的一项、二项或者三项，在某些情形下是可省略的。

3.4.1 当型循环——while 语句

while 语句语法格式：

> while(表达式)   语句；

该循环语句的执行流程如图 3.11 所示。

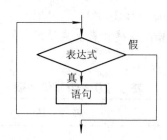

图 3.11　while 循环流程图

流程工作原理：这里的表达式是循环三要素中的"循环运行条件"，而语句是循环体。只要表达式为真，则执行循环体内语句；否则终止循环，执行循环体后的语句。

至此，有读者可能会注意到，循环三要素中的另外两个要素并没有显式地体现出来，这需要我们在使用 while 结构时，自己按实际情形添加。

【例 3-9】 while 语句的例子 1。打印 2、4、6、8、10。

【解】 这是一个要循环输出有规律变化数据的过程，输出次数与输出数据的关系如表 3.21 所示。

表 3.21　例 3-9 数据分析

次数 i	1	2	3	4	5	6
printf	2	4	6	8	10	结束

从表 3.22 中，我们可以提炼出问题的循环三要素，如表 3.22 所示。

表 3.22　例 3-9 循环三要素

循环初始条件	i=1
循环运行条件	i<6
循环增量	i++

有了循环三要素，就可以方便地写出程序的伪代码描述，如表 3.23 所示。

表 3.23　例 3-9 伪代码

伪代码算法描述
打印次数 i=1
while 打印次数 i < 6
打印 i*2
i 增加 1

图 3.12 是 while 循环的执行流程。

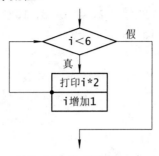

图 3.12 执行流程

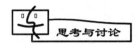

若循环处理前没有 i=1 的赋值，会出现什么情况呢？

答：将会造成首次打印值的不可预计，打印的结果会出错，且循环的次数不一定能控制在 5 次。

对应伪代码的流程如图 3.13 所示。

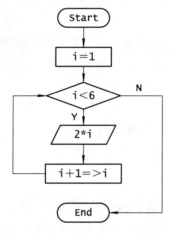

图 3.13 例 3-9 流程图

特别注意：循环结束时，i 的值为 6，若循环后面的语句还需要使用 i 的值，需要清楚 i 当前的值。

根据伪代码可以容易地写出程序，每条伪代码和语句的对应见表 3.24。

表 3.24 例 3-9 伪代码与程序

伪代码算法描述	程 序
打印次数　i=1	i=1;
while　打印次数 i < 6	while（i<6)
打印 i*2	{　printf("%d",2*i);
i 增加 1	i++;
	}

程序实现：

```
1    /*用 while 语句实现打印 2、4、6、8、10*/
2    #include <stdio.h>
3
4    int main()
5    {
6        int i=1;
7        while (i< 6)
8        {  printf( " %d ",2*i );
9            i++;
10       }
11       return 0;
12   }
```

跟踪调试

循环变量 i 是否赋初值的比较。图 3.14、图 3.15 分别为例 3.9 调试步骤 1 和调试步骤 2。

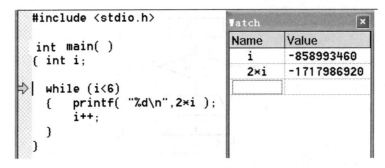

图 3.14　例 3-9 调试步骤 1

图 3.14 中，i 未赋初值，显示的结果不对，且循环的次数不止 5 次。

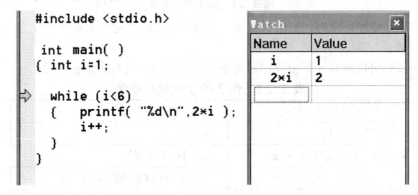

图 3.15　例 3-9 调试步骤 2

图 3.15 中，i 赋初值 1，结果才是对的。

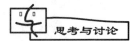

while 语句有种特例情形：

    while (1) 语句；

当 while 循环的条件表达式为 1 时，循环如何运行？

答：这要根据 while 的语法流程图 3.11 来分析。表达式总为 1，即为"真"，那么循环就一直执行，永远不会停下来，这种情形也叫"死循环"。

死循环：在编程中，一个无法靠自身的控制终止的循环称为"死循环"或"无限循环"。

没有在 while 语句体中提供使"表达式"为假的动作，通常这样的循环将永不会终止，此为"无限循环"。

【例 3-10】 while 语句的例子 2。读程序分析结果：

```
1    int  main()
2    {
3        char c;
4
5        while ( ( c=getchar( ) )!='@')
6        {
7            putchar(('A'<=c && c<='Z') ? c-'A'+'a' : c);
8        }
9        putchar('\n');
10       return 0;
11   }
```

读程分析，将相关变量、表达式、操作列于表 3.25 中。

表 3.25 读 程 分 析

变量 c=getchar()	('A'<=c && c<='Z') ?	循环中 putchar 输出	
		c-'A'+'a'	c
a	no		a
E	yes	e	
&	no		&
@	循环结束		

从表 3.25 中可以分析出程序的功能为：

(1) 输入字符若是大写字母，则输出对应的小写字母；否则原样输出。

(2) 此过程可循环不断地执行下去，直到输入字符@。

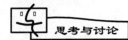

这个循环的三要素具体是什么？

答：（1）循环初始条件：c=getchar( )；

（2）循环运行条件：c!='@'；

（3）循环增量：c=getchar( )。

说明：此时的"循环增量"是循环控制量 c 接收键盘新输入的一个字符，这也是循环控制量的一种变化方式。

读程练习

```
1    /*用 while 语句显示大写字母表 */
2    #include<stdio.h>
3    int main()
4    {
5        char letter='A';/*初始化*/
6
7        while ( letter<='Z' ) /*循环条件*/
8        {
9            printf("%c ",letter);
10           letter++;  /*循环增量*/
11       }
12       return 0;
13   }
```

程序结果：

A B C D E F G H I J K L M N O P Q R S T U V W X Y Z

【例 3-11】 while 语句的例子 3。从键盘输入 8 个学生的英语考试成绩(成绩为百分制的整数)，输出英语平均成绩。

【解】 算法伪代码设计见表 3.26。

表 3.26　例 3-11 伪代码

伪代码算法描述
总分初始化为 0
计数器初始化为 0
while 计数器 < 8
输入下一个分数
该分数加到总分中
计数器加 1
小组平均分为总分除以 8
输出小组总分、平均分

根据伪代码写出程序：

```
1  int main()
2  {
3      int counter; /*计数器*/
4      int grade;    /*分数*/
5      int total;    /*总分*/
6      int average; /*平均分*/
7
8      /*初始化阶段*/
9      total = 0;     /*初始化 total*/
10     counter = 0; /*初始化计数器*/
11     /*处理阶段*/
12     while ( counter < 8 ) /*循环 8 次*/
13     {
14          printf("Enter grade: "); /*提示输入*/
15          scanf("%d", &grade);      /*读入分数*/
16          total = total + grade;     /*将分数加入总分*/
17          counter = counter + 1;     /*计数器加 1*/
18     }
19     average = total / 8;
20      /*输出结果*/
21      printf( " total  is %d\n", total );
22     printf( " average is %d\n", average );
23     return 0;
24   }
```

为什么有的变量需要初始化，而有的不需要？

答：这是初学者不容易分清的问题。上述程序中，需要初始化的量有计数器 counter 和总分 total，不需要初始化的量有分数 grade 和均分 average。需要初始化的变量的特点是，第一次被使用前，要有一个确定含义的值，因为它本身的值会影响到后续的计算结果，也就是首次是"读操作"。不需要初始化的变量的特点是，首次使用是"写操作"。

结论

首次是"读操作"的变量必须做初始化的工作，首次是"写操作"的变量则不必。

【例 3-12】 while 语句的例子 4。从键盘输入若干个学生的英语考试成绩(成绩为百分制的整数)，输出英语平均成绩。

【解】　前面例子的循环三要素是确定的，见表 3.27。

表 3.27　例 3-12 循环要素

循环初始条件	counter = 0
循环运行条件	counter < 8
循环增量	counter ++

在本例中，学生的人数没有具体的数目，所以循环运行的条件必须要重新设置，我们可以找一个不是正常成绩值的数字作为输入成绩时的停止标志，如"-1"，这样，伪代码可写成表 3.28 所示的形式。

表 3.28　例 3-12 伪代码 1

伪代码算法描述
总分初始化为 0
计数器初始化为 0
输入一个分数
while　读入的数据不是停止标志
输入一个分数
该分数加到总分中
计数器加 1
平均分=总分 / 计数器值
输出平均分

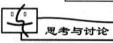

对表 3.28 算法进行测试要考虑哪几类情形？

答：(1) 正常情形：首次输入的是分数。

(2) 异常情形：首次即输入停止标志，此时，while 循环的循环体语句不会执行，计数器的值为 0，求平均分时，将会出现除以零的状况，这是严重的逻辑错误，它将会造成程序运行失败。

如果没有初始化计数器或总和，那么程序结果可能会不正确。这是一个逻辑错误。

改进后的伪代码如表 3.29 所示。

表 3.29 例 3-12 伪代码 2

伪代码算法描述
总分初始化为 0
计数器初始化为 0
输入一个分数
while 读入的数据不是停止标志
输入一个分数
该分数加到总分中
计数器加 1
if 计数器值不为 0
平均分=总分/计数器值
输出平均分
否则，输出"无成绩输入"

```
1    /*计算平均分*/
2    #include <stdio.h>
3    int main()
4    {
5        int counter=0;    /*计数器*/
6        int grade;        /*分数值*/
7        int total=0;  /*总分*/
8        float average; /*平均分数*/
9
10       printf("Enter grade, -1 to end: ");
11       scanf("%d", &grade );        /*首次读取分数*/
12
13       while ( grade != -1 ) /*-1为停止输入标志*/
14       {
15           total = total + grade;
16           counter = counter + 1;
17           printf( "Enter grade, -1 to end: ");
18           scanf( "%d", &grade);        /*读取下一个分数*/
19       }
20
21       if ( counter != 0 )
22       {
```

```
23              average = ( float ) total / counter;
24              printf( "average is %.2f\n", average );
25          }
26          else
27          {
28              printf( "No grades were entered\n" );
29          }
30          return 0;
31      }
```

3.4.2 直到型循环——do-while 语句

do-while 语句的语法格式如下：

```
do
        语句；
while（表达式）；
```

注意：上面 do-while 语句的写法中，要注意和 while 语句的区别。例如：

while(表达式)——通常会被认为是 while 语句的开始。

while(表达式)；——可能会被误读成包含一条空语句的 while。

不论 do-while 的循环体包含几条语句，建议都写成如下的形式，以避免和 while 语句混淆：

```
do
  {
        语句；    /*循环体*/
  } while(表达式);
```

do-while 语句的执行流程如图 3.16 所示。

这里的表达式是循环三要素中的"循环运行条件"，程序进入 do-while 循环后，先执行循环体内的语句，然后判断表达式的真假，若为真则进行下一次循环，否则终止循环。该循环语句的特点是，表达式为假时也执行一次循环体内的语句。

while 和 do-while 在很多时候也是可以相互替代的。

【例 3-13】do-while 语句的例子 1。打印 2、4、6、8、10。

【解】按照 do-while 的语法流程图以及 while 实现此例的经验，可以容易地给出图 3.17 所示的流程图和表 3.30 所示的伪代码实现。

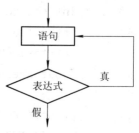

图 3.16 do-while 语句流程图

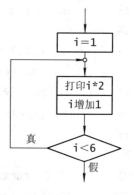

图 3.17 例 3-13 流程图

表 3.30　例 3-13 伪代码与程序

伪代码算法描述	程　　序
i=1	i=1;
do	do
打印 i*2	{ printf("%d",2*i);
i 增加 1	i++;
while 打印次数 i < 6	} while (i< 6);

程序执行步骤分析见表 3.31。

表 3.31　例 3-13 程序执行步骤

打印次数 i	1	2	3	4	5	6
printf	2	4	6	8	10	结束

循环三要素见表 3.32。

表 3.32　例 3-13 循环要素

循环初始条件	i=1
循环运行条件	i<6
循环增量	i++

表 3.33 所示为 while 与 do-while 的比较。

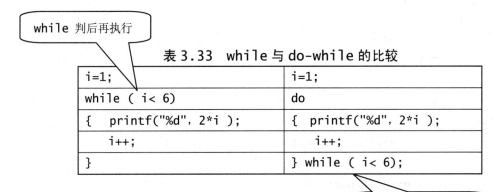

表 3.33　while 与 do-while 的比较

i=1;	i=1;
while (i< 6)	do
{ printf("%d", 2*i);	{ printf("%d", 2*i);
i++;	i++;
}	} while (i< 6);

这两种循环的异同点如下：

（1）不同点：while 循环是在顶上测试循环终止条件，而 do-while 循环是在循环体之后，在底部进行测试，所以循环体至少要执行一次。

（2）相同点：它们的循环三要素都是一样的。

【例 3-14】 do-while 语句的例子 2。从键盘输入整数，当输入值比程序预设的值大时停止，显示输入的数字和次数。

【解】伪代码和流程图分别见表 3.34 和图 3.18。

表 3.34　例 3-14 伪代码

伪代码算法描述
预设整数值 N
计数器清零
do
输入一个整数 num
输出 num
计数器加 1
直到 num>N 退出循环
输出计数器值

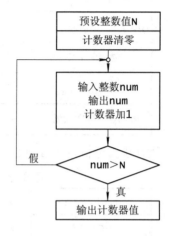

图 3.18　例 3-14 流程图

特例情形：当首次输入的整数 num 就比预设的值大时，这个数字被输出，计数器值为 1。

程序如下：

```
1    /* do-while 语句的例子 2*/
2    #include <stdio.h>
3    #define N 25
4    int main()
5    {
6        int i=0;
7        int num;
8
9        do
10       {
11           scanf("%d",&num);
12           i=i+1;
13           printf("number=%d\n",num);
14       } while ( num <= N );
15       printf("total=%d\n",i);
16       return 0;
17   }
```

注意：do-while 中的条件判断和表 3.34 中退出循环的条件是相反的。

如果此例用 while 来实现，是否可以？

答：类比 do-while 的实现过程，可以写出表 3.35 所示的伪代码形式。

注意 while 语句中的循环条件和 do-while 中的是一样的。

表 3.35 的伪代码存在的问题是：

(1) 在首次做循环条件 num≤N 判断时，num 应该有一个具体的输入值。

(2) 考虑特例情形，首次输入的整数 num 就比预设的值大时，显然循环体语句不被执行，输出计数器值为 0(应该为 1)，且 num 的值也没有输出。

改进的伪代码如表 3.36 所示。

表 3.35　伪　代　码

伪代码算法描述
预设整数值 N
计数器清零
while (num ≤ N)
输入一个整数 num
输出 num
计数器加 1
输出计数器值

表 3.36　改进的伪代码

伪代码算法描述
预设整数值 N
计数器清零
输入一个整数 num
输出 num
计数器加 1
while (num ≤ N)
输入一个整数 num
输出 num
计数器加 1
输出计数器值

为了让程序适合所有可能的情形，把 while 循环体内的语句在 while 之前先执行一次，这样的程序显然是不简洁的。

 结论

当希望不管条件是否为假，循环体中的代码都至少执行一次时，使用 do-while 循环比 while 方便而简洁。

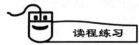 读程练习

```
1    /*用 do-while 语句显示大写字母表 */
2    #include<stdio.h>
3    int main()
4    {
5        char letter='A';
```

```
6
7        do
8        {
9                printf("%c ",letter);
10       } while ( ++letter <= 'Z');
11       return 0;
12   }
```

程序结果:

A B C D E F G H I J K L M N O P Q R S T U V W X Y Z

3.4.3 另一种当型循环——for 循环语句

for 语句语法格式如下:

> for([表达式 1];[表达式 2];[表达式 3]) 语句;

for 循环语句的执行流程如图 3.19 所示。

对应 while 的流程图 3.20,不难发现,上述三个表达式对应含义如下:

> for([循环初始条件];[循环运行条件];[循环增量]) 语句;

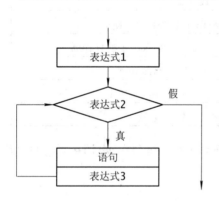

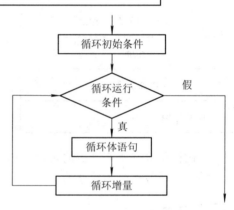

图 3.19 for 流程图   图 3.20 while 流程图

说明:

(1) 方括号[]表示其内容可省略。

(2) 循环初始条件:可以是一个或多个赋值语句,它用来给循环控制变量赋初值。

(3) 循环运行条件:是一个关系表达式,它决定什么时候退出循环。

(4) 循环增量:定义循环控制变量每循环一次后按什么方式变化。

 结论

> 把需要循环处理的问题中的循环三要素提炼出来,写出 for 语句,就是很方便的事情了。

【例 3-15】 for 语句的例子 1。打印 2、4、6、8、10。

【解】 此题的循环三要素已在前面的 while 和 do-while 的例子中介绍过了，见表 3.22。

按照 for 的语法要求，可以直接写出程序：

```
for ( i=1; i<6; i++)  printf("%d", 2*i);
```

通过这个例子可以看到，用 for 语句实现循环是一种相当简洁的方式。

【读程经验】for 语句的运行过程是按照其语法要求的流程进行的，如图 3.21 所示，程序直接读起来不太直观，要有一个熟悉和熟练的过程。读程练习时，可以按照流程图给定的顺序，逐步把表 3.37 中的内容填出。

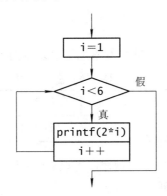

图 3.21　例 3-15 的程序流程

表 3.37　程序执行过程分析

i	1	2	3	4	5	6
printf	2	4	6	8	10	结束

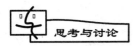

比较下面两个程序段，各输出什么结果？

(1) for (i=1; i<6; i++) printf("%d", 2*i);

(2) for (i=1; i<6; i++)； printf("%d", 2*i);

【答】 程序(1)就是例 3-15，结果毋庸赘述；程序(2)的循环体只有一个分号，所以是空语句，for 循环结束后，i 的值为 6，故最后的结果是输出 12。

把分号直接放在 for 部分的右侧，这使得 for 语句体成为一个空语句。通常情况下，这是逻辑错误。

【例 3-16】for 语句的例子 2。读程序，给出程序功能及结果。

```
1    #include<stdio.h>
2    int  main()
```

```
3    {
4        int  sum, i;
5        sum=0;
6
7        for (i=1; i<=100; i++)
8        {
9            sum=sum+i;
10       }
11       printf("%d", sum);
12       return 0;
13   }
```

【解】 可以将 for 中的循环量 i 及累加量 sum 列于表 3.38 中。

表 3.38　列 表 分 析

i	1	2	3	…	101
sum	0+1	1+2	1+2+3	…	结束

根据表 3.38 中 sum 迭代的变化规律，可以看出：

sum=1+2+3+…+100=5050

【读程经验】 （1）我们可以用列表法把程序中关键的变量列出，在有循环时，把循环控制量和迭代量的对应变化逐步写出，其实这也是程序单步跟踪时，我们看到的变量的变化过程。我们把这种变量变化的动态过程记录在表格中，使得动态的每一步骤都"静止"下来，这样就可以仔细分析程序运行的特点和规律，从而比较容易地得到程序的结果。

（2）在循环量较大时，不一定要把每次迭代量具体计算出来，而是列出计算方法，这样便于找到每次迭代和最终结果的关系。

 读程练习

```
1    /*用 for 语句显示小写字母表 */
2    #include<stdio.h>
3    int main()
4    {
5        char letter='a';
6        int counter;
7
8        for (counter=1; counter<=26; counter++)
9        {
10           printf("%c ",letter);
11           letter++;
12       }
```

```
13        return 0;
14    }
```
程序结果：

a b c d e f g h i j k l m n o p q r s t u v w x y z

3.4.4 无条件转移——goto 语句

goto 语句也称为无条件转移语句，其作用是改变程序流向，转去执行语句标号所标识的语句。goto 语句通常与条件语句配合使用，可用来实现条件转移、构成循环、跳出循环体等。其一般格式如下：

> goto 语句标号；

语句标号是按标识符规定书写的符号， 放在某一语句行的前面，标号后加冒号（：）。

对于 goto 语句，有一种说法是，在结构化程序设计中一般不主张使用 goto 语句，以免造成程序流程的混乱，使理解和调试程序都产生困难。

1974 年，D.E.克努斯对于 goto 语句之争作了全面公正的评述，其基本观点是：不加限制地使用 goto 语句，特别是使用往回跳的 goto 语句，会使程序结构难于理解，在这种情形下，应尽量避免使用 goto 语句。但在另外一些情况下，为了提高程序的效率，同时又不至于破坏程序的良好结构，有控制地使用一些 goto 语句也是必要的，如跳出多重循环。

【例 3-17】 goto 语句的例子。打印 2、4、6、8、10。

【解】 程序流程见图 3.22，程序如下：

```
1    /*goto 语句的例子 */
2    #include<stdio.h>
3    int main()
4    {
5        int i=1;
6
7        loop: if(i<6)
8        {
9            printf("%d",2*i);
10           i++;
11           goto loop;
12       }
13       return 0;
14    }
```

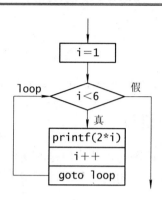

图 3.22 goto 程序流程图

3.4.5 快速结束循环——break 和 continue 语句

break 和 continue 语句用于改变控制流，其作用是快速结束循环，以减少不必要的运算，具体功能等见表 3.39。

表 3.39 break 和 continue

语 句	出现场合	作 用
break	循环语句中	跳出当前循环，使循环提前结束
	switch 语句中	跳出 switch 结构
continue	循环语句中	使包含它的最小循环开始下一次重复

break 语句用于退出循环或它所在的 switch 语句；continue 语句的作用是跳到循环体底部，开始下一次循环。

【例 3-18】 break 语句的例子 1。在 100 以内的整数中，求出最大的可被 19 整除的数，要求用 for 语句实现。

【解】 这是一个通过不断循环测试整数是否满足条件的过程：

(1) 如果从整数 i=1 开始，只要 i 在 100 以内，i 不断加 1 并测试 i%19 是否为 0，对于每一个找到的 19 的倍数，我们都无法判断是否在 100 内是最大的；

(2) 如果从整数 i=100 开始，只要 i 在 100 以内，i 不断减 1 并测试 i%19 是否为 0，对于第一个找到的 19 的倍数，就是所需要的值。

伪代码实现分别见表 3.40 和表 3.41，循环三要素见表 3.42。

表 3.40 例 3-18 伪代码 1

伪代码算法描述
i 从 100 开始
当 i 在 100 以内
如果 i 不是 19 的倍数，则 i 减 1，
直到找到满足条件的 i 值时跳出循环
输出 i

表 3.41 例 3-18 伪代码 2

算法细化
i 从 100 开始
当 i>1 时
如果 i 是 19 的倍数，则跳出循环
i 减 1
输出 i

表 3.42　例 3-18 循环三要素

循环初始条件	i=100
循环运行条件	i>1
循环增量	i--

注意：表 3.43 中的循环增量是减少的。循环增量的本意是循环控制量的变化，可以是增加的，也可以是减少的，可以是有规律变化的，也可以是无规律变化的，在应用时要灵活掌握。

程序实现如下：

```
1    /*break 语句的例子*/
2    #include<stdio.h>
3    int main()
4    {
5      int i;
6       for ( i=100;  i>18 ; i--)
7       {
8           if ((i%19)==0)  break;
9       }
10      printf("%d\n",i);
11     return 0;
12   }
```

图 3.23～图 3.27 所示分别为例 3-18 的调试步骤 1～调试步骤 5。

单步跟踪时，我们并不知道 i 何时才会满足 i%19==0 的条件，因此每次都按 F10 键，一步一步地跟踪，效率很低。

在图 3.23 所示的调试步骤 1 的 for 循环中，我们关心的是当 i%19==0 时 i 的取值，此时，按 break 语句的功能，程序将会跳转到 printf 语句处，如何从 i=100 直接就看到满足条件的 i 值呢？

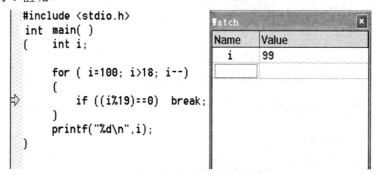

图 3.23　例 3-18 调试步骤 1

快速调试的方法有以下两种：

(1) 用 Run to cursor 命令跳转法。在图 3.24 所示的调试步骤 2 中，把光标设在 printf 语句左侧(用鼠标在 printf 左侧点一下)，可以看到一个闪烁的竖杠"|"，然后在"Debug"菜单中选择"Run to cursor"(运行至光标处)命令。

```
#include <stdio.h>
int main( )
{    int i;

     for ( i=100; i>18; i--)
     {
          if ((i%19)==0)  break;
     }
     printf("%d\n",i);
```

Watch	
Name	Value
i	99

图 3.24　例 3-18 调试步骤 2

程序在 i%19==0 条件满足时，跳转到 printf 语句处停止，见图 3.25。

```
#include <stdio.h>
int  main( )
{    int i;

     for ( i=100; i>18; i--)
     {
          if ((i%19)==0)  break;
     }
     printf("%d\n",i);
```

Watch	
Name	Value
i	95

图 3.25　例 3-18 调试步骤 3

从图 3.25 中可以看到，此时 i=95，注意此时 printf 语句还未执行。

执行 printf，结果将显示"95"。

(2) 设置断点法。先在图 3.26 所示的调试步骤 4 的 printf 语句前设置断点。

图 3.26　例 3-18 调试步骤 4

然后执行 Go 命令(按热键 F5),F5 是设置断点以后的单步调试,按一次 F5 就会运行到断点位置,见图 3.27。

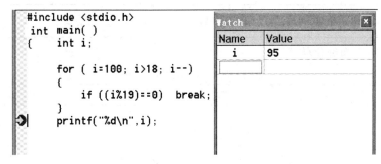

图 3.27 例 3-18 调试步骤 5

【例 3-19】 break 语句的例子 2。找一个用 3 除余 2,用 5 除余 3,用 7 除余 5 的最小整数,要求用 for 语句实现。

【解】 这也是一个通过不断循环测试整数是否满足条件的过程:整数 i 从 1 开始,i 不断加 1 并测试其是否满足题目要求的条件,满足则跳出循环,其中 i 的大小在什么范围是未知的,所以循环条件是不确定的,这是和例 3-18 不同的地方。

伪代码和循环三要素分别见表 3.43 和表 3.44。

表 3.43 例 3-19 伪代码

伪代码算法描述
i 从 1 开始
当 ( )
如果 i 不满足条件,i 加 1,直到找到满足条件的 i 值为止
输出 i

表 3.44 例 3-19 循环三要素

循环的初始条件	i=1
循环的运行条件	不确定
循环增量	i++

思考与讨论

循环运行条件不确定,还能写循环语句吗?

答:回忆一下 for 的语法规则,即

　　for([循环初始条件];[循环运行条件];[循环增量]) 语句;

其中,方括号[]表示三个表达式中的任何一个都可省略。题目的"循环运行条件"不确定,也就是 for 中的此项可以省略,那么在实际的程序运行中是怎么处理的呢?我们可以参看图 3.10 所示的循环形式。

"循环运行条件"的菱形框没有了,那么"循环体语句"和"循环增量"部分就形成了一个无条件的循环过程,相当于"循环运行条件"永远为真的情形,也就是"无限循环"。

缺少"循环运行条件"的 for 循环和 while(1)循环是等价的。

表 3.45 所示为细化伪代码。

表 3.45　细化伪代码

算法细化描述
i= 1
当 ( )
如果 i%3==2 并且 i%5==3 并且 i%7==5 　break；
i 加 1
输出 i

根据表 3.45 所示的细化伪代码，用 for 语句实现程序如下：

```
1    /*break 语句的例子 2——用 for 实现 */
2    #include<stdio.h>
3    int main( )
4    {
5       int i;
6
7       for ( i=1;   ; i++)
8       {
9          if ( i%3==2 && i%5==3 && i%7==5)
10         {
11            printf("%d\n",i);
12            break;
13         }
14      }
15      return 0;
16   }
```

用 while 语句实现的程序如下：

```
1    /*break 语句的例子 2——用 while 实现*/
2    #include<stdio.h>
3    int main()
4    {
5       int i;
6
7       i=1;
8       while (1)
```

```
9          {
10             if ( i%3==2 && i%5==3 && i%7==5)
11             {
12                 printf("%d\n",i);
13                 break;
14             }
15             i++;
16          }
17          return 0;
18  }
```

【例 3-20】 continue 语句的例子。读程序，给出程序功能及结果。

```
1   /*continue 语句的例子*/
2   #include<stdio.h>
3   #define A 100   /*宏定义命令,指定 A 代表 100*/
4   int main()
5   {
6       int i=0, sum=0;
7       do
8       {
9           if ( i % 2= =0 )  continue; /*步骤①*/
10          sum +=i;  /*步骤②*/
11      } while (++i <A); /*步骤③*/
12      printf("%d\n",sum);
13      return 0;
14  }
```

说明：第 9 行中 continue 的功能为：终止本次循环的继续执行，跳转到当前循环体的底部，开始下一次循环。本例的"循环体底部"是第 11 行，程序再继续执行，是第 12 行的语句。

程序执行步骤见表 3.46。

表 3.46　列 表 分 析

① i	0	1	2	3	…	99
步骤	①	②	①	②		②
③ i	1	2	3	4	…	100

表 3.46 中第一行表示步骤 1 中 i 的取值；第二行表示步骤 1 或 2 被执行；第三行表示步骤 3 中 i 的取值。

最终结果：

sum=1+3+5+…+99=(1+99)*50/2=2500

思考与讨论

continue 语句的功能为：终止本次循环的继续执行，跳转到当前循环体的底部，开始下一次循环。那么 for、while、do-while 语句的循环体底部分别在哪里？

for、while、do-while 语句的循环体底部如图 3.28 所示。

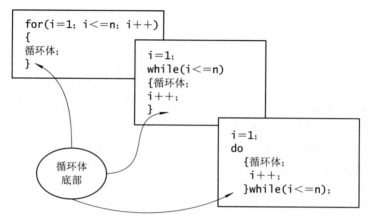

图 3.28 for、while、do-while 语句的循环体底部

- for 语句下一次循环的执行：先计算循环增量，再判断循环条件是否成立；
- while 和 do-while 语句下一次循环的执行：判断循环条件是否成立。

3.5 本 章 小 结

◆ 三种条件语句
(1) 单路选择：
　　if(表达式)语句 A；
(2) 双路选择：
　　if(表达式)语句 A；
　　else 语句 B；
(3) 多路选择：
　　switch(表达式)
　　　{
　　　　　case 常量 1：语句 A；[break；]
　　　　　case 常量 2：语句 B；[break；]
　　　　　default：　语句 C；
　　　}
◆ 四种循环方法
(1) if（表达式） goto 标号；
(2) while（表达式）语句；

(3) do 语句；

　　while(表达式)；

(4) for(表达式 1；表达式 2；表达式 3)　　语句；

上面四种循环语句中，(1)～(3)中的表达式都是条件/逻辑表达式，其结果为真或假。(4)中，表达式 1 和表达式 3 是赋值或算术表达式，结果是数值；表达式 2 是条件/逻辑表达式，其结果为真或假。

在上述各种语句的应用过程中，语法上要求有表达式的地方，特别要注意表达式的性质是什么，不同的表达式结果是不一样的(见表 3.47)，注意不能混淆。

表 3.47　各种语句中表达式的含义

语　句	表 达 式 含 义		
if	条件/逻辑		
switch	算术		
while	条件/逻辑		
do-while	条件/逻辑		
for	表达式 1	表达式 2	表达式 3
	赋值	条件/逻辑	算术

各类表达式的结果见表 3.48。

表 3.48　表达式结果

表 达 式	结 果
算术	数值
关系	真假
逻辑	真假

◆　三种循环的比较

三种循环的要素都是一样的，见表 3.49。

(1) for 循环：

```
for (i=1; i<=n; i++)
    { 循环体; }
```

(2) while 循环：

```
i=1;
while ( i<=n)
    {
        循环体;
        i++;
    }
```

(3) do-while 循环：

```
i=1;
do
```

```
    {
        循环体;
        i++;
    } while ( i<=n);
```

表 3.49   循 环 三 要 素

循环初值	i=0
循环条件	i<=n
循环增量	i++

从语法流程上看，for 和 while 语句的本质是一样的，for 循环形式简单明了，建议尽量使用这种语句。如果循环体至少要执行一次，则用 do-while 会比 for 和 while 语句方便。

> 各种语句格式规则要对应;
>
> 三选择四循环语句记分明;
>
> 单、双选择用 if，多路选择 switch 灵。
>
> 初值、条件与增量，循环要素三并行。
>
> do-while 做了再说，while 判后再执行;
>
> for 要摆明三要素，要简约风格数它精。
>
> continue 和 break，跳越不一般，远近要分清。

习　　题

3.1　编写 C 语句来实现下列每个任务。

(1) 声明变量 sum 和 x 为 int 型。

(2) 将变量 x 初始化为 1。

(3) 把变量 sum 初始化为 0。

(4) 把变量 x 和变量 sum 相加，并把结果赋值给变量 sum。

(5) 显示 "The sum is:"，后面跟随变量 sum 的值。

3.2　编写 C 语句，使其能够:

(1) 使用 scanf 函数来输入整型变量 x。

(2) 使用 scanf 函数来输入整型变量 y。

(3) 把整型变量 y 的值初始化为 1。

(4) 把整型变量 power 的值初始化为 1。

(5) 把变量 power 乘以变量 x，并把计算结果赋给 power。

(6) 把变量 y 的值增加 1。

(7) 测试 y 的值，看它是否小于或等于变量 x 的值。

(8) 使用 printf 函数输出整型变量 power。

3.3　把在习题 3.1 中所编写的语句组合成一个程序,使其计算出 1~10 所有整数的和。通过计算和递增语句来使用 while 循环。当变量 x 的值为 11 时,循环就应该终止。

3.4　编写一个 C 语言程序,使用习题 3.2 中的语句来计算 x 的 y 次方。这个程序中应该有一个 while 循环控制语句。

3.5　请指出下列每个 for 语句会显示出控制变量 x 的哪些值。

(1) for(x=2;x<=13;x+=2)　printf("%d\n",x);

(2) for(x=5;x<=22;x+=7)　printf("%d\n",x);

(3) for(x=3;x<=15;x+=3)　printf("%d\n",x);

(4) for(x=1;x<=5;x+=7)　printf("%d\n",x);

(5) for(x=12;x<=2;x+=3)　printf("%d\n",x);

3.6　编写出能够显示如下序列值的 for 语句:

(1) 1,2,3,4,5,6,7

(2) 3,8,13,18,23

(3) 20,14,8,2,-4,-10

(4) 19,27,35,43,51

3.7　为下面的每个叙述写出相应语句:

(1) 从键盘中获取两个数字,计算出这两个数字的和,并显示出结果。

(2) 从键盘中获取两个数字,判断出哪个数字是其中的较大数,并显示出较大数。

(3) 从键盘中获取一系列正数,确定并显示出这些数字的和。假定用户输入标志值 "-1" 来表示 "数据输入的结束"。

3.8　编程实现:输入整数 a 和 b,若 a+b>100,则输出 a+b 百位以上的数字,否则输出两数之和。

3.9　分别用 switch 和 if 语句编程实现:

$$y=\begin{cases} -1 & (x<0) \\ 0 & (x=0) \\ 1 & (x>0) \end{cases}$$

3.10　请将以下语句改写成 switch 语句:

```
if (a<30) m=1;
else if (a<40) m=2;
else if (a<50) m=3;
else if (a<60) m=4;
else m=5;
```

3.11　编程求下面分段函数的值:

$$y=\begin{cases} x^2+1 & x<-1 \\ x^3-1 & -1\leq x<0 \\ 1-x^3 & 0\leq x<1 \\ 1-x^2 & x\geq 1 \end{cases}$$

3.12　某百货公司采用购物打折扣的方法来促销商品,顾客一次性购物的折扣率是:

(1) 少于 800 元不打折;

(2) 800 元以上且少于 1200 元者，按九九折优惠;

(3) 1200 元以上且少于 2200 元者，按九折优惠;

(4) 2200 元以上且少于 3200 元者，按八五折优惠;

(5) 3200 元以上者，按八折优惠。

请编写程序，根据输入的购物金额计算并输出顾客实际的付款金额。

3.13   编程序：用 getchar 函数读入两个字符给 c1、c2，然后分别用 putchar 和 printf 函数输出这两个字符，并思考以下问题:

(1) 变量 c1、c2 应定义为字符型还是整型或两者皆可?

(2) 要求输出 C1 和 C2 值的 ASCII 码,应如何处理? 用 putchar 函数还是 printf 函数?

(3) 整型变量与字符型变量是否在任何情况下都可以互相替代? 如 char c1,c2 与 int c1,c2 是否无条件地等价?

3.14   幼儿园有大、小两个班的小朋友。分西瓜时，大班 4 个人一个，小班 5 个人一个，正好分掉 10 个西瓜;分苹果时，大班每人 3 个，小班每人 2 个，正好分掉 110 个苹果。编写程序，求幼儿园大班、小班各有多少个小朋友。

3.15   珠穆朗玛峰高 8844 m，假若一张纸无穷大，厚度为 0.05 mm，那么这张纸至少折叠多少次才能超过珠穆朗玛峰的高度?

3.16   编写一个程序，输入一个五位整数，把这个数字分成单个数字，并显示出这些数字，每个数字之间通过 3 个空格分隔开来。(提示：使用整除和求模运算。)

3.17   用一元五角人民币兑换 5 分、2 分和 1 分的硬币共 100 枚，共有多少种兑换方案? 每一方案中，每种硬币各多少枚?

3.18   编程求下面数列前 20 项之和。

$$\frac{2}{1}, \frac{3}{2}, \frac{5}{3}, \frac{8}{5}, \frac{13}{8}, \frac{21}{13} \cdots$$

3.19   编程输出下列图案:

```
AAAAAAAAAAAA
BBBBBBBBBB
CCCCCCCC
DDDDDD
EEEE
FF
```

3.20   编写一个程序，这个程序能够找出几个整数中最小的整数。假定程序读取的第一个值是程序要处理的整数的个数。给出伪代码描述及程序实现。

3.21   找出最大数的处理过程。输入 10 个数字，判断并显示出这些数字中的最大数。给出伪代码描述及程序实现。

提示：程序中应该使用如下 3 个变量。

• counter：能够数到 10 的计数器;

• number：当前输入到程序中的数字;

- largest：迄今为止所发现的最大数字。

3.22 从下面的无限序列中计算出 π 的值：

$$\pi = 4 - \frac{4}{3} + \frac{4}{5} - \frac{4}{7} + \frac{4}{9} - \frac{4}{11} + \cdots$$

输出一个表格，在该表格中显示根据这个序列中的 1 项、2 项、3 项等所得的近似 π 值。在第一次得到 3.14 之前，必须使用这个序列的多少项？如果是得到 3.141 呢？3.1415 呢？3.14159 呢？

查阅资料，找一找计算 π 值的其他公式，比较一下它们的收敛速度(即达到相同的精度，迭代次数少的公式，其收敛速度就快)。

3.23 我们经常听说别人的计算机如何快速，那么如何才能确定自己的机器运算速度到底有多快呢？使用一个 while 循环来编写一个程序，该循环从 1 到 3 000 000 进行计数，每次递增 1。每当计数达到了 1 000 000 的倍数，就在屏幕上显示出这个数字。使用自己的手表来测量每百万次循环所需要的时间。

3.24 编写一个程序来显示一个表格，列出 1～32 范围内的十进制数及与其等价的二进制数、八进制数和十六进制数。

3.25 分别用矩形法和梯形法求 $\int_1^2 x\sin(x)\,dx$。

第 4 章　数组——类型相同的一组数据

【主要内容】

- 数组的概念、使用规则及方法实例；
- 通过数组与数组元素和单个变量的类比，说明其表现形式与本质含义；
- 数组的空间存储特点及调试要点；
- 多维数组的编程要点；
- 自顶向下算法设计的训练。

【学习目标】

- 掌握定义数组、初始化数组及引用数组元素的方法；
- 能够定义和使用多维数组；
- 掌握字符数组的特殊处理。

4.1　数组概念的引入

我们前面学习了基本的数据类型，知道了如何把数据存入计算机的方法，同时学完了 C 语言的语句，知道了程序的三种基本结构及算法的基本实现方法，那么，按照图 4.1 所示的程序的构成公式，是不是就能编程解决所有的实际问题了呢？

图 4.1　程序的构成公式

先请看下面的引例。

【引例 1】　2 个数由小到大排序；3 个数由小到大排序；10 个数由小到大排序；100 个数由小到大排序；……

（1）对于 100 个数的排序，至少需要设置多少个变量？

（2）应如何设置变量，使程序能以一种简便的方式统一处理数据？

从算法上讲，无论需要排序的数的量是多少，都可以用相同的方法处理，但是，在处理之前，这些数据应如何合理地存到计算机中呢？

具体对程序员来说，就是如何设置变量的问题。3 个数，可以设成 a、b、c；那 10 个数呢？100 个数呢？如果每个变量名都是无规律的，那么要做循环处理，几乎是不可行的。

当数据的数量达到一定的规模时，首先的问题就是如何合理有效地把它们存入计算机，使程序能以一种简便的统一的方式引用数据，然后才能考虑如何设计算法，完成所要求的功能。

通常，计算机解题的两大步骤如下：

(1) 用合理的数据结构描述问题。

(2) 用相应的算法解决问题。

【引例 2】 从键盘输入 100 个数，然后逆序输出之。

为方便循环处理时对变量的引用，我们把这 100 个变量的名称设置成有规律的形式，处理流程如图 4.2 所示。

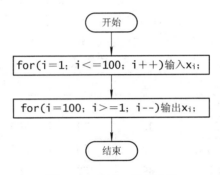

图 4.2　引例 2 处理流程

说明：x_i 随 i 作变化，因为下标用键盘输入不方便，故 x_i 在程序中的表示方法就写为 x[i]。

写出对应的程序语句：

```
int i;
int x[100];
for (i=1; i<=100; i++) scanf ("%d", &x[i]);
for (i=100; i>=1; i--) printf ("%d", x[i]);
```

说明：

(1) int x[100]表示定义 100 个 int 类型的变量，这是一组同类型数据的集合，称做数组，其中带下标的变量称做数组元素。

(2) 此程序只是为了和流程图对应，在循环中将 x 的下标变化从 1 变至 100。实际在 C 语言中，规定下标从 0 开始使用，对于 int x[100]，下标的变化应该是从 0 到 99。

【引例 3】 有一位同学，学习了 6 门课程，其成绩如表 4.1 所示，求平均分数。

表 4.1　成 绩 表 1

课程 1	课程 2	课程 3	课程 4	课程 5	课程 6	平均分
80	82	91	68	77	78	

对于这样的问题，我们按照引例 2 设置变量的方法，第 i 门课的成绩用 grade[i]表示，用数组的形式存储课程成绩，然后再完成求平均分的操作，这样比较方便。该引例的伪代码见表 4.2。

表 4.2　引例 3 伪代码

伪代码描述
将成绩放入 int grade[6]中
总分 total =0；计数器 i=0；
当 i<6 时
total= total+grade[i];
i++;
均分 = total / 6

如果问题的数据量增加，变成：有 4 位同学，学习了 6 门课程，其成绩如表 4.3 所示，求平均分。此时，每个学生的成绩又该如何表示呢？

表 4.3　成绩表 2

学号	课程 1	课程 2	课程 3	课程 4	课程 5	课程 6	平均分
1001	80	82	91	68	77	78	
1002	78	83	82	72	80	66	
1003	73	50	62	60	75	72	
1004	82	87	89	79	81	92	

观察可知，表中每个学生的成绩所在位置都是由行和列两个信息唯一确定的，我们用 i 表示行，j 表示列，则第 i 位同学第 j 门课的成绩可以用带两个下标的变量来表示：grade[i][j]。成绩表各个元素与下标的关系见表 4.4。

表 4.4　数 据 与 下 标

grade[i][j]	j=0	j=1	j=2	j=3	j=4	j=5
i=0	80	82	91	68	77	78
i=1	78	83	82	72	80	66
i=2	73	58	62	60	75	72
i=3	82	87	89	79	81	92

把表中每个数据都以有规律的方式命名存储后，按照上面只有一位学生求平均分的算法将其循环执行 4 次，即可分别求得 4 位同学的平均分，完成题目的要求。

综上，我们可以说，数组是在程序设计中，为了处理方便，把相同类型的若干变量按有序的方式组织起来的一种形式。

数组：一组带下标的同类型数据的集合。

4.2　数组和普通变量的类比

我们知道，普通变量的三个要素是变量名、变量值和存储单元。数组既然是一组同类型变量的集合，也应该具有同普通变量类似的要素和相关的用法，参见表 4.5。

表 4.5 变量与数组

		普通变量	数 组	说 明
定义		数据类型 变量名;	数据类型 数组名[常量]…[常量];	数组的维数与下标组数对应
名称		变量名	数组名	标识符
变量值		一个	一组	数组元素 同类型
存储单元	个数	一个	多个	数组各单元 空间连续
	长度	sizeof(变量类型)	sizeof(数组类型)*元素个数	
	地址	&变量名	数组名	系统分配
引用方式		变量名	数组名[下标]…[下标]	数组的维数与下标组数对应
初始化		数据类型 变量名=初值	数据类型 数组名[常量]…[常量] ={一组初值}	

注: 在方括号[ ]中出现的两种名称, 一种是常量, 一种是下标, 下标的含义将在数组的定义中给出。

4.3 如何把数组存入机器中

4.3.1 数组的定义

C 语言的数组定义形式:

> 数据类型 数组名 [常量 1][常量 2] … [常量 n];

说明:

(1) 数据类型可以是任何一种基本数据类型或构造数据类型。

(2) 数组名是用户定义的数组标识符。

(3) 方括号的对数表示数组的维数。方括号中的常量表达式表示数据元素的个数。如果只有一对括号,则表示一维数组,有两对括号表示二维数组,以此类推。本书只介绍一维和二维数组。

数组元素:数组中带下标的变量。

数组元素的使用规则和普通同类型变量类似。其引用形式如下:

> 数组名 [下标 1] [下标 2] … [下标 n]

关于数组及数组的下标要注意以下几点:

- 定是 0 开始:C 语言规定,数组的下标一定是从 0 开始的;
- 数值表达式:数组下标所在位置可以是数值表达式;
- 越界要制止:不能使用超出定义空间的数组元素。

4.3.2 数组的初始化

数组初始化：指在定义数组的同时给数组元素赋初值。

数组初始化的各种情形见表4.6。

表4.6 数组初始化的情形

	情 形	例 子	数组长度	说 明
1	将数组元素全部初始化	`int m[5]= {1,3,5,7,9};`	5	
		`int a[2][3] = { {1,3,5}, {2,4,6}};`	2行3列	二维数组，行优先存储
2	将数组元素部分初始化	`int b[5] = {1,3,5};`	5	未赋初值的元素，系统自动赋0值
		`int x[ 100 ]={1, 3, 5, 7};`	100	
3	数组大小由初始化数据个数决定	`int n[] = {1,3,5,7,9};`	5	数组长度缺省时系统按数组中实际元素个数确定数组大小
		`char c[ ] ="abcde";`	6	字符串的结束标志'\0'也占一个元素位置

4.3.3 数组的存储

数组的存储有以下特点：

（1）定义分空间：与一般的普通变量一样，数组的存储空间也是在定义时分配的，可以使用 sizeof 运算符测试数组占用内存空间的大小：

数组的空间大小=sizeof(数组的数据类型)*数组元素的个数

（2）运行不能变：数组的存储空间大小一旦分配好了，在程序运行过程中就不能改变了。

（3）元素都相连：数组元素的空间是按下标顺序连续分配的。

【例4-1】 数组的空间分配。

（1）`int x[ 100 ]={ 1, 3, 5, 7 };`

根据一维数组 x 的定义，系统给它分配 100 个存储单元，每个单元长度都是一个 int 的长度。一维数组 x 的空间分配见表4.7。

表4.7 一维数组 x 的空间分配

下标	0	1	2	3	4	...	i	...	98	99
元素存储及引用	x[0]	x[1]	x[2]	x[3]	x[4]	...	x[i]	...	x[98]	x[99]
元素值	1	3	5	7	0	0	0	0	0	0

(2) int a[2][3]={{1,3,5},{2,4,6}};

根据二维数组 a 的定义，系统给它分配 2×3=6 个存储单元，每个单元长度都是一个 int 的长度。二维数组 a 的空间分配见表 4.8。

表 4.8 二维数组 a 的空间分配

地址	a[0]			a[1]		
元素存储及引用	a[0][0]	a[0][1]	a[0][2]	a[1][0]	a[1][1]	a[1][2]
元素值	1	3	5	2	4	6

说明：

(1) C 语言中规定数组的名字代表数组的起始地址。这里的地址是指内存中存储单元的位置。

(2) 二维数组是按行优先顺序存储的，即是先存第 0 行的元素，再存第 1 行，以此类推。第一个下标代表行，第二个下标代表列。

(3) C 语言规定，二维数组每一行的起始地址由数组名加一维下标构成。例如数组 int a[2][3]，a[0] 表示第 0 行的起始地址，a 代表 a 数组的起始地址，所以 a[0] 和 a 的值是一样的。

数组在定义时若没有赋初值，存储单元的值会是什么？

答：同普通变量定义的情形类似，是一组随机值。（全局量时例外，全局量的含义参见第 5 章。）

下面两种情形，会给数组 a 分配空间吗？

情形一：

```
int x;
int a[x];
```

情形二：

```
int x=100;
int a[x];
```

答：根据数组的定义形式

数据类型 数组名[常量]；

数组的空间长度分配是根据数组的数据类型和方括号中的常量值确定的，在程序的运行中不能被改变。

对于情形一：数组 a 的括号中是变量，在数组 a 定义时无法确定 x 的值，所以 int a[x] 是非法的。

对于情形二：数组 a 的括号中是变量，在数组 a 定义时，x 虽然赋了初值，但数组的定义形式要求数组长度是常量，故这种数组定义法也是非法的。

以上两种情形都是初学者容易犯的错误，要特别注意。

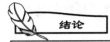

数组的长度应在定义时确定，在程序运行中不能被改变。

4.3.4 数组存储空间的查看方法

【例4-2】 使用初始值列表来初始化数组。

```
1    /*使用初始值列表来初始化数组*/
2    #include <stdio.h>
3    int main()
4    {
5        /*使用初始值列表来初始化数组*/
6        int  m[5]= {1,3,5,7,9};
7        int  a[2][3] = { {1,3,5}, {2,4,6} };
8        int  b[6] = {1,3,5};
9        int  x[ 100 ] ={ 1,3,5,7};
10       int  n[ ] = {1,3,5,7,9};
11       char c[ ] ="abcde";
12       int i,j;
13
14       /*以列表形式输出一维数组 m*/
15       printf( "一维数组 m[5]\n");
16       printf( "%s%13s\n", "Element", "Value" );
17       for ( i = 0; i < 5; i++ )
18       {
19           printf( "%7d%13d\n", i, m[ i ] );
20       }
21       printf( "\n");
22
23       /*以列表形式输出二维数组 a*/
24       printf( "二维数组 a[2][3]\n");
25       for (i = 0; i < 2; i++)
26       {
27           for (j = 0; j < 3; j++)
28           {
29               printf( "%d   ", a[i][j] );
30           }
31           printf( "\n");
32       }
33       return 0;
34   }
```

程序结果：

一维数组 m[5]

Element	Value
0	1
1	3
2	5
3	7
4	9

二维数组 a[2][3]

1　3　5

2　4　6

图 4.3～图 4.13 分别为例 4-2 的调试步骤 1～调试步骤 11。

调试要点：

* 一维数组的整体查看方法；
* 一维数组元素的查看方法；
* 二维数组的整体查看方法；
* 二维数组元素的查看方法；
* 字符串的结束标志问题。

1. 查看一维数组

1）整体查看

（1）直接在 Watch 窗口的 Name 栏键入数组名。比如要查看 m 数组，键入 m 后，Watch 窗口中显示的内容如图 4.3 所示。

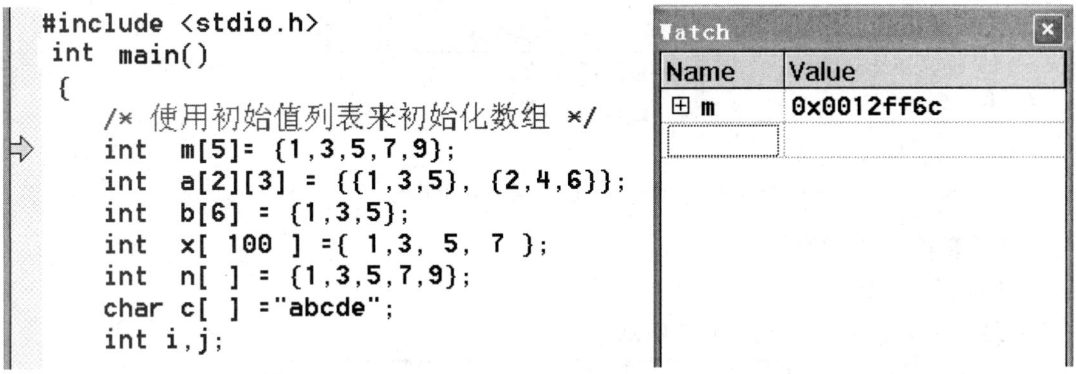

```
#include <stdio.h>
int  main()
{
    /* 使用初始值列表来初始化数组 */
    int   m[5]= {1,3,5,7,9};
    int   a[2][3] = {{1,3,5}, {2,4,6}};
    int   b[6] = {1,3,5};
    int   x[ 100 ] ={ 1,3, 5, 7 };
    int   n[ ] = {1,3,5,7,9};
    char  c[ ] ="abcde";
    int   i,j;
```

Name	Value
⊞ m	0x0012ff6c

图 4.3　例 4-2 调试步骤 1

注意：数组名 m 左侧是一个带框的加号，表明用鼠标点开后，里面还有内容；Value 的部分是一个十六进制的数，这是数组 m 在内存中的起始地址，C 语言规定数组名是一个地址常量。

（2）点开数组名前的加号，则 Name 栏显示 m 数组的元素 m[0]～m[4]，如图 4.4 所示。

```
#include <stdio.h>
int  main()
{
    /* 使用初始值列表来初始化数组 */
    int  m[5]= {1,3,5,7,9};
    int  a[2][3] = {{1,3,5}, {2,4,6}};
    int  b[6] = {1,3,5};
    int  x[ 100 ] ={ 1, 3, 5, 7 };
    int  n[ ] = {1,3,5,7,9};
    char c[ ] ="abcde";
    int i,j;
```

Name	Value
⊟ m	0x0012ff6c
[0]	-858993460
[1]	-858993460
[2]	-858993460
[3]	-858993460
[4]	-858993460

图 4.4 例 4-2 调试步骤 2

注意：元素的值是随机值，而不是我们赋的 1、3、5、7、9。这是因为，程序部分显示跟踪步骤的箭头当前指向的是"int m[5]={1,3,5,7,9};"，表明此条定义初始化语句处于还未执行而将要执行的状态。

（3）按 F10 键，再向下执行一步，完成 m 数组的初始化，如图 4.5 所示。

```
#include <stdio.h>
int  main()
{
    /* 使用初始值列表来初始化数组 */
    int  m[5]= {1,3,5,7,9};
    int  a[2][3] = { {1,3,5}, {2,4,6}};
    int  b[6] = {1,3,5};
    int  x[ 100 ] ={ 1, 3, 5, 7 };
    int  n[ ] = {1,3,5,7,9};
    char c[ ] ="abcde";
    int i,j;
```

Name	Value
⊟ m	0x0012ff6c
[0]	1
[1]	3
[2]	5
[3]	7
[4]	9

图 4.5 例 4-2 调试步骤 3

2）单个元素值的查看

在 Name 栏中输入元素名即可，如图 4.6 所示。

Name	Value
m[3]	7
m[2]	5

图 4.6 例 4-2 调试步骤 4

2. 查看二维数组

1）整体查看

（1）输入数组名，如图 4.7 所示。

Name	Value
⊞ a	0x0012ff54

图 4.7 例 4-2 调试步骤 5

二维数组名也是一个地址值，是二维数组的起始地址。

（2）点开数组名前的加号，如图 4.8 所示。

```
□ a         0x0012ff54
 ⊞ [0]      0x0012ff54
 ⊞ [1]      0x0012ff60
```

图 4.8　例 4-2 调试步骤 6

a[0]和 a[1]也是地址值。C 语言规定，二维数组名加一维下标表示行地址，即 a[0] 表示第 0 行的起始地址，a[1] 表示第 1 行的起始地址。

（3）点开行地址前的加号，如图 4.9 所示。

```
□ a         0x0012ff54
 □ [0]      0x0012ff54
    [0] -858993460
    [1] -858993460
    [2] -858993460
 □ [1]      0x0012ff60
    [0] -858993460
    [1] -858993460
    [2] -858993460
```

```
□ a         0x0012ff54
 □ [0]      0x0012ff54
    [0] 1
    [1] 3
    [2] 5
 □ [1]      0x0012ff60
    [0] 2
    [1] 4
    [2] 6
```

（a）数组初始化前　　　　　　　　　　　　（b）数组初始化后

图 4.9　例 4-2 调试步骤 7

2）查看一行元素

输入行地址 a[1]，点开 a[1]前的加号，如图 4.10 所示。

3）查看数组元素

键入元素名，如图 4.11 所示。

Name	Value
⊞ a[1]	0x0012ff60

Name	Value
□ a[1]	0x0012ff60
[0]	2
[1]	4
[2]	6

Name	Value
a[1][2]	6
a[0][1]	3
a[1][0]	2

图 4.10　例 4-2 调试步骤 8　　　　　　　　图 4.11　例 4-2 调试步骤 9

2．其他情形的说明

（1）int　b[6] = {1,3,5};

这是 b 数组初始化的情形，未赋值的单元系统自动清零，如图 4.12 所示。

（2）char c[ ] ="abcde";

这是字符数组初始化的情形，如图 4.13 所示。C 语言允许用字符串的形式对数组作初始化赋值。

（1）地址后的字符串"abcde"是数组 c 的内容。

(2) c[0]行中的97是字符a的ASCII码。

(3) c[5]的值为0,称为空字符,是系统自动添加的。

(4) c数组的长度为串"abcde"中字符的个数5加上空字符的个数1。

⊟ b	0x0012ff3c
— [0]	1
— [1]	3
— [2]	5
— [3]	0
— [4]	0
— [5]	0

图 4.12　例 4-2 调试步骤 10

⊟ c	0x0012fd90
	"abcde"
— [0]	97 'a'
— [1]	98 'b'
— [2]	99 'c'
— [3]	100 'd'
— [4]	101 'e'
— [5]	0 '.'

图 4.13　例 4-2 调试步骤 11

注意:字符串总是以'\0'作为串的结束符,这个'\0'空字符是系统自动添加的,因此当把一个字符串存入一个数组时,也把空字符存入数组,并以此作为该字符串是否结束的标志。

如果一个数组未初始化,那么数组元素的初始值会是什么呢?

答:这和普通变量定义时的情形是类似的,读者可自行上机查看。

4.4　对数组的操作

4.4.1　数组的赋值方法

给数组赋值的方法有下面两种:

(1) 初始化:在数组的定义中使用初始值列表。

(2) 循环赋值:包括键盘输入和表达式赋值。

· 键盘输入:用输入函数接收数据;

· 表达式赋值:数组元素的值变化是有规律的,可以用表达式表示出来。

【例 4-3】 对一维数组的循环赋值。求斐波那契(Fibonacci)数列的前20项。

注:斐波那契数列即 0　1　1　2　3　5　8　13　21　34 …,其递推公式为

$$F(0)=0, \quad F(1)=1,$$
$$F(n)=F(n-1)+F(n-2)$$

【解】 思路:按斐波那契数列的构成规律,先把全部20项构造出来存放到数组,然后再输出。

算法的顶部及分步细化描述如表 4.9～表 4.11 所示。

表 4.9　例 4-3 伪代码 1

顶部伪代码描述
用长度 20 的数组放生成的数列
输出结果

表 4.10　例 4-3 伪代码 2
第一步细化
数组 f[20]初始化，放数列前两个值
从 f[2]开始，按数列构造规则填充 f 数组
输出结果

表 4.11　例 4-3 伪代码 3
第二步细化
int f[20]={ 0,1 }
i=2;
while i<20
f [i]=f [i-1]+f [i-2];
i++;
输出 f 数组内容

:(
程序设计错误

忘记对需要初始化的数组元素进行初始化。

第二步细化完成后，就可以方便地写出程序了：

```
1    /*求斐波那契数列的前20项*/
2    #include <stdio.h>
3    int main()
4    {
5        int  i;
6        int  f[20]={0, 1};              /*数组初始化*/
7
8        for (i=2;  i<20;  i++)          /*生成数列内容*/
9        {
10           f[i]=f[i-1]+f[i-2];         /*Fibonacci 数列递推式*/
11       }
12       for (i=0; i<20; i++)            /*输出数组内容*/
13       {
14           if (i%5==0) printf("\n");   /*输出为每行5个*/
15           printf("%8d", f[i]);
16       }
17       return 0;
18   }
```

程序结果：

0	1	1	2	3
5	8	13	21	34
55	89	144	233	377
610	987	1597	2584	4181

表 4.12 所示为读程分析表。

表 4.12　读 程 分 析 表

下标 i	0	1	2	3	4	5	...	18	19	20
f[i]	0	1	2	3	5	8	...	...	...	...

注意：数组下标从 0 开始，最后一个元素的下标应该为数组长度减 1。

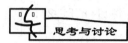

(1) 如何让程序方便地构造任意项的斐波那契数列？

答：将数组的大小定义为符号常量，可以使程序的可伸缩能力更强。

(2) 对于上述程序中的第一个 for 循环(第 8 行)，如果循环运行条件写成 i<=20，会造成什么问题？

答：会造成数组下标越界，因为要对 f[20] 单元写操作，但 f[20] 并不在数组的定义范围之内，这是程序设计的逻辑错误。

4.4.2　一维数组的元素引用

【例 4-4】对数组元素进行求和。

```
1    /*计算数组中元素的总和 */
2    #include <stdio.h>
3    #define SIZE 6
4
5    int main()
6    {
7        int a[ SIZE ] = {2, 5, 18, 4, 7, 6}
8        int i;         /*计数器*/
9        int total = 0; /*总和*/
10
11       for ( i = 0; i < SIZE; i++ )
12       {
13           total += a[ i ];  /*对数组 a 中的元素求和*/
14       }
15       printf( "Total of array element values is %d\n", total );
16       return 0;
17   }
```

程序结果：

Total of array element values is 42

图 4.14～图 4.18 所示分别为例 4-4 的调试步骤 1～调试步骤 5。

调试要点：

- 对一维数组元素的引用、迭代；
- 数组下标的越界现象。

图 4.14 所示为调试步骤 1，这是首次进入循环，此时 i=0，a[i]=a[0]=2，程序左侧指示箭头指向 total+=a[i] 语句，total 值为 0。

```
#include <stdio.h>
#define SIZE 6

int main()
{
    int a[SIZE]={2,5,18,4,7,6};
    int i;            /* 计数器 */
    int total = 0; /* 总和 */

    for (i=0; i<SIZE; i++)
    {
        total += a[i];
    }
    printf( "Total of array eleme
```

Name	Value
⊟ a	0x0012ff68
[0]	2
[1]	5
[2]	18
[3]	4
[4]	7
[5]	6
i	0
total	0
a[i]	2

图 4.14　例 4-4 调试步骤 1

图 4.15 所示为调试步骤 2，此时将 a[i] 累加进 total，Total=2。

```
#include <stdio.h>
#define SIZE 6

int main()
{
    int a[SIZE]={2,5,18,4,7,6};
    int i;            /* 计数器 */
    int total = 0; /* 总和 */

    for (i=0; i<SIZE; i++)
    {
        total += a[i];
    }
    printf( "Total of array eleme
```

Name	Value
⊟ a	0x0012ff68
[0]	2
[1]	5
[2]	18
[3]	4
[4]	7
[5]	6
i	0
total	2
a[i]	2

图 4.15　例 4-4 调试步骤 2

图 4.16 所示为调试步骤 3，这是第二次循环，此时 i=1，a[i]=a[1]=5，total+=a[i] 语句执行前 total 值为 2，这是上次迭代的结果。

```
#include <stdio.h>
#define SIZE 6

int main()
{
    int a[SIZE]={2,5,18,4,7,6};
    int i;            /* 计数器 */
    int total = 0; /* 总和 */

    for (i=0; i<SIZE; i++)
    {
        total += a[i];
    }
    printf( "Total of array eleme
```

Name	Value
⊟ a	0x0012ff68
[0]	2
[1]	5
[2]	18
[3]	4
[4]	7
[5]	6
i	1
total	2
a[i]	5

图 4.16　例 4-4 调试步骤 3

图 4.17 所示为调试步骤 4，total+=a[i] 语句执行后，total 值为 7，这是本次迭代的结果。

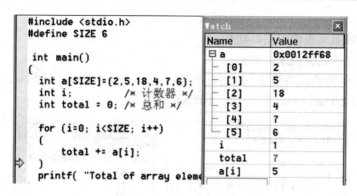

图 4.17 例 4-4 调试步骤 4

图 4.18 所示为调试步骤 5,循环结束后, i=6,a[i]=a[6]=1245120,a[6]下标越界,因此得到了数组定义外的内存单元的值, total=42。

图 4.18 例 4-4 调试步骤 5

知识ABC **数组下标越界**

数组越界错误主要包括数组下标值越界和指向数组的指针的指向范围越界。

数组下标取值越界主要是指访问数组的时候,下标的取值不在已定义好的数组取值范围。

指向数组的指针的指向范围越界问题在第 6 章中将会讨论到。

C 语言编译器一般不检查数组的下标范围,程序中数组下标的越界使用可能会造成以下两个问题:

(1) 对越界的元素做读操作,不会破坏内存单元的值,但用这个值参与运算,会直接造成本程序结果错误。

(2) 对越界的元素做写操作,会破坏内存单元的值,若此单元另有变量定义,也会造成程序结果错误,而且这种错误现场很难跟踪查找,因为被改写的单元值在什么时刻被引用是不可预计的。

数组下标越界是程序初学者最容易犯的错误之一。我们在使用数组时要特别注意,数组元素下标一定不能越界。

4.4.3　对多个一维数组的操作

【**例 4-5**】顺序结构程序的例子。用数组实现例 3-1，从键盘输入 4 位学生的学号和英语考试成绩，打印这 4 人的学号和成绩，最后输出 4 人的英语平均成绩。（成绩为百分制的实数。）

【**解**】我们用数组的形式来处理，把学号和分数都存放在数组中。算法的顶部及分步细化描述如表 4.13～表 4.15 所示。

表 4.13　例 4-5 伪代码 1

顶部伪代码描述
输入学号、成绩
累加总分，求出均分
输出结果

表 4.14　例 4-5 伪代码 2

第一步细化
设： 学号 number[4] 分数 grade [4] 总分 total 均分 average
循环输入 number、 grade
循环累加 grade 至 total
average= total / 4
循环顺序输出 number、grade； 输出 average

表 4.15　例 4-5 伪代码 3

第二步细化
i=0
while i<4 　　　　输入 number[i] 　　　　输入 grade [i] 　　　　i++
i=0
while i<4 　　　　total= total+ grade [i] 　　　　i++
average= total/4
i=0
while i<4 　　　　输出 number[i] 　　　　输出 grade [i] 　　　　i++ 输出 average

根据表 4.15 所示的第二步细化的伪代码，可以写出以下程序：

```
1    /*顺序结构程序的例子*/
2    int main()
3    {
4        int i; /*计数器*/
5        int number[4];   /*学号*/
6        float  grade[4]; /*分数*/
7        float total=0;   /*总分*/
8        float average;    /*平均分*/
9
10       /* 输入数据 */
11       for ( i=0;i < 4; i++)
12       {
13           printf("Enter number:\n"); /*提示输入学号*/
14           scanf("%d", & number[i] );    /*读入学号*/
15           printf("Enter grade: \n"); /*提示输入分数*/
16           scanf("%f", &grade[i]);    /*读入分数*/
17       }
18   /*处理数据*/
19       for (i=0;i < 4; i++)    /*累加总分*/
20       {
21           total = total + grade[i];
22       }
23       average = total / 4; /* 求均分*/
24
25   /*输出结果*/
26       for (i=0; i < 4; i++)
27       {
28           printf("%d: ", number[i] );  /*输出学号*/
29           printf("%f\n", grade[i] );    /*输出分数*/
30       }
31       printf("total  is %f\n", total );
32       printf("average is %f\n", average );
33       return 0;
34   }
```

程序结果：

```
Enter number:
 1001
Enter grade:
```

```
78.5
Enter number:
 1002
Enter grade:
 89
Enter number:
 1003
Enter grade:
 83.5
Enter number:
 1004
Enter grade:
 92.5
1001:  78.500000
1002:  89.000000
1003:  83.500000
1004:  92.500000
total  is 343.500000
average is 85.875000
```

西安电子科技大学开通了网上评教系统，对教师的教学按照 6～10 分进行评价，现抽取 50 名学生对某教师的评分存于一数组中，编程序对各分数出现的频度进行汇总。

```
1      #include<stdio.h>
2      #define RESPONSE_NUM 50   /*评分数组大小*/
3      #define RATING_SIZE 5     /*等级数组大小*/
4
5      int main()
6      {
7          int answer;  /*计数器*/
8          int counter;
9
10         int rating[RATING_SIZE]={0};    /*评定等级数组*/
11         int responses[RESPONSE_NUM]     /*评分数组，放评分结果*/
12         ={ 6,8,9,10,6,9,8,7,7,10,6,9,7,7,7,6,8,10,7,
13             10,8,7,7,6,7,8,9,7,8,7,10,6,7,6,7,7,10,8,
14             6,7,7,8,6,6,7,8,9,7,7,10
15          };
```

```
16
17        /*用评分值作为评定等级数组的下标,同一种评分累加进同一下标元素中*/
18        for (answer=0; answer<RESPONSE_NUM; answer++)
19        {
20            rating[ responses[answer] -6 ]++;
21        }
22
23        /*列表打印结果*/
24        printf("%s%17s\n","Rating","Frequency");
25        for (counter=0; counter<RATING_SIZE; counter++)
26        {
27            printf("%6d%17d\n",counter+6,rating[counter]);
28        }
29        return 0;
30    }
```

程序结果:

```
Rating          Frequency
    6               10
    7               19
    8                9
    9                5
   10                7
```

4.4.4 对二维数组的操作

【例4-6】在 N 行 M 列的二维数组 a 中,找出数组的最大值以及此最大值所在的行、列下标。

【解】 设二维数组如表 4.16 所示,N=2,M=3。

表 4.16   数组中的数据

	j=0	j=1	j=2
i=0	2	3	5
i=1	10	7	6

二维数组元素的查找顺序和存储顺序是一致的,即先找第一行,再找第二行,以此类推,其下标变化规律见表 4.17。

表 4.17   二维数组扫描顺序

	按行优先顺序扫描时,行列值的变化			
行 i 取值	0	1	…	N-1
列 j 变化范围	0~(M-1)	0~(M-1)	…	0~(M-1)

数组元素按序查找步骤可如下进行：

先扫描 i=0 行有 M 个元素：

```
for(j=0;j<M;j++)
```

再扫描 i=1 行有 M 个元素：

```
for(j=0;j<M;j++)
```

...

i 的值从 0 变化到 N-1，所以，扫描完一个二维数组，需要两个循环嵌套才能完成：

```
for(i=0; i<N; i++)
    for(j=0; j<M; j++)
```

算法描述：在给定的一组数里找最大值，思路同第 3 章的 3 个数中求最大值的例子，只是这些数据放在数组里，对变量的引用需要使用二维数组元素。该例的伪代码如表 4.18～表 4.20 所示。

表 4.18　例 4-6 伪代码 1

顶部伪代码描述
输入二维数组
找到其中的最大值及其行列下标
输出结果

表 4.19　例 4-6 伪代码 2

第一步细化
输入二维数组
取数组的第一个值做比较基准 max
在数组中按行优先顺序逐个与 max 比较，将大者放 max，同时记录相应的行列下标
输出结果

表 4.20　例 4-6 伪代码 3

第二步细化
按行优先顺序输入二维数组 a[N][M]
max=a[0][0];　　line=col=0;
i=j=0;
while(行下标 i<N)
while(列下标 j<M)
if(max<a[i][j])
max=a[i][j];
line=I;
col=j;
j++;
i++;　　j=0;
输出　　max、line、col

由表 4.20 所示的第二步细化的伪代码，可以写出以下程序：

```
1    /*二维数组的例子*/
2    #define N   2
3    #define M   3
4    #include "stdio.h"
5    int main()
6    {
7        int i, j, a[N][M], max, line, col;
8
9    /*通过键盘给数组赋值*/
10       printf( "input array numbers:\n" );
11       for(i=0; i<N; i++)
12       {
13           for(j=0; j<M; j++)
14           {
15               scanf( "%d", &a[i][j] );
16           }
17       }
18
19   /*在数组中找最大值*/
20       max=a[0][0];    /*取数组的第一个值做比较基准 max*/
21       line=col=0;      /*行、列下标与 max 值位置对应*/
22       for(i=0; i<N; i++)
23       {
24           for( j=0; j<M; j++)
25           {
26               if (max<a[i][j]) /*在数组中按行优先顺序逐个与 max 比较*/
27               {
28                   max=a[i][j];
29                   line=i;
30                   col=j;
31               }
32           }
33       }
34       printf("\n max=%d\t line=%d\t col=%d\n", max, line, col);
35       return 0;
36   }
```

程序结果：

```
input array numbers:
2 3 5 10 7 6


max=10  line=1  col=0
```

图 4.19～图 4.25 所示分别为例 4-6 的调试步骤 1～调试步骤 7。

调试要点：

- 二维数组的查看；
- 数组元素的引用顺序；
- 控制台窗口的数据输入；
- 嵌套循环的执行顺序。

注意：在单步跟踪时，若遇到 scanf 输入数据，要在控制台窗口一次性将全部的数据按要求的格式输入，如图 4.19 所示的控制台窗口中显示的那样。如果输入一个数就回车，系统会一直在此窗口等待，不会转向程序所在的窗口。这是调试时遇到输入函数需要特别注意的问题。

图 4.19 中，Watch 窗口中的 i、j 为 0，但数据已经在控制台窗口中输入完毕。

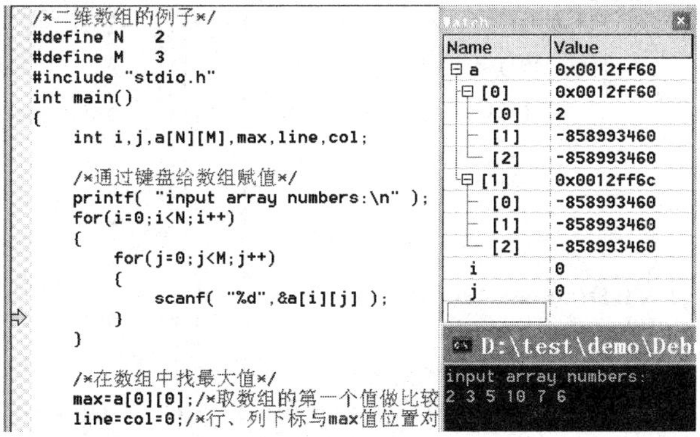

图 4.19　例 4-6 调试步骤 1

图 4.20 中，i=0，j 的变换从 0 至 2，a[0][0]、a[0][1]、a[0][2] 被顺序赋值。

图 4.20　例 4-6 调试步骤 2

图 4.21 中，查找最大值的嵌套循环 i、j 均从 0 开始，比较基准值取数组的第一个值 a[0][0]。

图 4.21　例 4-6 调试步骤 3

图 4.22 中，i=0，j 从 0 变至 1，max<a[i][j]条件成立，max 值将被修改。

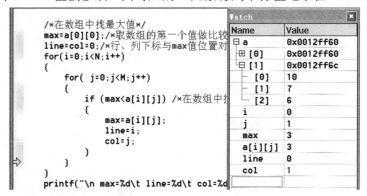

图 4.22　例 4-6 调试步骤 4

图 4.23 中，max 值被修改，其对应的 a 元素行列下标值记录在 line 和 col 中。

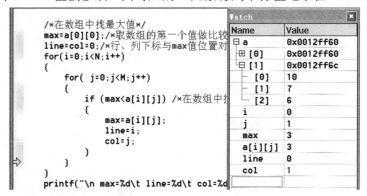

图 4.23　例 4-6 调试步骤 5

图 4.24 中，i=0，j 从 1 变至 2，行地址 a[0]所在行的元素查找完毕。

```
/*在数组中找最大值*/
max=a[0][0];/*取数组的第一个值做比较
line=col=0;/*行、列下标与max值位置对
for(i=0;i<N;i++)
{
    for( j=0;j<M;j++)
    {
        if (max<a[i][j]) /*在数组中找
        {
            max=a[i][j];
            line=i;
            col=j;
        }
    }
}
printf("\n max=%d\t line=%d\t col=%d
```

Watch	
Name	Value
a	0x0012ff60
[0]	0x0012ff60
[1]	0x0012ff6c
[0]	10
[1]	7
[2]	6
i	0
j	2
max	3
a[i][j]	5
line	0
col	1

图 4.24　例 4-6 调试步骤 6

图 4.25 中，i=1，从行地址 a[1] 开始查找，j 从 0 开始。

```
/*在数组中找最大值*/
max=a[0][0];/*取数组的第一个值做比较
line=col=0;/*行、列下标与max值位置对
for(i=0;i<N;i++)
{
    for( j=0;j<M;j++)
    {
        if (max<a[i][j]) /*在数组中找
        {
            max=a[i][j];
            line=i;
            col=j;
        }
    }
}
printf("\n max=%d\t line=%d\t col=%d
```

Watch	
Name	Value
a	0x0012ff60
[0]	0x0012ff60
[1]	0x0012ff6c
[0]	10
[1]	7
[2]	6
i	1
j	0
max	5
a[i][j]	10
line	0
col	2

图 4.25　例 4-6 调试步骤 7

 结论

从上面的调试中，我们可以得到循环嵌套的执行顺序如下：
(1) 外层判断循环条件，满足则进入外层循环体，不满足则跳出外层循环。
(2) 内层判断循环条件，不满足则跳出内层循环至步骤(5)。
(3) 内层循环体执行。
(4) 内层循环变量累加，回到步骤(2)执行。
(5) 外层循环变量累加，回到步骤(1)执行。

内外层循环体的含义见表 4.21。

表 4.21　循 环 嵌 套

for(i=0; i<N; i++)		
for(j=0; j<M; j++)		外层循环体
if (max<a[i][j])	内层循环体	
{ max=a[i][j];		
line=i;		
col=j;		
}		

4.4.5　对字符数组的操作

【例4-7】　字符数组的初始化赋值与输出方法。对字符数组的初始化赋值，可以按字符赋值，也可以按字符串赋值。

```
1    /*字符数组的初始化赋值*/
2    #include "stdio.h"
3    int main( )
4    {
5        char ca[10]={'I',' ','a','m',' ','h','a','p','p', 'y'};
         /*按单个字符给数组赋初值*/
6        char cb[ ]="I am happy";   /*以字符串方式给数组赋初值*/
7        int i;
8
9        printf("ca 数组按单个字符格式输出：\n");
10       for(i=0; i<10; i++) printf("%c", ca[i] );
11       printf("\n");
12       printf("ca 数组按字符串格式输出：\n");
13       printf("%s", ca);
14       printf("cb 数组按单个字符格式输出：\n");
15       for(i=0; i<10; i++) printf("%c", cb[i] );
16       printf("\n");
17       printf("cb 数组按字符串格式输出：\n");
18       printf("%s", cb);
19       printf("\n");
20       return 0;
21   }
```

程序结果：

ca 数组按单个字符格式输出：

I am happy

ca 数组按字符串格式输出：

I am happy 烫?

cb 数组按单个字符格式输出：

I am happy

cb 数组按字符串格式输出：

I am happy

提醒：C 允许存储任意长度的字符串。当在字符数组中存储字符串时，要确保数组足够大，以容纳将存储的最长字符串。如果字符串的长度超过将存储它的字符数组长度，则超出数组边界的字符将覆盖内存中数组后面的数据。

为什么 ca 数组地址后显示的字符串最后是乱码，而 cb 数组就没有这个现象？

答：字符串的显示，应该是以'\0'做结束标志的，对 ca 数组来说，数组下标是从 0 到 9，通过查看图 4.26 所示的 Memory 窗口，可看到 ca[10] 不是'\0'，按%s 输出格式的要求，会一直显示相应非 0 字节对应的 ASCII 码字符，直到遇到'\0'为止。所以 ca 数组后会显示上面的汉字及其他信息。

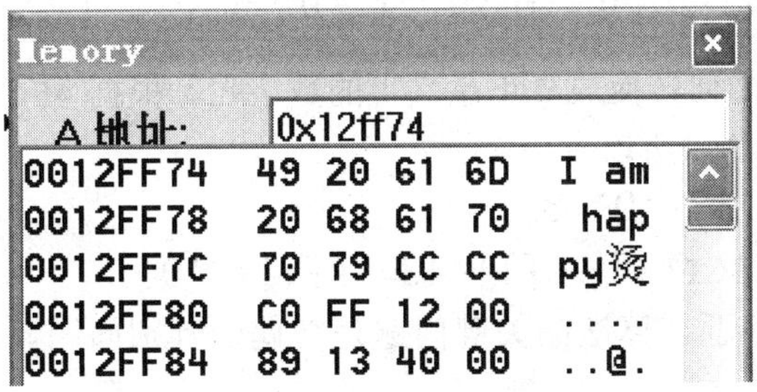

```
Memory                              [×]
 A 地址:     0x12ff74
0012FF74    49 20 61 6D    I am
0012FF78    20 68 61 70     hap
0012FF7C    70 79 CC CC    py烫
0012FF80    C0 FF 12 00    ....
0012FF84    89 13 40 00    ..@.
```

图 4.26 Memory 窗口

cb 数组后有系统自动添加的字符串结束标志'\0'，故显示到 cb[9] 会停止。

对数组 ca 和 cb 的查看结果如图 4.27 所示。

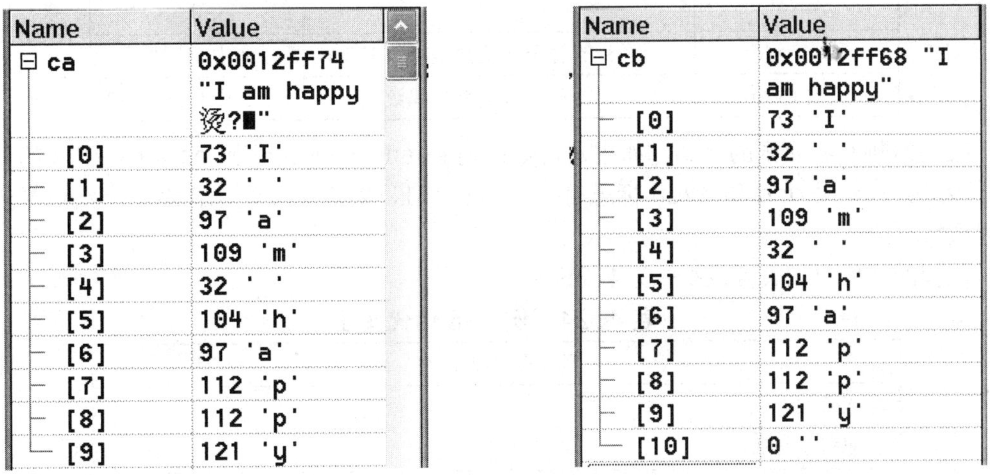

Name	Value
□ ca	0x0012ff74 "I am happy 烫?▮"
[0]	73 'I'
[1]	32 ' '
[2]	97 'a'
[3]	109 'm'
[4]	32 ' '
[5]	104 'h'
[6]	97 'a'
[7]	112 'p'
[8]	112 'p'
[9]	121 'y'

Name	Value
□ cb	0x0012ff68 "I am happy"
[0]	73 'I'
[1]	32 ' '
[2]	97 'a'
[3]	109 'm'
[4]	32 ' '
[5]	104 'h'
[6]	97 'a'
[7]	112 'p'
[8]	112 'p'
[9]	121 'y'
[10]	0 ' '

(a) 查看 ca 数组　　　　　　　　　　　　　(b) 查看 cb 数组

图 4.27 数组 ca 和 cb 的查看

【例 4-8】 对字符数组操作。输入一个整数，判断该整数：若全部由奇数字组成或全部由偶数字组成，输出"YES!"，否则输出"NO!"。

【解】 下面分步对此题进行分析。

(1) 数据的存储问题。若输入的整数按一个 int 型变量接收，则需要按位拆分后再逐位判断奇偶，这样比较麻烦；若按字符串方式接收输入的整数，放在字符数组里，则省去了上面的按位拆分的步骤。

如输入的整数是 12345，则可以这样接收信息：

```
char s[20]="12345";
```

s 数组中，每个数组元素值都是一个字符，如表 4.22 所示。

表 4.22 数 据 分 析

下 标	0	1	2	3	4	5	6	…
s[i]	'1'	'3'	'4'	'5'	'6'	'\0'	'\0'	
s[i]-'0'	1	3	4	5	6	…		
奇数 odd	1	1	0	0	0	…		
偶数 even	0	0	0	0	…			

问题是，数字字符如何转换成真正意义上的数字呢？根据 ASCII 码表可知，阿拉伯数字是按其大小顺序编码的，所以有：

'3'-'0'='0'+3-'0'=3

48 是字符'0'的 ASCII 码；s[i]-48= s[i]- '0'。

（2）算法的设计问题。算法的关键问题是奇偶的判别问题，这可以通过设置标志来处理。

开始时，设置奇数标志 odd 初始值=1，偶数标志初始值 even=1，其含义如表 4.23 所示。

表 4.23 奇 偶 标 志

	1	0
奇数 odd	s 的每个元素都是奇数	s 中有偶数
偶数 even	s 的每个元素都是偶数	s 中有奇数

按位判断 s 各元素的奇偶，如果是奇数，则 even=0；反之，则 odd=0，将 s 的元素全部检查完，如果 odd 和 even 标志有一个仍然为 1，则说明 s 全部由奇数字组成或全部由偶数字组成。

该例的伪代码如表 4.24～表 4.26 所示。

表 4.24 例 4-8 伪代码 1

顶部伪代码描述
输入整数
按要求判奇偶
输出结果

表 4.25 例 4-8 伪代码 2

第一步细化
以字符方式接收输入
分别设置奇、偶标志为 1
按位判断奇偶： 　是偶数，则奇数标志置 0； 　是奇数，则偶数标志置 0
如果奇偶标志有一个为 1，则输出 YES，否则输出 NO

表 4.26 例 4-8 伪代码 3

第二步细化
输入整数放至字符数组 s[ ]
初始化设置偶数标志 even=1
初始化设置奇数标志 odd=1
i=0
while (s[i]内容未处理完)
if s[i]=偶数 odd=0
else even=0
i + +
if (odd==1 || even==1) 输出 YES
else 输出 NO

根据细化的伪代码，程序实现如下：

```
1      /*字符数组及汉字问题*/
2      #include <stdio.h>
3      int main()
4      {
5          char  s[20];
6          int odd=1, even=1; /*设置奇偶标志*/
7          int i=0;
8
9          printf( "enter a number:" );
10         gets(s);        /*输入字符串到 s 数组*/
11         while (s[i] ! = '\0' )    /*'\0'为字符串的结束标志*/
12         {
13             if ( (s[i]- '0') %2 ==0 )
14             {
15                 odd=0;  /*按位判奇偶*/
16             }
17             else
18             {
19                 even=0;
20             }
21             i++;
22         }
23         if ( odd==1 || even==1)
24         {
25             printf( "YES! " );
```

```
26          }
27          else
28          {
29              printf( "NO! " );
30          }
31          return 0;
32      }
```

图 4.28～图 4.34 所示分别为例 4-8 的调试步骤 1～调试步骤 7。

调试要点：

- 字符数组的查看；
- 表达式的查看方法；
- 单步跟踪时程序窗口和控制台窗口数据输入的配合问题。

调试思路：跟踪过程即是设计思路的验证过程。

图 4.28 显示了程序执行至 gets(s) 处的情形。

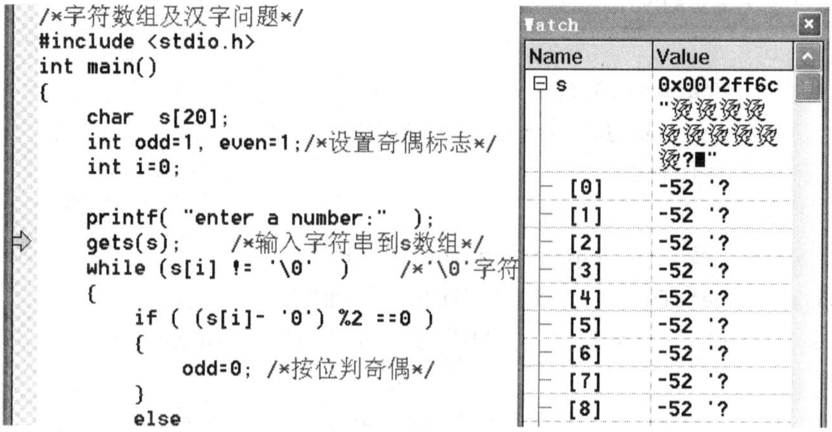

图 4.28　例 4-8 调试步骤 1

注意：单步跟踪时，当语句指示箭头指向需要从控制台窗口输入数据的函数 gets 时（scanf、getchar、gets 等都一样），此时再按 F10 键，程序也不会往下执行。这时，需要打开控制台窗口，输入 gets 所要求的数据并回车（如图 4.29 所示），系统才会跳转到程序界面。

图 4.29　例 4-8 调试步骤 2

图 4.30 中，注意 gets(s) 中输入的字符串和 char s[20]= "12345" 的区别，s 初始化的结果是元素 s[5] 后的所有元素值都是 '\0'，而 gets(s) 只是 s[5] 为 '\0'。

```
/*字符数组及汉字问题*/
#include <stdio.h>
int main()
{
    char  s[20];
    int odd=1, even=1;/*设置奇偶标志*/
    int i=0;

    printf( "enter a number:" );
    gets(s);     /*输入字符串到s数组*/
    while (s[i] != '\0' )   /*'\0'字符
    {
        if ( (s[i]- '0') %2 ==0 )
        {
            odd=0; /*按位判奇偶*/
        }
        else
```

Name	Value
⊟ s	0x0012ff6c
	"12345"
[0]	49 '1'
[1]	50 '2'
[2]	51 '3'
[3]	52 '4'
[4]	53 '5'
[5]	0 ' '
[6]	-52 '?'
[7]	-52 '?'
[8]	-52 '?'
[9]	-52 '?'
[10]	-52 '?'

图 4.30　例 4-8 调试步骤 3

直接在 Name 栏中输入表达式，其值就会显示在 Value 栏中，如图 4.31 所示。

首次循环，

　　i=0，s[i]='1'，s[i]- '0'=1

根据表达式 s[i]-'0'=1，可以预计语句 else even=0 将被执行。

```
int main()
{
    char  s[20];
    int odd=1, even=1;/*设置奇偶标志*/
    int i=0;

    printf( "enter a number:" );
    gets(s);     /*输入字符串到s数组*/
    while (s[i] != '\0' )   /*'\0'字符
    {
        if ( (s[i]- '0') %2 ==0 )
        {
            odd=0; /*按位判奇偶*/
        }
        else
        {
            even=0;
        }
        i++;
    }
```

Name	Value
i	0
s[i]	49 '1'
s[i]-'0'	1
odd	1
even	1

图 4.31　例 4-8 调试步骤 4

图 4.32 中显示了 even=0 被执行的情形。如果显示的结果和我们预计的一致，则程序的逻辑就是正确的，反之，则有逻辑错误。程序跟踪调试的过程，也就是一个不断验证设计思路和实际执行结果是否吻合的过程。

```
int main()
{
    char  s[20];
    int odd=1, even=1;/*设置奇偶标志*/
    int i=0;

    printf( "enter a number:" );
    gets(s);     /*输入字符串到s数组*/
    while (s[i] != '\0' )   /*'\0'字符
    {
        if ( (s[i]- '0') %2 ==0 )
        {
            odd=0; /*按位判奇偶*/
        }
        else
        {
            even=0;
        }
        i++;
    }
```

Name	Value
i	0
s[i]	49 '1'
s[i]-'0'	1
odd	1
even	0

图 4.32　例 4-8 调试步骤 5

图 4.33 所示为首次循环结束后的情形，此时循环增量 i 加 1，即变为 1。

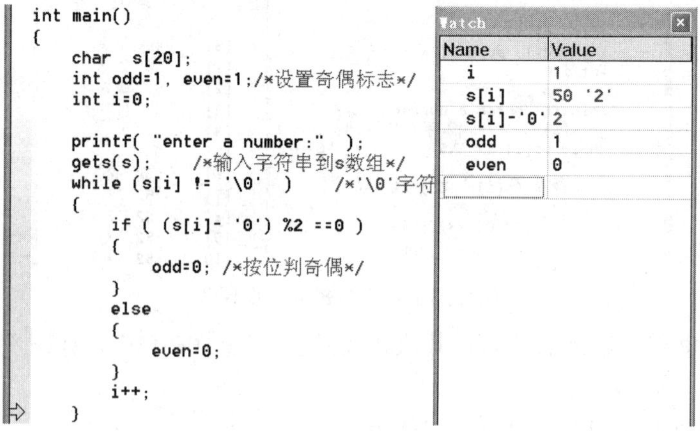

```
int main()
{
    char   s[20];
    int odd=1, even=1;/*设置奇偶标志*/
    int i=0;

    printf( "enter a number:" );
    gets(s);    /*输入字符串到s数组*/
    while (s[i] != '\0'  )    /*'\0'字符
    {
        if ( (s[i]- '0') %2 ==0 )
        {
            odd=0; /*按位判奇偶*/
        }
        else
        {
            even=0;
        }
        i++;
    }
```

Watch	
Name	Value
i	1
s[i]	50 '2'
s[i]-'0'	2
odd	1
even	0

图 4.33　例 4-8 调试步骤 6

图 4.34 中，当 i=5，s[i]=0 时，不满足循环条件，循环结束。此时，odd 和 even 标志均为 0，所以将输出 "No!"。

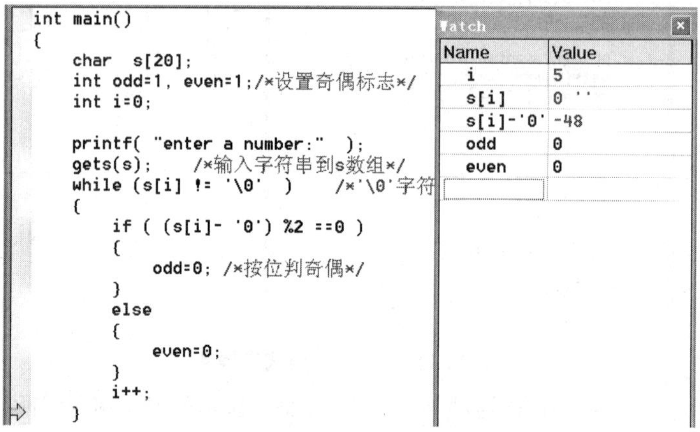

```
int main()
{
    char   s[20];
    int odd=1, even=1;/*设置奇偶标志*/
    int i=0;

    printf( "enter a number:" );
    gets(s);    /*输入字符串到s数组*/
    while (s[i] != '\0'  )    /*'\0'字符
    {
        if ( (s[i]- '0') %2 ==0 )
        {
            odd=0; /*按位判奇偶*/
        }
        else
        {
            even=0;
        }
        i++;
    }
```

Watch	
Name	Value
i	5
s[i]	0 ''
s[i]-'0'	-48
odd	0
even	0

图 4.34　例 4-8 调试步骤 7

思考与讨论

VC6.0 使用的汉字是以什么方式存储的？

我们在 Watch 窗口中看到有汉字 "烫烫" 显示，而在相关数组元素中却是一个整数-52，这个数字和汉字 "烫" 有什么关系呢？

答：我们可以做如下测试。

```
int main()
{
    char a[ ]="你好Hello123";
    printf("%s",a);
    return 0;
}
```

图 4.35 所示为在 a 数组未赋值时各数组元素的内容，a[i]值是以十进制形式显示的。整数-52 是否就是汉字"烫"的编码？只由这一个数据还不能得出结论。

图 4.36 是把字符串"你好Hello123"赋值给数组 a 后的情形。

Name	Value
⊟ a	0x0012ff70 "烫烫烫烫烫烫烫烫?■"
[0]	-52 '?
[1]	-52 '?
[2]	-52 '?
[3]	-52 '?
[4]	-52 '?
[5]	-52 '?
[6]	-52 '?
[7]	-52 '?
[8]	-52 '?
[9]	-52 '?
[10]	-52 '?
[11]	-52 '?
[12]	-52 '?

Name	Value
⊟ a	0x0012ff70 "你好Hello123"
[0]	-60 '?
[1]	-29 '?
[2]	-70 '?
[3]	-61 '?
[4]	72 'H'
[5]	101 'e'
[6]	108 'l'
[7]	108 'l'
[8]	111 'o'
[9]	49 '1'
[10]	50 '2'
[11]	51 '3'
[12]	0 ''

图 4.35　汉字问题 1　　　　　　　　　　　　　图 4.36　汉字问题 2

现在的问题是要找出汉字和数组元素的对应关系。我们已经知道字母和数字的 ASCII 码是占一个字节(8 bit)，如 a[4]=72，是字母'H'的 ASCII 码，根据上面字符串的存储顺序，a[0]、a[1]两个字节存放了汉字"你"的编码，a[2]、a[3]两个字节存放了汉字"好"的编码，故一个汉字占用两个字节的内存单元。

在图 4.37 中查看 a 数组的内容，memory 是以单字节十六进制的形式显示的：

"你"：0xC4E3

"好"：0xBAC3

Memory

A 地址:	0x12ff70

0012FF70	C4 E3 BA C3 48	你好H
0012FF75	65 6C 6C 6F 31	ello1
0012FF7A	32 33 00 CC CC	23.烫

图 4.37　汉字问题 3

通过与表 4.27 所示的数值对比，可以得知图 4.36 中，a[0]=-60　a[1]=-29，是系统把 0xC4 和 0xE3 当有符号数处理了。

表 4.27　数值对比

十六进制	C	4	E	3
二进制	1100	0100	1110	0011
十进制	-60		-29	

通过和常用的几种编码字符集的信息比较，可以知道 VC6.0 所使用的汉字编码是 GBK 编码，参见图 4.38 和图 4.39。

C4	0	1	2	3	4	5	6	7	8	9	A	B	C	D	E	F
4	腩	肸	腜	腾	腄	胰	腝	腅	肾	腴	腒	腪	脾	腘	腥	
5	腜	腋	腙	腔	膈	腷	脐	腤	脑	腨	膦	腫	腬	脂	腮	脚
6	腲	股	腷	肠	腒	腽	腴	膳	腺	脆	臀	膌	脆	膝	膂	
7	膧	肠	脆	臁	膣	膗	膙	肓	膊	膟	膠	膡	腰	膧	膌	
8	瞳	腻	膋	膧	膰	晓	膯	膰	臊	膲	膴	膵	膶	膹	膧	膹
9	膒	膽	膾	脓	膵	胸	膰	膈	脸	膮	脐	膧	膭	膫	膻	膜
A	臟	摹	蘑	模	膜	磨	摩	魔	抹	末	莫	墨	默	沫	漠	寞
B	陌	谋	牟	某	拇	牡	亩	姆	母	墓	暮	幕	募	慕	木	目
C	睦	牧	穆	拿	哪	呐	钠	那	娜	纳	氖	乃	奶	耐	奈	南
D	男	难	囊	挠	脑	恼	闹	淖	呢	馁	内	嫩	能	妮	霓	倪
E	泥	尼	拟	你	匿	腻	逆	溺	蔫	拈	年	碾	撵	捻	念	娘
F	酿	鸟	尿	捏	聂	孽	啮	镊	镍	涅	您	柠	狞	凝	宁	

图 4.38　GBK 字符集"你"的编码 0xC4E3

BA	0	1	2	3	4	5	6	7	8	9	A	B	C	D	E	F
4	篇	笄	築	箑	箧	筱	筋	篏	箍	箸	篁	盏	箐	篌	笏	簕
5	筨	箧	箭	篠	箕	笏	篤	筀	篪	筝	筈	篦	籛	篰	篡	篔
6	筚	篷	筍	篙	篸	篜	簿	簕	簓	篨	篙	篒	篘	篸	篒	窭
7	篵	篹	簉	篳	篓	箱	款	篡	篡	肜	篜	筋	篥	簘	簙	簿
8	籛	箭	蕩	簝	簞	簠	簡	簢	簤	簧	篝	簨	篘	筹	簬	簪
9	箐	篋	簰	旗	箪	箚	簌	篨	簱	窭	簟	篁	簸	簱	签	簾
A	籬	骸	孩	海	氦	亥	害	骇	酣	憨	邯	韩	含	涵	寒	函
B	喊	罕	翰	撼	捍	旱	憾	悍	焊	汗	汉	夯	杭	航	壕	嚎
C	豪	毫	郝	好	耗	号	浩	呵	喝	荷	菏	核	禾	和	何	合
D	盒	貉	阂	河	涸	赫	褐	鹤	贺	嘿	黑	痕	很	狠	恨	哼
E	亨	横	衡	恒	轰	哄	烘	虹	鸿	洪	宏	弘	红	喉	侯	猴
F	吼	厚	候	后	呼	乎	忽	瑚	壶	葫	胡	蝴	狐	糊	湖	

图 4.39　GBK 字符集"好"的编码 0xBAC3

以上的讨论，给出了一种分析数据的方法和思路。

结论

（1）通过 Watch 和 Memory 窗口可以查看我们感兴趣的数据，再从中找出它们的规律或联系，从而得到我们想要的结果。

（2）程序跟踪调试的过程，也就是一个不断验证设计思路和实际执行结果是否吻合的过程。

VC 环境使用的汉字编码

- 汉字存储规则：每个汉字占用两个字节，即一个汉字占两个 char 的空间。
- 在 VC6.0 中汉字采用的是 GBK 编码(汉字国标扩展码)。
- GBK 的文字编码也是用双字节来表示的，为了区分中文，将其最高位都设定成 1。
- GBK 总体编码范围为 8140-FEFE，共收入汉字 21003 个。

【例 4-9】 字符数组的程序赋值。字符数组的程序赋值与多个输入函数的输入配合问题。

```
1    /*字符数组的程序赋值*/
2    #include "stdio.h"
3    int main()
4    {
5        char  ca[10];
6        char  cb[10];
7        int i;
8
9        printf("请给 ca 输入 10 个字符\n");
10       for(i=0;i<10;i++)
11       {
12           scanf("%c",&ca[i]);/*按%c 格式读入字符 */
13       }
14       printf("请给 cb 输入 10 个字符");
15       gets(cb);   /*读取字符串，直至接收到换行符时停止 */
16       printf("\n");
17       printf("ca=%s", ca);/*以字符串形式输出 ca 内容*/
18       printf("\n");
19       printf("cb=%s", cb); /*以字符串形式输出 cb 内容*/
20       return 0;
21   }
```

程序结果：

请给 ca 输入 10 个字符

abcdefghij

请给 cb 输入 10 个字符

ca=abcdefghij 烫?⊥

cb=

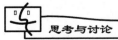

此程序运行时，会发现，按程序提示的要求输入信息并回车，则 cb 数组的信息总是无法输入，这是什么原因呢？

答：这是键盘缓冲区数据残留造成的问题。

从键盘输入的内容存放在键盘缓冲区里。只有当收到 Enter 键信号时，scanf()、getchar()、gets()等输入函数才开始从键盘缓冲区读数，未读的数据则残留在缓冲区内。

就本程序而言，操作过程如下：

(1) 显示提示信息："请给 ca 输入 10 个字符"。

(2) 键盘输入信息："abcdefghij<回车>"。

语句 for(i=0; i<10; i++) scanf ("%c", &ca[i])接收了前 10 个字符，那后面的 gets 函数接收到 cb 数组的是什么呢？查看一下，得知是系统自动添加的 '\0'，如图 4.40 所示。所以，表面的现象是 cb 中没有接收信息，程序就退出了。

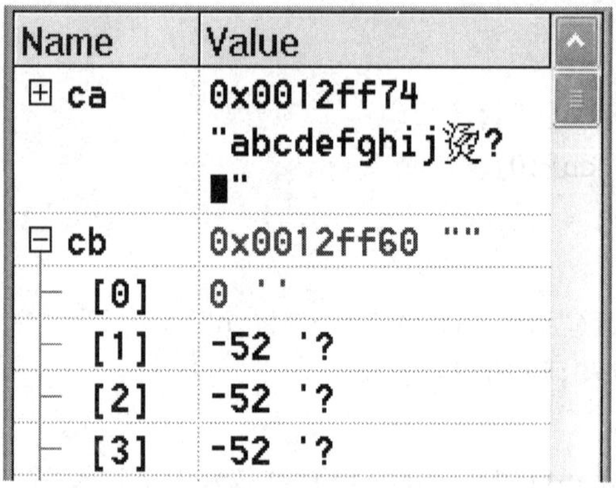

Name	Value
⊞ ca	0x0012ff74 "abcdefghij烫? ▮"
⊟ cb	0x0012ff60 ""
— [0]	0 ''
— [1]	-52 '?
— [2]	-52 '?
— [3]	-52 '?

图 4.40　cb 数组内容

解决上述问题的方法有两个。

方法一：把 scanf 和 gets 需要的数据一次性全部连续输入后再回车，中间不要回车。

方法二：用 fflush(stdin)可以清除掉键盘缓冲区中的残留数据。

具体使用方法如下：

```
for(i=0; i<10; i++) scanf("%c", &ca[i]);
fflush(stdin);
...
gets(cb);
fflush(stdin);
```

说明：fflush(stdin)函数的功能是清空输入缓冲区，通常是为了确保不影响后面的数据读取。例如，在读完一个字符串后紧接着又要读取一个字符，此时应该先执行 fflush(stdin)。

此函数仅适用于部分编译器（如 VC6.0），但是并非所有编译器都要支持这个功能（如 gcc3.2）。这是一个对 C 标准的扩充。

4.4.6　利用数组对字符串进行处理

【例 4-10】　用二维数组存储多个字符串。将表 4.28 中的信息存储起来。

表 4.28 字 符 串 表

	0	1	2	3	4	5	6	7	8	9
0	S	u	n	d	a	y	\0	\0	\0	\0
1	M	o	n	d	a	y	\0	\0	\0	\0
2	T	u	e	s	d	a	y	\0	\0	\0
3	W	e	d	n	e	s	d	a	y	\0
4	T	h	u	r	s	d	a	y	\0	\0
5	F	r	i	d	a	y	\0	\0	\0	\0
6	S	a	t	u	r	d	a	y	\0	\0

【解】 我们用二维数组存储，按照最长的一行的元素个数做列数，注意给空字符"\0"留一个位置，一共是 7 行 10 列：

```
char weekday[7][10]= {"Sunday", "Monday", "Tuesday",
"Wednesday", "Thursday", "Friday", "Saturday"};
```

图 4.41 所示为在 Watch 窗口中查看 weekday 数组的情形，一共有 7 个字符串，每个字符串的起始地址都在 Value 列给出。

图 4.42 所示为在 Watch 窗口中查看 weekday 数组中第一个字符串 "Sunday" 的情形。行地址是 weekday[行号]。

Name	Value
⊟ weekday	0x0012ff38
⊞ [0]	0x0012ff38 "Sunday"
⊞ [1]	0x0012ff42 "Monday"
⊞ [2]	0x0012ff4c "Tuesday"
⊞ [3]	0x0012ff56 "Wednesday"
⊞ [4]	0x0012ff60 "Thursday"
⊞ [5]	0x0012ff6a "Friday"
⊞ [6]	0x0012ff74 "Saturday"

图 4.41 weekday 数组

⊟ weekday[0]	0x0012ff38 "Sunday"
[0]	83 'S'
[1]	117 'u'
[2]	110 'n'
[3]	100 'd'
[4]	97 'a'
[5]	121 'y'
[6]	0 ''
[7]	0 ''
[8]	0 ''
[9]	0 ''

图 4.42 weekday 数组第一行

【例 4-11】 有若干个字符串，要求找出最大者。

说明：

(1) 字符串最大的含义，是各字符串按位做字符比较，其 ASCII 码大者就是字符串大。如表 4.29 中的"Zhao"和"Zhou"，二者比较到第三个字符 a 和 o 时，即可得出字符串"Zhou"比字符串"Zhao"大的结果。

(2) 字符串的比较等功能实现有现成的库函数可以使用。

【解】 设有 5 个字符串，存储于二维字符数组 c[5][8] 中，如表 4.29 所示。

char c[5][8]={"zhao","zhou","zhang","zhan","zheng"}

表 4.29　二维字符数组

c[0]	z	h	a	o	\0	\0	\0	\0
c[1]	z	h	o	u	\0	\0	\0	\0
c[2]	z	h	a	n	g	\0	\0	\0
c[3]	z	h	a	n	\0	\0	\0	\0
c[4]	z	h	e	n	g	\0	\0	\0

算法伪代码分别见表 4.30~表 4.32。

表 4.30　例 4-11 伪代码 1

顶部伪代码描述
在若干字符串中找最大者
输出结果

表 4.31　例 4-11 伪代码 2

第一步细化
将 M 个字符串放入 c[M][8]
取数组的第一个字符串做比较基准 str
在数组中按行顺序逐个字符串与 str 比较，将大者放入 str
输出结果

表 4.32　例 4-11 伪代码 3

第二步细化
char c[M][8], char str[8]
将 c[0] 内容复制到 str 中
i=0;
while i< M
若 str 内容小于 c[i]
将 c[i] 内容复制到 str 中
i++;
输出　 str

可以使用库函数把一个字符串拷贝到字符数组以及进行字符串的比较，只要把库函数要求的相关参数填到指定位置即可，参见表 4.33。

表 4.33　字符串库函数

函　数	功　能	返　回
gets(字符数组)	输入字符串到字符数组	
strcpy(字符数组，字符串)	将字符串拷贝到字符数组	
strcmp(字符串 1，字符串 2)	按字符顺序比较两个字符串是否相等	0：相等
		正数：串 1>串 2
		负数：串 1<串 2

程序实现：

```
1    /*字符串的例子*/
2    #include <stdio.h>
3    #include  <string.h>
4    #define M 8
5    int main()
6    {
7        char c[M][8]={"Zhao","Zhou","Zhang","Zhan","Zheng"};
8        char  str[8];
9        int   i;
10
11       strcpy(str, c[0]); /*字符串拷贝函数，把 c[0]拷贝到 str 数组*/
12       for(i=1; i<M; i++)
13       {
14           if (strcmp(str, c[i])< 0)  /*如果 str 小于 c[i]*/
15           {
16               strcpy(str, c[i]); /*把 c[i]拷贝到 str 数组*/
17           }
18       }
19       printf("\nthe  largest  string :\n%s\n", str);
20       return 0;
21   }
```

程序结果：

```
the  largest  string:
Zhou
```

4.4.7　字符串处理函数简介

　　C 语言提供了丰富的字符串处理函数，大致可分为字符串的输入、输出、合并、修改、比较、转换、复制、搜索几类。使用这些函数可大大减轻编程的负担。

　　用于输入、输出的字符串函数，在使用前应包含头文件 "stdio.h"，使用其他字符串函数则应包含头文件 "string.h"。

　　常用的字符串函数原型及功能说明请参看附录 C。

4.5 本 章 小 结

◆ 数组是程序设计中最常用的数据结构。数组可分为数值数组(整数组和实数组)、字符数组以及后面将要介绍的指针数组、结构数组等。

◆ 数组可以是一维的、二维的或多维的。

◆ 数组类型说明由类型说明符、数组名和数组长度(数组元素个数)三部分组成。数组元素又称为下标变量。 数组的类型是指下标变量取值的类型。

◆ 对数组的赋值可以用数组初始化赋值、输入函数动态赋值和赋值语句赋值三种方法实现。

◆ 数组的赋值方法及适用场合见表4.34。

表4.34　数组的赋值方法及适用场合

	数据特点	适 用 场 合
初始化赋值	有无规律均可	输入一次即可,当数据较多、程序需要反复调试时,会比较方便
键盘输入	有无规律均可	运行一次,输入一次,每次输入可以不一样,调试时不方便。适合程序调试通过后,对不同数据进行测试时使用
语句赋值	有规律	自动赋值。数据有规律时,建议使用此方法

> 变量是单个数据只有自己,
> 数组是一组数据存放在一起,
> 变量三要素是名字、数值和地址,
> 数组可以和变量来类比。
>
> 数组空间也是在定义时分配,运行中大小不变异,
> 数组的名字与数组的起始地址是相同的含义,
> 每个数组元素类型都一样,值可以相异。
> 数组元素的用法与变量差不离。
>
> 元素在空间的位置用下标来表示,
> 规定是0开始,此点要牢记,
> 下标出界了会出故障特别要仔细。
> '\0' 标识字符串数组的结尾是系统规定的。

习　　题

4.1　编写语句完成下列任务。

(1) 显示字符数组 f 中下标是 7 的元素的值。

(2) 输入一个值并存储在一位浮点数组 b 的元素 4 中。

(3) 将一维整数数组 g 的所有 5 个元素初始化为 8。

(4) 计算具有 100 个元素的浮点数组的总和。

(5) 将数组 a 赋值到数组 b 的起始部分(假设 double a[11]，b[34];)。

(6) 找到并输出具有 99 个元素的浮点数组 w 中的最小值和最大值。

4.2　编写程序，统计一行字符中数字字符的个数。

4.3　有一个数组，其内存放 10 个数，编程找出其中最小的数及其下标。

4.4　编写程序，找出 10 个元素的一维数组中其值为 x 的元素，如果找到报出位置，如果找不到提示检索不成功。

4.5　编写程序求两个相同大小矩阵的和。

4.6　编写程序，要求将字符串 a 的第 n 个字符之后的内容由字符串 b 替代，a、b、n 在运行时输入。

4.7　输入若干有序数放在数组中，然后输入一个数，插入到此有序数列中，插入后，数组中的数仍然有序。请对以下三种情况运行所编写的程序，以便验证程序是否正确。

(1) 插在最前；(2) 插在最后；(3) 插在中间。

4.8　编写程序，其功能是：自己确定一整数 m(2≤m≤9)，在 m 行 m 列的二维数组中存放如下所示的数据，并在显示器中输出结果。

例如，输入 3，则输出：

```
1    2    3
2    4    6
3    6    9
```

输入 5，则输出：

```
1    2    3    4    5
2    4    6    8    10
3    6    9    12   15
4    8    12   16   20
5    10   15   20   25
```

4.9　将 10 个人员的考试成绩进行分段统计，考试成绩放在 a 数组中，各分数段的人数存到 b 数组中：成绩为 60～69 的人数存到 b[0] 中，成绩为 70～79 的人数存到 b[1] 中，成绩为 80～89 的人数存到 b[2] 中，成绩为 90～99 的人数存到 b[3] 中，成绩为 100 的人数存到 b[4] 中，成绩为 60 分以下的人数存到 b[5] 中。

4.10　对于下面每组整数，编写一个语句，从下列数组中随机显示一个数字(提示：可以使用库函数中的随机函数)。

(1) 2,4,6,8,10

(2) 3,5,7,9,11

(3) 6,10,14,18,22

4.11　输入 5×5 的数组，编写程序实现：

(1) 求出对角线上各元素的和；

(2) 求出对角线上行、列下标均为偶数的各元素的积；

(3) 找出对角线上其值最大的元素和它在数组中的位置。

4.12　输入一行数字字符，请用数组元素作为计数器，来统计每个数字字符的个数。例如，用下标为 0 的元素统计字符"1"的个数，下标为 1 的元素统计字符"2"的个数，等等。

4.13　使用一维数组来解决下列问题。读入 20 个数字，每一个都在 10～100 之间(含100)。当读取每个数字时，仅在它不是重复已经读取数字的情况下才输出它。要考虑到最糟糕的情况，即所有 20 个数字都完全不同。使用最小的可能数组来解决这个问题。

4.14　有一篇文章，共有 3 行文字，每行有 80 个字符。要求分别统计出其中英文大写字母与小写字母、中文字符、数字、空格及其他字符的个数。(提示：中文字符占两个字节，且数值均大于 128。)

4.15　编写程序：

(1) 求一个字符串 S1 的长度。

(2) 将一个字符串 S1 的内容复制给另一个字符串 S2。

(3) 将两个字符串 S1 和 S2 连接起来，结果保存在 S1 字符串中。

(4) 搜索一个字符在字符串中的位置(例如："I"在"CHINA"中的位置为 3)，如果没有搜索到，则位置为 −1。

(5) 比较两个字符串 S1 和 S2，如果 S1>S2，输出一个正数；如果 S1=S2，输出 0；如果 S1<S2，输出一个负数；输出的正、负数值为两个字符串相应位置字符 ASCII 码值的差值，当两个字符串完全一样时，则认为 S1=S2。

以上程序均使用 gets 或 puts 函数输入、输出字符串，不能使用 string.h 中的系统函数。

4.16　13 个人围成一圈，从第 1 个人开始顺序报号 1、2、3。凡报到"3"者退出圈子，找出最后留在圈子中的人原来的序号。

4.17　计算两个矩阵的乘积(可自行定义矩阵的大小)。

第 5 章　函数——功能相对独立的程序段

【主要内容】
- 揭示函数机制设置的原因和原理以及多个函数间相互关系的本质含义；
- 函数的声明、定义、调用形式；
- 函数参数的含义、使用规则；
- 函数的设计要素及方法实例；
- 读程序的训练；
- 自顶向下算法设计的训练；
- 函数间信息传递调试要点的介绍。

【学习目标】
- 理解程序规模足够大时分模块(函数)构建程序的概念；
- 理解并掌握在函数之间传递信息的机制；
- 理解并掌握在函数之间信息屏蔽的机制；
- 熟练掌握创建新函数的要素；
- 理解如何编写和使用能够调用自身的函数。

5.1　由程序规模增加引发的问题

解决现实问题的大多数程序，规模都比在前几章中所介绍的程序要大得多，这样的程序往往需要多人合作来完成，那么用什么样的规则来把大的任务划分成小的任务呢？按照我们日常处理实际问题的经验，按问题的功能来划分是比较合适的，即把一个大的功能划分成多个小的功能。像前面章节中，计算机处理数据，一般分成数据的输入、数据的处理和数据的输出三部分，合起来就完成了指定的功能。

此外，有些功能我们需要重复使用，如前面已经多次使用的数据的输入/输出功能。有效的做法，不应该是每使用一次同样的功能，都要重新编一次程序。

经验表明，开发和构建大型程序的最好方法就是用较小的程序片段或模块来构建它，其中的模块在必要时是可重复使用的。这就是"分而治之"这种很古老但很实用的策略在程序设计中的应用。

- ➢ 模块：能完成指定功能的子程序。
- ➢ 多模块结构：将程序分为不同的模块，每一模块实现不同的功能。

模块化程序设计的特点如下：

(1) 各模块相对独立、功能单一，程序逻辑清晰，便于编写和调试。

(2) 降低了程序设计的复杂性，缩短了开发周期。

(3) 提高了模块的可靠性。

(4) 避免了程序开发的重复劳动。

(5) 易于维护和扩充功能。

"模块"这个词有很多别名，如函数、子程序等。在结构化分析和设计方法中人们常说的就是"模块"；在面向对象分析和设计中又把它说成是"类(class)"；在基于构件的开发方法中的说法则是"构件"。

一个程序只由一个模块组成和由多个小模块组成，除了模块数量不同外，还有其他的区别吗？

答：这正是我们下面要讨论的问题。

5.2　模块化的设计思想

下面先来看一个实际生活中做工程的分工合作的例子——铺设瓷砖。

铺设瓷砖的流程包括四个步骤：测量→计算→买料→铺设。

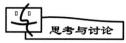

问题一：铺设瓷砖流程中的四个步骤，单人做和四个人分工完成，它们的区别有哪些？

答：可以从工作量、工作性质和彼此间是否需要信息交流这几个方面分项来看，内容如表 5.1 所示。

表 5.1　铺设瓷砖时单人做和多人分工完成的比较

	单人	多人
工作量	大	小
工作性质	综合	单一
信息交流	无	必需

问题二：

(1) 一段程序完成此功能与四段子程序完成此功能的不同点有哪些？

(2) 如果用程序来实现上述功能，那么问题的关键点又在哪里呢？

答：程序无论是按各功能分段做，还是合起来一起做，对计算机而言，本质是一样的，都是由一个 CPU 完成，故表 5.1 中的"工作量"、"工作性质"项都可以忽略，这样，程序在一段里完成四个功能和分四段分别完成四个功能，其不同点就是模块间必须要有信息交

由多个子程序完成一综合功能的关键点——子程序间要有信息交流

流，如"测量"模块测量的结果，要如何交给"计算"模块，"计算"的结果又如何传递给"买料"，等等。

因此，在多模块机制中，计算机解题的关键，就是解决程序按功能"分段"即模块化后模块间"信息交流"在机制上如何设置、如何实现的问题。

程序设计语言应提供这样的交流机制，才能真正在程序中实现多个子程序的构建。

　▶ 模块：能够单独命名并独立地完成一定功能的程序语句的集合。模块内部的实现细节和数据是外界不可见的，它与外界的联系是通过信息接口进行的。

　▶ 信息接口：其他模块或程序使用该模块的约定方式，包括输入/输出信息等。

在 C 语言中，模块的概念是用"函数"一词来描述的。

函数的"信息交流"机制在设置时要考虑哪些因素，是怎样设计出来的？

5.2.1　工程计划

为了说明函数的信息交流机制，首先来看看瓷砖分工铺设的实际流程。

在铺设前，先要做计划，即按照工种、需要的信息、完成的功能、提交的结果等项，填好表 5.2。

表 5.2　函数的设计思想 1——工程计划

工种名称	需要的信息等	完成的功能	提交的结果
测量	铺设区域地址	测量尺寸	要铺设区域的长、宽
计算	"测量"提交的结果、瓷砖尺寸	计算瓷砖数量	瓷砖数量
买料	"计算"提交的结果	原料采购	瓷砖
铺设	瓷砖等	铺设	铺设好的地面

任何一个子工种都由三部分组成：需要的信息、要完成的功能和提交的结果。

5.2.2　工程施工

相对于计划所需要的信息都是抽象的，并不涉及具体的数据；实际施工时，需要的信息都是具体的，具体如表 5.3 所示。

表 5.3 函数的设计思想 2——工程施工

工种名称	需要的数据信息	提交的数据结果
测量	106#房间	长：4.6 米；宽：3.5 米
计算	长：4.6 米 宽：3.5 米 瓷砖尺寸：0.36 平方米	瓷砖数量：48 片
买料	瓷砖数量：48 片	无
铺设	无	无

结论

计划只需要抽象的概念；施工则要有实际的数据。

5.2.3 函数定义形式的设计

与实际的工程类比，我们可以从功能、信息输入和信息输出这三个方面考虑函数的形式设计。

（1）功能：

- 功能描述：工种名称 ⟷ 函数名称；
- 功能实现：施工步骤 ⟷ 函数体语句。

（2）信息输入：工种需要的信息 ⟷ 函数的输入信息。

（3）信息输出：工种提交的结果 ⟷ 函数的输出信息。

上面三者的对应关系如表 5.4 所示。

表 5.4 函数的设计思想——工程计划与函数定义（1）

工种名称	需要的信息	完成功能	提交的结果
函数名称	输入信息	函数中的语句实现	输出信息

为使用的方便，函数要有名称，且应该设置有输入信息的接收入口、提交信息的输出口。函数的功能用语句实现。

综上，与实际工作流程计划的例子类比，函数的定义形式在结构上要有三个要素：功能、输入信息和输出信息。函数的定义形式设计如下：

结果的类型 函数名（输入信息）

```
{
    功能完成语句；
    提交结果；/*输出信息*/
}
```

通常，我们把花括号括起来的部分称做函数体。

"输入信息"和"提交结果"具体的格式要求是怎样的呢？这要从二者数据的种类和数量情形来分析，详见表 5.5。

表 5.5　函数的设计思想——工程计划与函数定义(2)

工种名称	需要的信息中的数据部分		完成功能	提交结果中的数据部分	
	信息的种类	数量		数据的种类	数量
	数值、地址	≥0 个		数值、地址	≥0 个
函数名称	输入信息(接口信息)		函数体实现	输出信息(接口信息)	
	输入信息参数表： 　(数据类型 变量 1, 　　数据类型 变量 2，…)			一个：return(数值) 多个：放到约定地址的存储区域 　(1) return(约定地址) 　(2) 在参数表中约定地址	

说明：

(1) 输入接口设置：由指定的输入信息参数表接收。由实际的工种可以看到，需要处理的信息可以有 0 个或多个，它们可以分成数值和地址两大类，因此参数表中需要处理的信息可以有不同类型的多个数据。

(2) 输出接口设置：有两种方式。由实际的工种可以看到，提交的信息和需要处理的信息一样，可以有 0 个或多个，也分成两数值和地址大类，因此提交的结果也可以有不同类型的多个数据。

对应"提交结果"功能，C 语言中专门设置了一个 return 语句来实现结果的返回。C 语言中按提交结果的数目，设计了三种提交结果的方式：

(1) 提交一个结果：使用 return 语句返回这个结果，特别规定函数的类型即是这个结果的类型。

(2) 提交多个结果：把结果放在约定地址的存储区域里。

方法一：使用语句 return(约定地址)。使用 return 语句返回上述存储区域的起始地址时有限定条件(具体的限定条件将在后续"局部量"的例子中给出。)

方法二：在形式参数表中约定放置提交结果的地址。特别提醒：此时 return 的功能仍可使用。

(3) 无结果提交：函数只完成特定功能，而没有"计算"出一个具体的数值，如完成定点报时的工作，这时无 return 语句提交结果，因此把函数类型设置为 void 型。

按照上述函数应该有的关键要素，函数定义的一般形式如下：

```
函数类型 函数名(形式参数表)
{
    声明部分；
    语句部分；
}
```

说明：

(1) 函数类型：return 语句提交结果的类型，可以是任何 C 语言允许的数据类型。

（2）函数名：标识符。

（3）形式参数表：多个变量的定义形式，中间用逗号分开，其中的变量叫做形参。

（4）有时把函数中的变量声明和语句部分合称为"函数体"。

（5）return 语句包含在函数体中。

结论

函数设计三要素：

（1）功能描述：尽量用一个词来描述函数的功能，以此做函数的名称。

（2）输入：列出所有的要提供给函数处理的信息，它们决定了函数形式参数表的内容。

（3）输出：输出信息的类型决定了函数的类型。

【例 5-1】函数定义形式设计的例子。写出前面瓷砖铺设流程中"测量"函数 和"计算"函数的定义形式。

【解】（1）"计算"函数：按照函数设计的三要素，列出相应信息项如表 5.6 所示。

表 5.6 "计算"函数的设计

功能描述	输 入	输 出
计算 calculate	房间长 length 、宽 width	瓷砖数量 number
	瓷砖尺寸 size	
函数名	形参	函数类型

形参表有房间长 length、宽 width 和瓷砖尺寸 size 三个实型参数。输出只有一个整型的瓷砖数量值，故用 return 返回它即可，函数的类型就是整型。

由此，可以给出"计算"函数的定义框架：

```
int calculate(float length, float width, float size)
{  函数体
   return(number);
}
```

（2）"测量"函数：其三要素信息如表 5.7 所示。

表 5.7 测量函数的设计

功能描述	输 入	输 出
测量 survey	房间地址 address	房间长 length 、宽 width
函数名	形参	函数类型

· 功能：测量给定房间的长、宽尺寸；

· 输入：房间地址；

· 输出：房间的长、宽尺寸。

思考与讨论

这里的输出有两个，不能同时通过 return 提交，该如何处理？

答：由于这里的输出信息多于一个，因此可以采用与输入信息共用"地址"的方法，即通过在形式参数表里设置指针量(指针量中存放的是地址值)来提交房间的长、宽这两个数据，故形参表中就有三个参数了。这样 return 的功能没有用到，所以函数的类型为 void。

"测量"函数的定义框架如下：

```
void survey ( int *address, float*length, float *width)
{ 函数体 }
```

说明：　指针变量定义的一般形式为

　　　　数据类型 *变量名;

5.2.4　函数调用形式的设计

实际工程的步骤是先按照工种、需要的信息、完成的功能、提交的结果等抽象信息做好计划；然后在实际施工时，根据具体的信息进行实际的处理。函数的具体执行过程也是类似的，相对于形式参数，也要提供有实际的操作数据——实际参数，才能做具体的处理，它们的对应关系见表 5.8。

表 5.8　函数的设计思想——工程施工与函数调用

工种名称	需要的信息	提交的结果
测量 survey	106# 房间	长：4.6 米；宽：3.5 米
计算 calculate	长：4.6 米 宽：3.5 米 瓷砖尺寸：0.36 平方米	瓷砖数量：48
买料 buy	瓷砖数量：48	无
铺设 lay	…	…
函数名称	实际参数表	返回值

我们把函数的具体执行称为函数的调用，其格式为

函数名(实际参数表)

说明：

(1) 实际参数表：实际参数可以是常数、变量或表达式。各实参之间用逗号分隔。

(2) 对无参函数调用时则无实际参数表，但括号依然保留。

(3) 有类型函数调用——只能出现在表达式右侧，如"计算"函数，它会返回一个确定的值，这个值要有一个变量来接收它，这个变量的类型要和函数类型一致。

(4) 无类型函数调用——当做独立的语句处理，如"测量"函数，它不返回具体的数值。

【例 5-2】　函数调用形式的例子。给出"测量"、"计算"函数的调用形式。设

```
float a, b;      /*房间的长宽*/
int num;         /*瓷砖的数量*/
int *addr;       /*房间地址*/
```

(1) "测量"函数的调用形式：

  survey(addr, &a, &b);

(2) "计算"函数的调用形式：

  num = calculate(a, b, 0.36);

说明：函数调用时，实际参数的个数、类型和位置要与形参的相对应。

5.2.5 函数间配合运行的机制设计

1. 函数的声明

函数声明也称函数原型，类似于变量的声明。函数声明里的形式参数可以只写类型而省略名称。

函数声明形式如下：

> 返回值类型符 函数名称(形式参数列表)；

瓷砖铺设流程中各函数的声明如下：

```
void survey( int *address, float*length, float *width );
float calculate( float length, float width, float size );
float buy( float amount );
void lay( void );
```

 为什么需要函数原型？

在 ANSI C 新标准中，允许采用函数原型方式对被调用函数进行说明。

函数原型能告诉编译器此函数有多少个参数，每个参数分别是什么类型，函数的返回类型又是什么。当函数被调用时，编译器可以根据这些信息判断实参个数、类型是否正确等。函数原型能让编译器及时地发现函数调用时存在的语法错误。

一般习惯于在程序文件的开头为程序中使用的每个函数编写函数原型，这样能提高编译效率。

2. 函数的定义

(1) "测量"函数：

```
/**********
 "测量"函数
 功能：完成房间长宽尺寸的测量
 输入：房间地址 address
 输出：房间长 length、宽 width
 **********/
void survey( int *address, float*length, float *width )
{函数体}
```

(2) "计算"函数：

```
/**********
```

"计算"函数
　　　功能：计算瓷砖数量
　　　输入：房间长 length、宽 width、瓷砖尺寸 size
　　　输出：瓷砖数量
　　　**********/
　　　int calculate(float length, float width, float size)
　　　{函数体}

(3) "买料"函数
　　　/**********
　　　"买料"函数
　　　功能：瓷砖购买
　　　输入：瓷砖数量 amount
　　　输出：无
　　　**********/
　　　void buy(int amount)
　　　{函数体}

(4) "铺设"函数：
　　　/**********
　　　"铺设"函数
　　　功能：完成房间施工
　　　输入：无
　　　输出：无
　　　**********/
　　　void lay(void)
　　　{函数体}

3．函数的调用

```
1    #define SIZE 0.36
2    int main()
3    {
4        int *address;/*房间的地址*/
5        float length1, length2；/*房间的长、宽*/
6        int num；/* 瓷砖数量 */
7
8        survey(address, &length1, &length2);
9        num=calculate(length1,length2, SIZE);
10       buy(num);
11       lay();
12       return 0;
13   }
```

函数调用

所有子函数的功能都在相应的函数定义中给出，这些函数的运行要通过函数调用才能实现。在这个具体的例子中，按照各工种的先后顺序在主函数中调用它们，这样就完成了由多个子函数分工配合实现的复杂功能的总过程。

 函数调用

所谓函数调用，就是使程序转去执行函数体。在 C/C++中，除了主函数外，其他任何函数都不能单独作为程序来运行，任何函数功能的实现都是通过被主函数直接或间接调用来进行的。

5.3　函数在程序中的三种形式

函数在程序中有三种表现形式，具体见表 5.9。

表 5.9　函数的三种形式

形　态	位　置	格　式	作　用
函数声明	程序开头	函数头	函数外貌的描述
函数定义	任意位置	函数头{函数体}	函数整体功能的描述
函数调用	具体开始执行处	函数名(实参)	函数功能的实施

函数头的格式：

> 函数类型　函数名(形式参数表)；

下面再介绍一下函数的三种形式的格式。

(1) 函数声明格式：

> 返回值类型符　函数名称(形式参数列表)；

(2) 函数定义格式：

```
/******************************
函数功能：　实现××××功能
        函数参数：　参数 1，表示×××
                    参数 2，表示×××
        函数返回值：表示××
******************************/
函数类型　函数名(形式参数表)
{
        声明部分；
        语句部分；
}
```

(3) 函数调用格式:

> 函数名(实际参数表)

若站在数学的角度，我们可以这样来解释函数——关于函数的另一种说法。

当我们把"函数"当成一个刚毕业去找工作的学生时，可以有以下的故事演绎:

> **"函数"的故事**
> 见面会上"函数"简单说明了一下自己，
> 递上厚厚的文本定义了自己的十八般武艺，
> 被领导看上调用来委心重任，
> 与同事信息交流工作同心协力，
> 合作完成大事业建立功绩……

函数在程序中出现的"面目"有三种: 声明形式(或称说明形式)、定义形式和调用形式。函数在程序中通过信息交流，完成相互的配合，最终实现复杂的功能。

5.4 主函数与子函数的比较

可以通过分别在主函数和子函数中实现同一功能来比较实现过程的差异和相同点。请看下面的例子。

【例 5-3】 在三个数 a、b、c 中，找其中的最大值 max。

在主函数中实现:

```
int main()
{ int a, b, c, max;

    scanf("%d,%d,%d", &a, &b, &c);
    max=a>b ? a:b;
    max=max>c ? max:c;
    printf("max=%d", max);
    return 0;
}
```

主函数信息输入

主函数信息输出

在子函数中实现：

```
int max(int a, int b, int c)
{ int max;

    max= a>b ? a:b;
    max= max >c ? max:c;
    return(max);
}
```

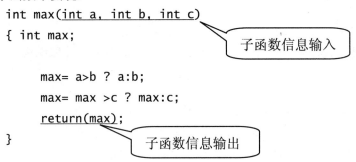

子函数信息输入

子函数信息输出

在主函数 main 中实现此功能和由子函数 max 实现此功能的区别在于输入信息的来源和输出信息的渠道不一样。主函数是通过键盘输入要处理的数据，子函数是通过信息接口———形参表得到它们；主函数直接把结果显示出来，而子函数是把结果返回给调用者。当然，子函数还要通过被调用，给它实际的参数才能运行。

思考与讨论

形参和实参变量可以不同名吗？

答：形参和实参同名或不同名，在语法上都没有错，但二者不同名有助于避免混淆，有利于调试。本章后面会在局部量与全局量的概念学习中再讨论这个问题。

5.5　函数框架设计要素

编写子函数，最重要的就是确定子函数的框架。子函数的框架要素有函数名、形参表和函数类型。我们通过实际的例子来学习函数的设计步骤。

【例 5-4】 函数设计的例子 1。使用 isPrime 函数在屏幕上打印出 20 以内的素数。

【解】 程序设计思路：首先用子函数 isPrime 判断一个整数是否为素数；然后在主函数中调用 isPrime，逐个判断 20 以内的整数是否为素数，是则输出。

isPrime 的功能：判断一个数是否为素数，返回 1 代表是素数，返回 0 代表不是素数。

如前所述，编写子函数，最重要的就是确定子函数的框架，确定了输入、输出和功能这三个要素，子函数的框架要素即函数名、形参表、函数类型也就相应确定了。具体内容如表 5.10 所示。

表 5.10　函数设计例子 1 之函数框架设计

功　　能	输入信息	输出信息
判断 x 是否为素数	int x	1—是素数
isPrime		0—非素数
函数名	形参表	函数类型

函数设计三要素的具体内容如表 5.11 所示。

表 5.11 函数设计三要素

函数功能	输入信息	输出信息
函数功能用函数名简要描述	输入信息的性质与个数决定形参表的形式	输出信息的类型决定函数的类型
函数名	形参表	函数类型

说明： 当输出信息多于一个时，可以采用以下两种方法。

(1) 与输入信息共用"地址"；

(2) 返回信息是"地址"。

isPrime 子函数程序：

```
/************************

    函数 isPrime 判断一个数是否为素数。

    返回 1 代表是素数；

    返回 0 代表不是素数

************************/
    int isPrime( int x )
    {
        int k; /*素数测试范围*/
        if ( x == 1 ) return 0; /* x 是 1，不是素数 */
        if ( x == 2 ) return 1; /* x 是 2，不是素数 */
        for ( k = 2 ; k <= x / 2 ; k++)
        {
            if(x % k == 0) return 0; /*检查 x 是否为素数*/
        }
        return 1 ; /* 是素数，返回 1*/
    }
```

完整的带主函数的程序：

```
1     /* 创建并使用程序员定义的函数 */
2     #include <stdio.h>
3     int isPrime( int x );    /*函数原型——函数的声明形式*/
4
5     int main()
6     {
7         int i; /*计数器*/
8
9     /*循环 20 次，从 1-20 逐个判断其是否为素数*/
10        for ( i = 1; i <= 20; i++ )
11        {
```

```
12        if ( isPrime( i ) )   /* 函数调用 */
13        {
14            printf ("%d", i );
15        }
16    } /*结束 for 循环*/
17    printf( "\n" );
18    return 0;
19  } /*结束 main*/
20
21  /*判断一个数是否为素数，返回 1 代表是素数，返回 0 代表不是素数*/
22  int isPrime( int x )
23  {
24      int k;  /*素数测试范围*/
25
26      if ( x == 1 )/*1 不是素数*/
27      {
28          return 0;
29      }
30      if ( x == 2 )/*2 是素数*/
31      {
32          return 1;
33      }
34      for( k = 2; k <= x/2; k++)/*在 2 到 x/2 范围内检查*/
35      {
36          if(x % k == 0) /*检查 x 是否为 k 的倍数*/
37          {
38              return 0; /*不是素数，返回 0*/
39          }
40      }
41      return 1 ; /*是素数，返回 1*/
42  }
```

程序结果：
2 3 5 7 11 13 17 19

查看函数调用的运行轨迹。

图 5.1 所示为调试步骤 1，程序从主函数开始执行。

```
int main()
{
    int i; /* 计数器 */

/* 循环20 次，从1-20逐个判断其是否为
    for ( i = 1; i <= 20; i++ )
    {
        if ( isPrime( i ) )  /* 函数
        {
            printf ( "%d  " , i );
        }
    } /* 结束for循环*/
    printf( "\n" );
    return 0;
} /* 结束main */
```

Name	Value
i	CXX0069: Error:

图 5.1　函数设计例子 1 之调试步骤 1

图 5.2 显示了 i 变量的情形：

CXX0069: Error: variable needs stack frame

即变量需要堆栈帧(框架)。　造成错误的原因是，要查看的变量 i 只有分配了存储空间才能看到。

Name	Value
i	CXX0069: Error: variable needs stack frame

图 5.2　变量的查看 1

图 5.3 中，将要调用子函数 isPrinme 之前，显示 i=1。

```
int main()
{
    int i; /* 计数器 */

/* 循环20 次，从1-20逐个判断其是否为
    for ( i = 1; i <= 20; i++ )
    {
        if ( isPrime( i ) )  /* 函数
        {
            printf ( "%d  " , i );
        }
    } /* 结束for循环*/
    printf( "\n" );
    return 0;
} /* 结束main */
```

Name	Value
i	1

图 5.3　函数设计例子 1 之调试步骤 2

图 5.4 所示为调试步骤 3，按 F11 键跟踪子函数。

```
/* 判断一个数是否为素数,返回1代表是是
int isPrime( int x )
{
    int k; /* 素数测试范围 */

    if ( x == 1 )/* 1不是素数 */
    {
        return 0;
    }
    if ( x == 2 )/* 2是素数 */
    {
        return 1;
    }
```

Name	Value
i	CXX0017: Error:
x	1

图 5.4　函数设计例子 1 之调试步骤 3

此时，有一个现象值得注意，i 的值显示：

CXX0017：Error：symbol "i" not found

即符号 i 未找到，如图 5.5 所示。

Name	Value
i	CXX0017: Error: symbol "i" not found

图 5.5　变量的查看 2

为什么会出现图 5.5 所示的现象呢？刚刚在主函数中还看到了 i，难道是程序执行出错了吗？其实不是，C 程序多函数机制设置就是这样处理的，这涉及变量或数据的作用域问题，在后面有关作用域问题的讨论中会给出相关的概念，在此只简单解释一下。多函数机制中规定每个函数只能使用自己本函数内部定义的量(除此之外，当然还有特例情形)，因此，在进行变量的查看时也就只能看到正在执行的函数有权限使用的变量的值了。

图 5.6 所示为调试步骤 4，图中可以查看 isPrime(i)作为 if 的表达式其取值的情况。

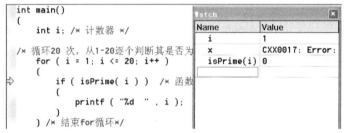

图 5.6　函数设计例子 1 之调试步骤 4

图 5.7 所示为调试步骤 5，可以看到，i 值每增加一次，就调用一次 isPrime 函数。

图 5.7　函数设计例子 1 之调试步骤 5

图 5.8 所示为调试步骤 6，可以看到，i=3 时，isPrime 返回 1，说明其是素数。

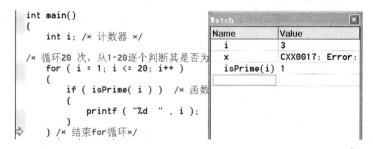

图 5.8　函数设计例子 1 之调试步骤 6

图 5.9 所示为调试步骤 7，当 i=6 时，isPrime 返回 0，说明其不是素数。

```
int main()
{
    int i; /* 计数器 */

/* 循环20 次, 从1-20逐个判断其是否为
    for ( i = 1; i <= 20; i++ )
    {
        if ( isPrime( i ) )  /* 函数
        {
            printf ( "%d  " , i );
        }
    } /* 结束for循环*/
```

Watch	
Name	Value
i	6
x	CXX0017: Error:
isPrime(i)	0

图 5.9　函数设计例子 1 之调试步骤 7

图 5.10 所示为调试步骤 8，当 i=20 时，for 循环对 isPrime 做最后一次调用。

```
/* 循环20 次, 从1-20逐个判断其是否为
    for ( i = 1; i <= 20; i++ )
    {
        if ( isPrime( i ) )  /* 函数
        {
            printf ( "%d  " , i );
        }
    } /* 结束for循环*/
    printf( "\n" );
    return 0;
} /* 结束main */
```

Watch	
Name	Value
i	20
x	CXX0017: Error:
isPrime(i)	0

图 5.10　函数设计例子 1 之调试步骤 8

图 5.11 所示为调试步骤 9，此时 for 循环结束，i=21。

```
/* 循环20 次, 从1-20逐个判断其是否为
    for ( i = 1; i <= 20; i++ )
    {
        if ( isPrime( i ) )  /* 函数
        {
            printf ( "%d  " , i );
        }
    } /* 结束for循环*/
    printf( "\n" );
    return 0;
} /* 结束main */
```

Watch	
Name	Value
i	21
x	CXX0017: Error:
isPrime(i)	0

图 5.11　函数设计例子 1 之调试步骤 9

结论

　　函数运行顺序为：主函数和子函数配合运行时，程序总是从主函数开始运行，遇到有子函数的调用时，进入子函数运行，直至运行完毕，然后再回到主函数，继续运行。

　　例如，在 main 函数中，调用子函数 a 的流程如图 5.12 所示。

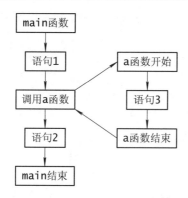

图 5.12　函数调用流程

 有关函数的问题

（1）函数名结构："动词"或者"动词+名词"，如 `Calculate` `GetMax`。

（2）变量名结构："名词"或者"形容词+名词"，如 `Value` `newValue`。

（3）函数设计规则。表 5.12 中给出了在设计函数时应该遵循的规则。

表 5.12　函数设计规则

内容	要　　求	说　　明
函数功能	每个函数都应该被限定为执行单一的、明确定义的任务，函数名应该能够有效地表达其任务	有助于实现抽象技术，并且可提高软件的可重用性
函数规模	程序应该写成小函数的集合。函数的规模尽量限制在 200 行以内(不包括注释和空格行)	使程序更容易编写、调试、维护和修改，可提高软件的可重用性
函数参数	如果可能，函数头的长度应该在一行之内。函数一定要对传入的信息做检查	需要大量参数的函数可能会执行过多任务。应该考虑把这样的函数分解成执行独立任务的小函数

说明：

① 一个函数一个功能。对函数的功能可以用一句话描述。

② 函数不能过长。1986 年 IBM 在 OS/360 的研究结果表明，大多数有错误的函数都大于 500 行。1991 年对 148 000 行代码的研究表明，小于 143 行的函数比更长的函数更容易维护。

③ 检查函数的输入信息。输入信息有问题时，要向调用者提出警示信息。函数的输入主要有两种：一种是参数输入；另一种是全局变量、数据文件的输入，即非参数输入。函数在使用输入之前，应进行必要的检查。

选择有意义的函数名和有意义的参数名，可以使程序具有更好的可读性，并有助于避免过多使用注释。

【例 5-5】 函数设计的例子 2。用程序实现从 n 个不同的元素中每次取 k 个元素的组合数目。计算公式如下：

$$C_n^k = n!/(k!*(n-k)!) \qquad (n > k)$$

【解】 因为公式中要多次计算阶乘，所以我们先设计一个计算阶乘的子函数结构，如表 5.13 所示。

表 5.13　函数设计例子 2 之框架设计

功　能	输入信息	输出信息	边界或异常
factorial	int x	int 值	x≥0
函数名	形参表	函数类型	

函数 factorial 的实现如表 5.14 所示。

表 5.14　函数设计例子 2 之函数实现设计

函数头	函数类型	函数名	形参表
	float	factorial	(int x)
函数体	{		
	int　i;		
	float　t=1; /*累乘之积*/		
	if (x<0)　return (-1);		
	for (i=1;　i<=x;　i++)　t=t*i;		
	return(t);		
	}		

(1) 函数的返回值是 int 型，为什么函数类型要用 float？

(2) 函数体中有两个 return 语句，每次返回几个值？

答：(1) 求阶乘的结果放到 float 型变量中，可以运算比 int 型更大的数，而结果不会溢出。

(2) 从流程图 5.13 中可以清楚地看到，虽然流程中有多处返回，但每个返回执行后，流程就结束了，所以每次只能返回一个值。

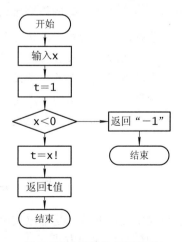

图 5.13　函数的返回流程

程序总流程:

```
1    #include <stdio.h>
2    float factorial (int x);
```
函数声明

```
3    /* 计算整数 x 的阶乘 */
4    float  factorial (int x)
5    {
6        int  i;
7        float t=1;
8        for (i=1;i<=x;i++)
9            t=t*i;
10       return(t);
11   }
```
函数定义

```
12
13   int main()
14   {
15       float  c;
16       int m,n;
17
18       printf( "input m,n: ");
19       scanf( "%d%d",&m, &n);
20       c=factorial (m)/(factorial (n)*factorial (m-n));
21       printf( "The result is %8.1f", c);
22       return 0;
23   }
```
函数调用

 **函数的声明出现在哪里比较好?**

对于函数的声明位置, C 语言的规则是可以放在调用函数内, 也可以放在函数外部。在调用一个函数时, 如果前面的代码没有函数定义或声明, 将导致编译出错。

一般地, 当程序中有多个子函数时, 它们的声明最好都放在预编译命令后, 而不要放在调用函数内。这样声明的特点是: 当前文件从函数的声明位置开始到文件结束的任何函数中都可以调用该函数。简单地说, 函数声明和变量说明是类似的, 也是要"先声明, 后使用"。

5.6　函数间信息如何传递

子函数要处理的信息是通过实际参数传递给形式参数得到的, 下面将通过实际例子观察 C 函数间信息传递的方式。

5.6.1 C 函数实际参数与形式参数的关系

> 形式参数：简称"形参"，是在定义函数名和函数体的时候使用的参数，目的是用来接收调用该函数时传入的参数。

> 实际参数：简称"实参"，是在调用时传递给该函数的参数。

表 5.15 给出了形参与实参间的关系。

表 5.15 形参与实参的关系

形参与实参对应关系	个数对应
	顺序对应
	类型对应(类型相同或赋值相容)
形参与实参传递关系	实参传递给形参
	值传递(单向传递)

要严格按照其语法格式的要求来使用函数的不同格式，初学者最容易犯的错误，就是不注意形式参数与实际参数的填写，在此特别强调一下。

(1) 形式参数表：在函数定义里，形式参数表中放参数的定义形式，即变量的定义形式。如果形参是数组，则在数组括号之间并不需要指定数组的大小，因为此时只传递数组的地址。

函数定义形式：

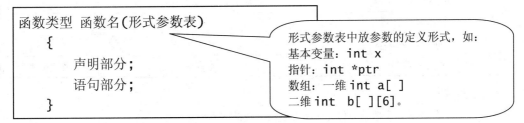

```
函数类型  函数名(形式参数表)
    {
        声明部分；
        语句部分；
    }
```

形式参数表中放参数的定义形式，如：
基本变量：int x
指针：int *ptr
数组：一维 int a[ ]
二维 int b[ ][6]。

(2) 实际参数表：在函数调用时，实际参数表中放参数的使用形式，即变量的使用形式(或称变量引用形式)；对数组则仅仅放置数组名。

函数调用形式：

```
函数名(实际参数表)
```

实际参数表中放参数的使用形式，如：
基本变量：x
指针：ptr
数组：一维 a   二维 b

（3）函数返回 return：括号里的参数可以是一个变量，也可以是一个常量，但一定只能是一个量，不能是多个。

函数返回形式：

> return(参数)

5.6.2　函数间信息传递的实际例子

【例 5-6】 函数间信息传递的例子 1。传递一个数组与传递一个变量给函数的区别。

【解】 这里设计两个子函数来观察这种区别，函数的具体功能设计见表 5.16。

表 5.16　函数间信息传递的例子 1 之函数功能设计

函数名称	功　　能	设计目的	调用方式
modify_array	修改通过形参接收到的一组数据 a	通过形参共用地址的特性来传递一组数据，观察一组数据在函数间的传递与处理	main 函数调用 modify_array，查看一组数据 a 在调用前后是否被改变
modify_value	修改通过形参接收到的一个数据 v	通过形参传递一个数值，观察一个数值在函数间的传递与处理	main 函数调用 modify_value，查看一个数据 v 在调用前后是否被改变

函数框架设计见表 5.17。

表 5.17　函数间信息传递的例子 1 之函数框架设计

功　　能	输入信息	输出信息
修改整个数组元素的值 modify_array	数组地址　int b[ ]	无
	数组长度　int length	
修改单个变量值 modify_int	变量值 int v	无
函数名	形参表	函数类型

程序实现：

```
1    /*传递一个数组与传递一个变量给函数的区别*/
2    #include <stdio.h>
3    #define SIZE 5
4
5    /* 函数声明 */
6     void modify_array( int b[],int length);/*修改整个数组元素的值*/
7     void modify_value( int v );  /*修改单个变量值*/
8
9    int main()
10    {
```

```
11      int a[ SIZE ] = { 1, 3, 5, 7, 9 }; /*初始化数组 a*/
12      int value;
13      int i; /*计数器*/
14
15      printf("以下结果均在 main 函数中观察得到\n");
16      printf("在 modify_array 函数中修改传递来的整个数组：\n");
17      printf("modify_array 调用前 a 数组=");
18      /*输出原始数组*/
19      for ( i = 0; i < SIZE; i++ )
20      {
21         printf( "%3d", a[ i ] );
22      }
23      printf( "\n" );
24      /*把数组传递给函数，函数中传入了数组 a 的地址*/
25      modify_array( a, SIZE );
26      printf("modify_array 调用后 a 数组=");
27      /*输出修改后的数组*/
28      for ( i = 0; i < SIZE; i++ )
29      {
30         printf( "%3d", a[ i ] );
31      }
32
33      /*把变量 value 的副本传递给函数*/
34      value = 6;
35      printf( "\n\n 在 modify_value 函数中修改传递来的单个变量：\n");
36      printf("modify_value 调用前：value=%d\n", value );
37      modify_value(value);
38      printf( "modify_value 调用后：value=%d\n", value);
39
40      /* 把数组元素 a[SIZE-1]的副本传递给函数*/
41      printf( "\n 在 modify_value 函数中修改传递来的单个数组元素的值：\n");
42      printf( "modify_value 调用前：a[%d]=%d\n", SIZE-1,a[SIZE-1] );
43      modify_value(a[SIZE-1]);
44      printf( "modify_value 调用后：a[%d]=%d\n", SIZE-1,a[SIZE-1] );
45
46      return 0; /*表示程序成功结束*/
47   } /*main 函数结束*/
48
49   /*在函数 modify_array 中，数组的地址被传入到函数中*/
50   void modify_array( int b[ ], int size )
```

```
51  {
52     int j; /*计数器*/
53     /*将数组的每个元素都加 1*/
54     for ( j = 0; j < size; j++ )
55     {
56         b[j] = b[j]+1;
57     }
58  }
59
60  /*在函数 modify_value 中，变量 v 的副本被传入到函数中*/
61  void modify_value( int v)
62  {
63     v =v *2;/* 将参数值乘以 2*/
64  } /*函数 modify_int 结束*/
```

程序结果(以下结果均在 main 函数中观察得到)：

在 modify_array 函数中修改传递来的整个数组：

modify_array 调用前 a 数组= 1 3 5 7 9

modify_array 调用后 a 数组= 2 4 6 8 10

在 modify_value 函数中修改传递来的单个变量：

modify_value 调用前：value=6

modify_value 调用后：value=6

在 modify_value 函数中修改传递来的单个数组元素的值：

modify_value 调用前：a[4]=10

modify_value 调用后：a[4]=10

思考与讨论

为什么给子函数传递数组地址，就可以从同地址中得到被修改的值，而传递单个的变量值，就得不到被修改的结果？

答：上述问题，需要跟踪函数的调用过程，查看实际参数与形式参数的空间分配使用状况，才能清楚。

跟踪调试

查看形参与实参单元分配及函数间信息如何传递。

(1) 传递数组地址。

图 5.14 所示为调试步骤 1，modify_array 被调用之前，实参 a 数组的地址为 0x12ff6c。

```
/* 程序从函数main开始执行 */
int main()
{
    int a[ SIZE ] = { 1, 3, 5, 7, 9 };
    int value;
    int i; /* 计数器 */

    printf("以下结果均在main函数中观察
    printf("在modify_array函数中修改传送
    printf("modify_array调用前a数组=");
    /* 输出原始数组 */
    for ( i = 0; i < SIZE; i++ )
    {
        printf( "%3d", a[ i ] );
    }
    printf( "\n" );
    /*把数组传递给函数，函数中传入了a的
    modify_array( a, SIZE );
    printf("modify_array调用后a数组=");
```

Name	Value
⊟ a	0x0012ff6c
[0]	1
[1]	3
[2]	5
[3]	7
[4]	9

图 5.14　函数间信息传递的例子 1 之调试步骤 1

图 5.15 为调试步骤 2，此时进入子函数 modify_array，将 a 数组的地址传递给 b 数组。

```
void modify_array(int b[],int size)
{
    int j; /* 计数器 */
    /* 将数组的每个元素都加1 */
    for ( j = 0; j < size; j++ )
    {
        b[j] = b[j]+1;
    }
}
```

Name	Value
a	CXX0017: Error:
⊞ b	0x0012ff6c
size	5

图 5.15　函数间信息传递的例子 1 之调试步骤 2

图 5.16 所示为调试步骤 3，可见在 watch 窗口中，b 数组的值只显示了一个，要看到全部的信息，可以通过图 5.17 所示的 Memory 窗口查看。

```
void modify_array(int b[],int size)
{
    int j; /* 计数器 */
    /* 将数组的每个元素都加1 */
    for ( j = 0; j < size; j++ )
    {
        b[j] = b[j]+1;
    }
}
```

Name	Value
a	CXX0017: Error:
⊟ b	0x0012ff6c
	2
size	5

图 5.16　函数间信息传递的例子 1 之调试步骤 3

图 5.17 的 Memory 窗口显示对 b 数组的内容修改完毕，其值为 2、4、6、8、10。

Memory	✕
A 地址:	0x12ff6c
0012FF6C	02 00 00 00　....
0012FF70	04 00 00 00　....
0012FF74	06 00 00 00　....
0012FF78	08 00 00 00　....
0012FF7C	0A 00 00 00　....

图 5.17　Memory 窗口

图 5.18 所示为调试步骤 4，此时返回主函数，因为 a 与 b 是同一地址，所以看到的数据依然是前面看到的那些。通过形参与实参"共用地址"的方法，可以把多个处理结果返回给调用者，这在返回值多于一个的场合是一种有效的方法。

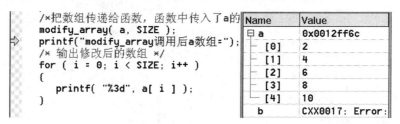

图 5.18　函数间信息传递的例子 1 之调试步骤 4

以上函数间通过共用地址传递信息，实参、形参单元及其中值的变化如图 5.19 所示。

```
调用前      实参a[]    → 0x12ff6c  1 3 5 7 9
调用开始    形参b[]    → 0x12ff6c  1 3 5 7 9
子函数将返回 形参b[]   → 0x12ff6c  2 4 6 8 10
调用结束    实参a[]    → 0x12ff6c  2 4 6 8 10
```

图 5.19　函数间通过共用地址传递信息

（2）传递一个变量值（值传递——传值调用）。

图 5.20 所示为调试步骤 5，modify_value 被调用之前，实参 value 的值为 6，地址是 0x12ff68。

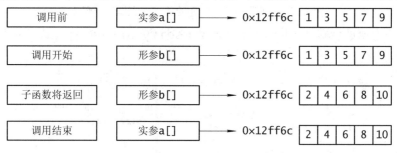

图 5.20　函数间信息传递的例子 1 之调试步骤 5

图 5.21 所示为调试步骤 6，此时进入 modify_value 函数执行，实际参数的值被赋给形参 v，v 的地址为 0x12ff14。

```
void modify_value( int v)
{
    v =v *2;/* 将参数值乘以2*/
} /*函数modify_int结束 */
```

Name	Value
&v	0x0012ff14
	6

图 5.21　函数间信息传递的例子 1 之调试步骤 6

注意：此时形参、实参各分存储单元，只是把实参值拷贝到了形参的空间，并不是像前面数组那样共用地址。

图 5.22 所示为调试步骤 7，此时 modify_value 函数对形参进行修改，v=12。

```
void modify_value( int v)
{
    v =v *2;/* 将参数值乘以2*/
} /*函数modify_int结束 */
```

Name	Value
&v	0x0012ff14
	12

图 5.22　函数间信息传递的例子 1 之调试步骤 7

图 5.23 所示为调试步骤 8，此时返回主函数，实参 value 的值仍然是原来的 6，即形参 v 的改变并不影响实参的值，因为它们的存储空间是各自独立的。

```
/* 把变量value的副本传递给函数*/
value = 6;
printf( "\n\n在modify_value函数中修
printf("modify_value调用前：value=%
modify_value(value);
printf( "modify_value调用后：value=
```

Name	Value
&value	0x0012ff68
	6
&v	CXX0017: Error:

图 5.23　函数间信息传递的例子 1 之调试步骤 8

函数间通过单个变量给形参赋值传递信息，实参、形参单元及其中值的变化如图 5.24 所示。

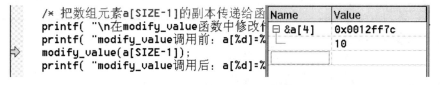

图 5.24　函数间通过单个变量给形参赋值传递信息

（3）传递一个数组元素值。

图 5.25 所示为调试步骤 9，modify_value 被调用之前，实参 a[SIZE-1] 的值为 10(注：SIZE=5)，地址是 0x12ff7c。

```
/* 把数组元素a[SIZE-1]的副本传递给函
printf( "\n在modify_value函数中修改值
printf( "modify_value调用前：a[%d]=%
modify_value(a[SIZE-1]);
printf( "modify_value调用后：a[%d]=%
```

Name	Value
&a[4]	0x0012ff7c
	10

图 5.25　函数间信息传递的例子 1 之调试步骤 9

图 5.26 所示为调试步骤 10，此时进入 modify_value 函数执行，实际参数的值被赋给形参 v，v 的地址为 0x12ff14。

```
/* 在函数 modify_value中，实参的副本被付
void modify_value( int v)
{
    v =v *2;/* 将参数值乘以2*/
} /*函数modify_int结束 */
```

Name	Value
&a[4]	CXX0017: Error:
&v	0x0012ff14
	10

图 5.26　函数间信息传递的例子 1 之调试步骤 10

注意：此时形参、实参各分存储单元，只是把实参值拷贝到了形参的空间。

图 5.27 所示为调试步骤 11，此时 `modify_value` 函数对形参进行修改，v=20。

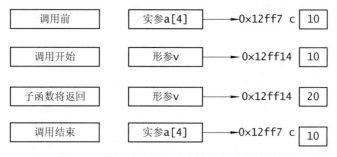

```
/* 在函数 modify_value中，实参的副本被传
void modify_value( int v )
{
    v =v *2;/* 将参数值乘以2*/
} /*函数modify_int结束 */
```

Name	Value
&a[4]	CXX0017: Error:
⊟ &v	0x0012ff14
	20

图 5.27   函数间信息传递的例子 1 之调试步骤 11

图 5.28 所示为调试步骤 12，此时返回主函数，实参 a[SIZE-1] 的值仍然是原来的 10，即形参 v 的改变并不影响实参的值，因为它们的存储空间是各自独立的。

```
/* 把数组元素a[SIZE-1]的副本传递给函
printf( "\n在modify_value函数中修改
printf( "modify_value调用前: a[%d]=%
modify_value(a[SIZE-1]);
printf( "modify_value调用后: a[%d]=%
```

Name	Value
⊟ &a[4]	0x0012ff7c
	10
&v	CXX0017: Error:

图 5.28   函数间信息传递的例子 1 之调试步骤 12

函数间通过单个变量给形参赋值传递信息，实参、形参单元及其中值的变化如图 5.29 所示。

调用前	实参a[4]	→0×12ff7 c	10
调用开始	形参v	→0×12ff14	10
子函数将返回	形参v	→0×12ff14	20
调用结束	实参a[4]	→0×12ff7 c	10

图 5.29   函数间通过数组元素给形参赋值传递信息

结论

关于形参与实参单元分配等
(1) 数组名做参数，实参、形参数组是共用地址的；
(2) 普通变量做参数，是各分单元的；
(3) 在函数内定义的量，只在本函数内可见。

由此例可体会到通过参数传递地址即传址调用(或称引用调用 reference)的好处，它可以减少函数间信息传递时需要复制的数量，从而提高信息传递效率。

结论

关于值调用
(1) 形参、实参有各自的存储单元；
(2) 函数调用时，将实参的值复制给形参。
(3) 在函数中参加运算的是形参，形参单元值的改变不能影响实参单元。

"值调用"（call by value)的方法是把实际参数的值复制到函数的形式参数中。这样，函数中的形式参数的任何变化不会影响到调用时所使用的变量。传值调用起到了数据隔离的作用，即不允许被调函数去修改元素变量的值。

关于引用调用
(1) 形参与实参共用地址；
(2) 调用函数可以修改原始变量的值。

"引用调用"（call by reference)的方法是实际参数与形式参数共用地址，在函数中，这个地址用来访问调用中所使用的实际参数。这意味着，形式参数的变化会影响调用时所使用的变量。

【例 5-7】 函数间信息传递的例子 2。求数组 int b[ ]中下标为 m 到 n 项的和。主函数负责提供数组、m 和 n 的值及结果的输出，求和功能由子函数 func 完成。

【设计方案一】 对函数结构的设计如表 5.18 所示。

表 5.18 函数间信息传递的例子 2 之函数框架设计 1

	内 容	数量	参数传递方案	参数传递实现	
输入	数组 b 全部信息	多个	传址	形参	int b[ ]
	m、n 的值	单个	传值		int m,int n
输出	数组 m 到 n 项的和	单个	传值	返回	int 类型

把数组的信息通过传址方式传递，m、n 的值通过传值方式传递，结果只有一个整型，可以通过 return 语句返回。

表 5.19 给出了 func 函数的实现。

表 5.19 函数间信息传递的例子 2 之函数实现设计 1

函数头	函数类型	函数名	形 参 表
	int	func	(int b[ ], int m, int n)

函数体	{ int i, sum=0;
	
	 for (i= m; i<=n; i++)
	
	  sum=sum+b[i]; /*累加数组 b 的 m~n 项*/
	
	 return sum;
	
	 }		

程序实现：

```
1    /*函数间信息传递的例子 2——方案一*/
2    #include "stdio.h"
```

```
3    #define SIZE 10
4    int func( int b[ ],int m,int n);
5
6    /*求数组 int b[ ]中下标为 m 到 n 项的和*/
7    int func( int b[ ],int m,int n)
8    {   int i,sum=0;
9
10       for( i= m; i<=n; i++)
11       {
12           sum=sum+b[i];
13       }
14       return sum;
15   }
16
17   int main()
18   {
19        int x;
20        int a[SIZE]={1,2,3,4,5,6,7,8,9,0};
21        int p=3 , q=7; /*指定求和下标的位置*/
22
23        printf( "数组 a 下标%d 至%d 项的元素为:",p,q);
24        for( int i= p; i<=q; i++)
25        {
26            printf( "%d ",a[i]);
27        }
28        printf( "\n");
29
30        x=func(a,p,q);
31        printf( "数组 a 下标%d 至%d 项的元素和为:%d\n",p,q,x);
32        return 0;
33   }
```

程序结果:

数组 a 下标 3~7 项的元素为: 4 5 6 7 8

数组 a 下标 3~7 项的元素和为: 30

【设计方案二】 我们仍然通过传址方式传递数组的信息,既然是传址,信息传递是双向的, func 的结果可以放在数组的约定位置,如数组的最后一个元素的位置,这样就不用通过 return 语句返回了。采用这种方案,形参要增加一个"结果在 b 中存放的位置",具体参见表 5.20。

表 5.20　函数间信息传递的例子 2 之函数框架设计 2

	内　容	数量	参数传递方案	参数传递实现	
输入	数组 b 全部信息	多个	传址	形参	int b[ ]
	m、n 的值	单个	传值		int m,int n
	结果在 b 中存放位置	单个	传值		int size
输出	数组 m 到 n 项的和	单个	传址	函数类型	void

根据上述函数参数的设计方案，可以给出 func 函数的具体实现，如表 5.21 所示。

表 5.21　函数间信息传递的例子 2 之函数实现设计 2

	函数框架设计		
函数头	函数类型	函数名	形　参　表
	void	func	(int b[ ], int m, int n, int size)
函数体	{ 　int i, sum=0;		
	for (i=m; i<=n; i++)		
	sum=sum+b[i];		
	b[size]=sum; /*求和的结果放在 b 数组指定位置*/		
	}		

程序实现：

```
1   /*函数间信息传递的例子2——方案二*/
2   #include "stdio.h"
3   #define SIZE 10
4
5   void func( int b[ ],int m,int n,int size);
6
7   /*求数组int b[ ]中下标为m到n项的和，结果放在下标是size的位置*/
8   void func( int b[ ],int m,int n,int size)
9   {
10      int i,sum=0;
11
12      for( i= m;i<=n;i++)
13      {
14          sum=sum+b[i];
15      }
16      b[size]=sum; /*求和的结果放在b数组指定位置*/
17  }
18
19  int main()
20  {
```

```
21        int a[SIZE]={1,2,3,4,5,6,7,8,9,0};
22        int p=3, q=7;  /*指定求和下标的位置*/
23
24        printf( "数组 a 下标%d 至%d 项的元素为:",p,q);
25        for( int i= p; i<=q; i++)
26        {
27            printf( "%d  ",a[i]);
28        }
29        printf( "\n");
30
31        func(a,p,q,SIZE-1);
32        printf( "数组 a 下标%d 至%d 项的元素和为：%d\n",p,q,a[SIZE-1]);
33        return 0;
34    }
```

程序结果:

数组 a 下标 3~7 项的元素为：4 5 6 7 8

数组 a 下标 3~7 项的元素和为：30

【例 5-8】 函数间信息传递的例子 3。读程序，分析结果。

```
1    /*函数间信息传递的例子 3*/
2    #include "stdio.h"
3    #include "string.h"
4    void i_s(char in[ ], char out[ ]);
5
6    void i_s( char in[ ], char out[ ])
7    {
8      int i, j;
9      int l=strlen( in);
10     for (i=j=0;  i<l;  i++, j++)
11       {
12         out[j]= in[i];      /*步骤 1*/
13         out[++j] = '__';    /*步骤 2*/
14         in[i] += 1;         /*步骤 3*/
15       }
16      out[j-1]= '\0';
17   }
18
19   int main( )
20   {
21      char s[ ]= "1234";
```

```
22        char g[20];
23
24        i_s( s, g );
25        printf("%s\n", g);
26        return 0;
27   }
```

通过上面函数间信息传递的规则，读者可以自己分析例 5-8，每个执行步骤的中间结果项已经列在表 5.22 中了，以方便读程。

表 5.22　函数间信息传递的例子 3

下　标	0	1	2	3	4	5	6	7
(s)in[ ]	1	2	3	4	\0			
(g)out[ ]	1							
步骤 3 中 in[ ]	2							

5.6.3　函数间信息传递的总结

函数间信息传递的种类参见表 5.23。

表 5.23　函数间信息传递的种类

信息的种类	数值、地址	
信息的数量	≥0 个	
输入信息	形式参数表：(数据类型　变量 1，数据类型　变量 2，…)	
输出信息	一个	return(数值)
	多个	return(地址)
		形参为指针类型

函数间信息传递的方式参见表 5.24。

表 5.24　函数间信息传递的方式

信息	直接（单向）	值传递(值调用)	形参、实参各分单元
传递	间接（双向）	地址传递(引用调用)	形参、实参共用单元
方式		模拟地址传递	形参、实参各分单元

注：模拟地址传递中传递的是地址，但形参和实参是各分单元的，具体例子将在第 6 章给出。

函数间信息传递的途径参见表 5.25。

表 5.25　函数间信息传递的途径

信息	参数表	调用者→被调用者（单向）
传递	return 语句	调用者←被调用者（单向）
途径	全局量	共享区域

全局量是若干函数可以共享的变量，具体含义在本章 5.10 节 "作用域问题" 中给出。

5.6.4 共享数据的使用限制

通过前面的例子可知，函数间信息传递时有些数据往往是共享的，程序可以在不同的场合通过不同的途径访问同一个数据对象，有时在无意之中的误操作会改变有关数据的状况，而这是我们所不希望出现的。

既要使数据能在一定范围内共享，又要保证其不被任意修改，这时可以使用 const，即把形参中有关数据定义为常量。

const 是一个 C 语言的关键字，它限定一个变量不允许被改变。使用 const 在一定程度上可以提高程序的安全性和可靠性。

【例 5-9】 const 的例子。使用 const 类型限定符来保护数组不被修改。

```
1    /* const 的例子 */
2    #include <stdio.h>
3    #define SIZE 3
4    void modify( const int a[ ] ); /*函数原型*/
5    int b[SIZE];/*全局量，在函数之外定义的量，b 数组用于保存修改后的数组*/
6
7    /*程序从函数 main 开始执行*/
8    int main()
9    {
10     int a[SIZE] = { 3, 2, 1 }; /*初始化*/
11     int i;/* 计数器 */
12
13     modify(a);/*调用函数*/
14     printf( "\nmodify 函数运行后的 a 数组为： " );
15     for( i = 0 ; i < SIZE ; i++ )
16     {
17       printf( "%3d" ,a[i] ); /*打印出函数执行后的数组*/
18     }
19
20     printf( "\nmodify 函数运行后的 b 数组为： " );
21     for( i = 0 ; i < SIZE ; i++ )/*打印出修改后的数组*/
22     {
23       printf( "%3d" , b[i] );
24     }
25     return 0;
26    }
27
```

```
28      /*取得数组 a 中的值，处理后保存在数组 b 中*/
29      void modify(const int a[])
30      {
31          int i;  /*计数器*/
32          for(i=0;i<SIZE;i++)
33          {
34              /*a[i]=a[i]*2;试图修改数组 a 的值，编译将会报错*/
35              b[i]=a[i]*2;
36          }
37      }
```

程序结果：

　　　　modify 函数运行后的 a 数组为：　3　2　1

　　　　modify 函数运行后的 b 数组为：　6　4　2

5.7　函数设计的综合例子

【题目】　处理 3 位学生四门课程的成绩：

(1) 求所有成绩中的最低、最高成绩；

(2) 每个学生的平均成绩；

(3) 输出结果。

【问题分析】

(1) 数据：把 3 位学生四门课程的成绩存储在表 5.26 所示的二维数组中。

　　　　studentGrades[学生数][课程门数]

表 5.26　函数设计的综合例子(1)

	0	1	2	3
0	77	68	86	73
1	96	87	89	78
2	70	90	86	81

(2) 函数设计：参见表 5.27。

表 5.27　函数设计的综合例子(2)

函数名	功　能	形　参	函数类型
minimum	确定最低分数	学生成绩表，学生人数，课程门数	int
maximum	确定最高分数	学生成绩表，学生人数，课程门数	int
average	计算平均分数	一个学生的成绩，课程门数	double
printArray	输出结果	学生成绩表，学生人数，课程门数	void

(3) 程序实现：

```
1    /*函数设计的综合例子——多个函数对二维数组的处理*/
2    #include <stdio.h>
```

```
3    #define STUDENTS 3
4    #define EXAMS 4
5
6    /*函数原型*/
7    int minimum( const int grades[ ][EXAMS], int pupils, int tests );
8    int maximum( const int grades[ ][EXAMS], int pupils, int tests );
9    double average( const int setOfGrades[ ], int tests );
10   void printArray( const int grades[ ][EXAMS], int pupils, int tests );
11
12   /*程序从函数 main 开始执行*/
13   int main()
14   {
15       int student; /*学生计数器*/
16
17   /*初始化 3 个学生(行)的成绩*/
18       int studentGrades[STUDENTS][EXAMS]
19       = { { 77, 68, 86, 73 },
20           { 96, 87, 89, 78 },
21           { 70, 90, 86, 81 }
22         };
23   /*输出数组 studentGrades*/
24       printf( "The array is:\n" );
25       printArray( studentGrades, STUDENTS, EXAMS );
26
27   /*确定最高分数与最低分数*/
28       printf( "\n\nLowest grade: %d\nHighest grade: %d\n",
29       minimum( studentGrades, STUDENTS, EXAMS ),
30       maximum( studentGrades, STUDENTS, EXAMS ) );
31   /*计算每个学生的平均分数*/
32       for ( student = 0; student <= STUDENTS - 1; student++ )
33       {
34           printf( "The average grade for student %d is %.2f\n",
35           student, average( studentGrades[ student ], EXAMS ) );
36       } /*结束 for*/
37
38       return 0; /*表示程序成功结束*/
39
40   } /*结束 main*/
41
```

```
42   /*找出最低分数*/
43   int minimum( const int grades[ ][EXAMS], int pupils, int tests )
44   {
45       int i;   /*计数器*/
46       int j;   /*计数器*/
47       int lowGrade = 100;  /*初始化为可能的最高分数*/
48
49        for ( i = 0; i < pupils; i++ )  /*循环数组 grades 的行*/
50       {
51           for ( j = 0; j < tests; j++ )  /*循环数组 grades 的列*/
52             {
53                   if ( grades[i][j] < lowGrade )
54                   {
55                       lowGrade = grades[i][j];
56                   }
57             }
58       }
59       return lowGrade;  /*返回最低分数*/
60   } /*函数 minimum 结束*/
61
62   /*找出最高分数*/
63   int maximum(const int grades[ ][EXAMS], int pupils, int tests )
64   {
65       int i;              /*学生计数器*/
66       int j;              /*考试计数器*/
67       int highGrade = 0;  /*初始化为可能的最低分数*/
68
69       for ( i = 0; i < pupils; i++ )  /*循环数组 grades 的行*/
70       {
71         for ( j = 0; j < tests; j++ )  /*循环数组 grades 的列*/
72         {
73               if ( grades[i][j] > highGrade )
74               {
75                   highGrade = grades[i][j];
76               }
77         }
78       }
79       return highGrade;  /*返回最高分数*/
80   } /*函数 maximum 结束*/
```

```
81
82    /*确定每个学生的平均分*/
83    double average(const int setOfGrades[ ], int tests )
84    {
85        int i;          /*考试计数器*/
86        int total = 0;  /*考试成绩总和*/
87
88        for ( i = 0; i < tests; i++ ) /*输出每个学生的分数*/
89        {
90            total += setOfGrades[i];
91        }
92         return ( double ) total / tests; /*返回平均分*/
93    } /*函数 average 结束*/
94
95    /*输出数组*/
96    void printArray(const int grades[ ][ EXAMS ], int pupils, int tests )
97    {
98        int i; /*学生计数器*/
99        int j; /*考试计数器*/
100       /*输出列头*/
101       printf( "                [0]  [1]  [2]  [3]" );
102       /*以列表形式输出分数*/
103       for ( i = 0; i < pupils; i++ )
104         {
105           printf( "\nstudentGrades[%d] ", i );    /*输出行的标号*/
106           for ( j = 0; j < tests; j++ ) /*输出每个学生的分数*/
107           {
108               printf( "%-5d", grades[ i ][ j ] );
109           }
110         }
111   } /*函数 printArray 结束*/
```

程序结果:

```
The array is:
                [0]  [1]  [2]  [3]
studentGrades[0] 77  68   86   73
studentGrades[1] 96  87   89   78
studentGrades[2] 70  90   86   81
```

```
Lowest grade: 68
Highest grade: 96
The average grade for student 0 is 76.00
The average grade for student 1 is 87.50
The average grade for student 2 is 81.75
```

5.8　函数的嵌套调用

C 语言规定，一个函数可以调用另一个函数，这个被调用函数还可以调用其他函数，这就是函数的嵌套调用。

嵌套调用可以形成任何深度的调用层次，函数之间层层调用，最终完成复杂的程序功能。

C 程序全部都是由函数组成的，每个函数的定义都是独立的，即在函数的定义中，不能包含另一个函数。

C 语句不能嵌套定义函数，但可以嵌套调用函数。

图 5.30 中，main 函数调用 a 函数，a 函数又要调用 b 函数，这就是函数的嵌套调用。

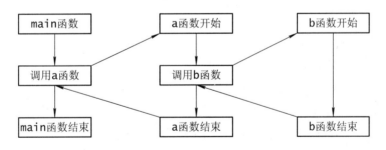

图 5.30　函数的嵌套调用

【例 5-10】　函数嵌套调用的例子。求三个数中最大数和最小数的差值。

```
1    /*函数嵌套调用的例子*/
2    int dif(int x,int y,int z);/*求x、y、z中最大数和最小数的差值*/
3    int max(int x,int y,int z); /*求x、y、z中的最大值*/
4    int min(int x,int y,int z); /*求x、y、z中的最小值*/
5
6    int main()
7    {
8        int a,b,c,d;
```

```
9        scanf("%d%d%d",&a,&b,&c);
10       d=dif(a,b,c);
11       printf("Max-Min=%d\n",d);
12       return 0;
13    }
14
15  int dif(int x,int y,int z) /*求x、y、z中最大数和最小数的差值*/
16  {
17       return (max(x,y,z) - min(x,y,z));
18  }
19
20  /*求x、y、z中的最大值*/
21  int max(int x,int y,int z)
22  {
23      int r;
24      r= x>y ? x:y;
25      return(r>z?r:z);
26  }
27
28  /*求x、y、z中的最小值*/
29  int min(int x,int y,int z)
30  {
31      int r;
32      r = x<y ? x:y;
33      return(r<z ? r:z);
34  }
```

图5.31给出了dif、max、min三个函数的运行顺序。

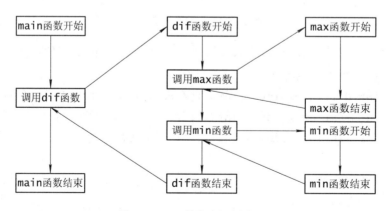

图5.31 函数嵌套调用流程

5.9 函数的递归调用

递归是一种解决问题的逻辑思想，即把一个问题转化成另一个性质相似，但规模更小的问题，直到问题变得容易解答或有直接的结果，然后由小规模问题的解再逐步求出原问题的结果。

递归调用：若一个过程直接地或间接地调用自己，则称这个过程是递归的过程，即递归调用。

【例 5-11】 递归的求解过程。阶乘函数

$$n! = \begin{cases} 1 & n=0, 1 \\ n*(n-1)! & n>1 \end{cases}$$

递归的求解过程如下：

(1) 求 n! 的问题可以转化为求 (n-1)! 的问题；

(2) 求 (n-1)! 的问题可以转化为求 (n-2)! 的问题；

(3) 依此类推，n 越来越小，待 n=1 时，1 的阶乘为一个可知的数；

(4) 得到 2 的阶乘；

(5) 依次得到 3 的阶乘；

(6) 依次回推，最终可以得到 n 的阶乘。

在调用一个函数的过程中，函数的某些语句又直接或间接地调用该函数本身，这就形成了函数的递归调用。图 5.32 所示为直接递归调用。在 func 内部的某条语句调用了 func 函数本身，构成了直接递归调用。

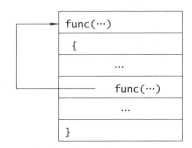

图 5.32 直接递归调用

图 5.33 所示为间接递归调用。func1 函数内部的某条语句调用了 func2，而 func2 函数的某条语句又调用了 func1，构成了间接递归调用。

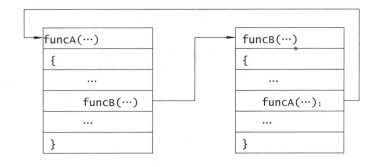

图 5.33 间接递归调用

与一般函数的嵌套调用相比，递归调用是一种特殊情形的嵌套调用，即嵌套调用的函数都同名且为自己而已。

不论是直接递归调用还是间接递归调用，递归调用都形成了调用的回路。如果递归的过程没有一定的中止条件，程序就会陷入类似死循环一样的情况。因此，递归定义应该有两个要素：

(1) 递归边界条件：问题的最简单情况，它本身不再使用递归的定义。

(2) 递归定义：使问题向边界条件转化的规则。递归定义必须能使问题越来越简单。

【例 5-12】 递归调用的例子。用递归实现 n!。

```c
#include "stdio.h"
float fac(int n);

/*定义 fac 函数求 n 的阶乘*/
float fac(int n)
{
    float f;
    if (n<0)  printf("Error!\n");  /*n<0 时，数据无效*/
    if (n==0||n==1) return 1;  /*0 的阶乘为 1*/
    return n*fac(n-1);  /*n 的阶乘等于 n 乘 n-1 的阶乘*/
}
int main()
{
    printf("%f",fac(4));
    return 0 ;
}
```

递归的调用过程如图 5.34 所示，它和前面多个函数的嵌套调用的区别在于，每个子函数的名字都一样。

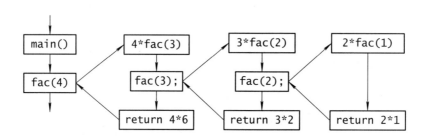

图 5.34　主函数调用 fac 函数的过程

递归函数有一个最大的缺陷，就是增加了系统的开销。因为每当调用一个函数时，系统需要为函数准备堆栈空间存储参数信息，如果频繁地进行递归调用，系统需要为其开辟大量的堆栈空间。例如，在上面的例子中，如果传递一个很大的整数作为 fac 的实际参数，则很容易造成系统的崩溃。

注：关于函数参数的存储位置，将在 5.10 节作用域问题中说明。

应尽量减少函数本身或函数间的递归调用。递归调用特别是函数间的递归调用会影响程序的可理解性；递归调用一般都占用较多的系统资源；递归调用对程序的测试有一定影响。因此，除非为了便于实现某些算法或功能，否则应减少没必要的递归调用。

5.10　作用域问题

下面先讨论两个问题。

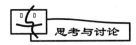

(1) 当程序规模足够大时，我们的对策是什么？

答：我们采用的是分而治之法，把大的问题划分成若干小的模块来解决问题。分而治之产生的新问题如表 5.28 所示，这是我们在设计时需要考虑和解决的。

表 5.28　分而治之产生的问题

	函数间的信息传递
用函数解决问题 需要考虑的各个方面	函数的定义形式
	函数的调用方式

(2) 当多人分工合作编程时还会出现哪些问题？

答：多人分工实现各个子程序，要存几个文件？若存多个文件，要有几个 main 函数？变量重名怎么办？

针对上述问题，按照在实际流程中最合理方便的多人合作方式，应该是一个 C 程序可以由多个源文件构成，各程序员在自己的文件中使用的变量应该允许重名，只要在程序运行机制中，设置其作用范围(作用域)及作用时间，在文件中或函数中进行隔离限制，保证不会造成混乱即可。

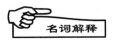

作用域：通常来说，一段程序代码中所用到的名字在整个程序范围内并不总是有效或可用的，而限定这个名字的可用性的代码范围就是这个名字的作用域。

C 程序文件的组成规则为一个 C 程序由一个或多个源程序文件组成。一个源文件中可以有预编译命令、函数等，如图 5.35 所示。

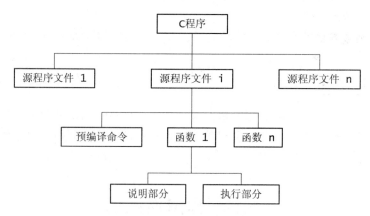

图 5.35　C 程序文件组成

C 程序的执行从 main 函数开始，调用其他函数后，流程回到 main 函数，在 main 函数中结束整个程序的运行。

对于一部分代码是否"可见"或可访问另一部分代码和数据，C 有以下作用域规则：

> 作用域规则：
> (1) C 语言中的每一个函数都是一个独立的代码块。
> (2) 构成一个函数体的代码对程序的其他部分来说是隐蔽的，不能被任何其他函数中的任何语句(除调用它的语句之外)所访问。

说明：一个函数不能被任何其他函数中的任何语句所访问，比如说，用 goto 语句跳转到另一个函数内部是不可能的。

5.10.1　变量的"寿命"问题

变量的空间分配是在定义时确定的，其大小由"数据类型"这个属性决定，那么变量的这个存储空间在程序的运行过程中究竟被占用多长的时间，可以被访问的范围有多大？这就要涉及变量的"寿命"及作用域问题了。

在 C 语言中，是用"存储类别"这个属性来描述变量的上述特征的。一个变量有"数据类型"和"存储类别"两个属性，如表 5.29 所示。

表 5.29　变量属性

变量	数据类型	表示变量在内存中需要的空间大小
属性	存储类别	表示变量在内存中存储持续时间的长短及作用范围

"存储类别"规定了变量在计算机内部的存放位置，以此决定变量的"寿命"。

完整的变量说明格式如下：

> 存储类别　　数据类型　　变量名；

在 C 语言中，存储类别有四种，如表 5.30 所示。

表 5.30　存 储 类 别

存 储 类 别	称　呼
register	寄存器型
auto	自动变量型
static	静态变量型
extern	外部变量型

（1）auto（自动）存储类型。在函数体内声明的变量，在默认情况下都是 auto 型，C 语言称之为局部变量。局部变量在进入函数时生成，在退出函数时消亡。

（2）extern（外部）存储类型。当一个变量在函数的外部被声明时，它的存储类型即是 extern。

C 语言规定，只要不是在任何一个函数内定义的变量，编译器就将其当作全局变量（或称外部量），无论变量定义前是否有 extern 说明符。外部变量对于在其声明之后的所有函数都有效。在函数间传递信息的一种方法就是使用外部变量。

（3）static（静态）存储类型。static 型的基本用途是允许一个局部变量在重新进入函数时能够保持原来的值。如果函数包含被频繁访问的数组，可以将数组声明为 static，这样不会在每次调用函数时都创建数组。

（4）register（寄存器）存储类型。register 型变量值存放在运算器的寄存器中，存取速度快，通常用于循环变量。

现代编译器有能力自动把普通变量优化为寄存器变量，并且可以忽略用户的指定，所以一般无需特别说明变量为寄存器变量。

 CPU 及存储器

（1）CPU：中央处理器（Central Processing Unit，CPU）是一台计算机的运算核心和控制核心。CPU、内部存储器和输入/输出设备是电子计算机三大核心部件。其功能主要是解释计算机指令以及处理计算机软件中的数据。CPU 由运算器、控制器和寄存器及实现它们之间联系的数据、控制及状态总线构成。几乎所有 CPU 的工作原理都可分为四个阶段：提取（Fetch）、解码（Decode）、执行（Execute）和写回（Writeback）。CPU 从存储器或高速缓冲存储器中取出指令，放入指令寄存器，再对指令译码，并执行指令。所谓的计算机的可编程性主要是指对 CPU 的编程。

（2）寄存器：CPU 内的高速但容量有限的存储器。

（3）内存（Memory）：也被称为内存储器，其作用是用于暂时存放 CPU 中的运算数据以及与硬盘等外部存储器交换的数据。只要计算机在运行中，CPU 就会把需要运算的数据调到内存中进行运算，当运算完成后 CPU 再将结果传送出来。

标识符的存储类别决定其存储持续时间、作用域和关联属性，其具体内容见表 5.31。

表 5.31　标识符的存储类别释义

存储持续时间	标识符在内存中存在的时间
作用域	在程序中能够引用标示符的位置
关联属性	在包含多个源文件的程序中，表示标识符只是在当前的源文件中已知，还是能够在所有的源文件中已知

5.10.2　内存分区与存储分类

变量的存储类与其存放的位置密切相关。

一个由 C 编译的程序占用的内存如图 5.36 所示，大致可分为以下几部分。

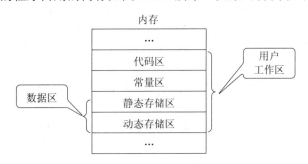

图 5.36　内存分配情形

（1）动态存储区：分栈区和堆区两部分。

① 栈区(stack)：由系统自动分配释放，存放函数的参数值、局部变量的值等。

② 堆区(heap)：一般由程序员分配和释放(动态内存申请与释放)，若程序员不释放，程序结束时可由操作系统回收。

（2）静态存储区：全局变量(extern)和静态变量(static)的存储是放在一块的，初始化的全局变量和静态变量在一块区域，未初始化的全局变量和未初始化的静态变量在相邻的另一块区域，该区域在程序结束后由操作系统释放。

（3）常量区：字符串常量和其他常量的存储位置，程序结束后由操作系统释放。

（4）程序代码区：存放函数体的二进制代码。

各存储类的生存期与存储位置关系等汇总在表 5.32 中。

表 5.32　存储类的生存期与存储位置关系

存储类型	生存期	使用方式	分类	区域
register 型	与函数"共存亡"	常用于函数循环变量	局部量	动态
auto 型	与函数"共存亡"	只能本函数用，函数结束时值消失	局部量	动态
局部 static 型	与程序"共存亡"	只能本函数用，函数结束时值保留	局部量	静态
外部 static 型	与程序"共存亡"	只能本源文件用	全局量	静态
extern 型	与程序"共存亡"	可供其他源文件使用	全局量	静态

说明：auto 型变量在函数结束时值消失，本质上是 auto 型变量的存储单元被系统回收；局部 static 型变量在函数结束时值保留，是系统在函数返回时并不回收此 static 变量的单元，以便在这个函数再次被调用时，这个 static 变量的值依然可用。

5.10.3　变量的有效范围问题

我们定义的变量的有效范围有多大，和它所处的位置是密切相关的。变量所处的位置是在定义时决定的，分为局部变量和全局变量两种。

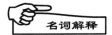

> 局部变量：在函数内部定义的变量。
> 全局变量：在函数外部定义的变量。

【例 5-13】　全局变量作用范围的例子。

图 5.37 中，变量 a、b、c、m、n 都是全局变量，它们在程序中出现的位置、作用域不同。函数 3 与函数 4 可以使用变量 a、b、c、m、n，而函数 1 与函数 2 只能使用变量 a、b、c，原因是外部变量定义的位置决定了它们的作用域大小。

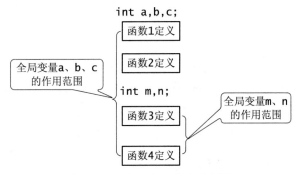

图 5.37　全局变量的有效范围

注意：只在特定函数中使用的变量，应该在函数中声明为局部变量，而不是声明为外部变量。

5.10.4　变量重名问题

【例 5-14】　变量重名问题例子 1——局部量重名问题。

```
1    #include <stdio.h>
2    void  sub();
3
4    int main()
5    {
6        int a,b; /*此处的 a、b 为 main 的局部量*/
7
8        a=3;  b=4;
9        printf("main:a=%d,b=%d\n",a,b); /*在 main 中查看 a、b 的值*/
10       sub();  /*调用 sub，对其中的 a、b 重新赋值*/
11       printf("main:a=%d,b=%d\n",a,b); /*在 main 中查看 a、b 的值*/
12       return 0;
13   }
14
15   void  sub()
16   {
```

```
17        int a,b; /*此处的 a、b 为 sub 的局部量*/
18
19        a=6;   b=7;
20        printf("sub: a=%d,b=%d\n",a,b);  /*在 sub 中查看 a、b 的值*/
21    }
```

程序结果：

```
main:a=3,b=4
sub: a=6,b=7
main:a=3,b=4
```

 跟踪调试

图 5.38～图 5.41 所示分别为变量重名问题 1 的调试步骤 1～调试步骤 4。

图 5.38 为调试步骤 1。注意 main 中，局部量 a、b 的地址分别是 0x12ff7c 和 0x12ff78。

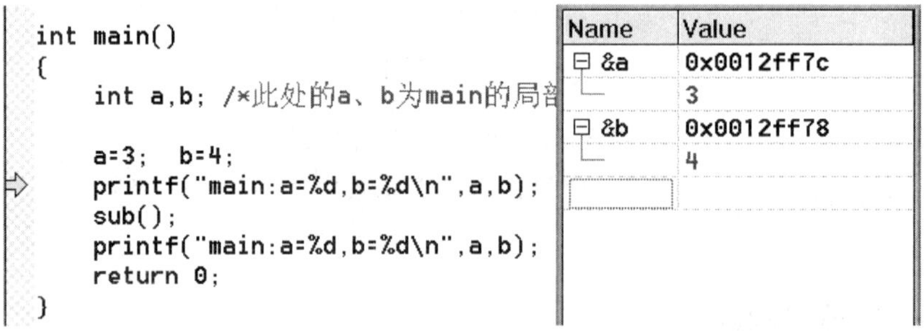

```
int main()
{
    int a,b; /*此处的 a、b 为 main 的局部
    a=3;   b=4;
⇨   printf("main:a=%d,b=%d\n",a,b);
    sub();
    printf("main:a=%d,b=%d\n",a,b);
    return 0;
}
```

Name	Value
⊟ &a	0x0012ff7c
	3
⊟ &b	0x0012ff78
	4

图 5.38　变量重名问题例子 1 之调试步骤 1

图 5.39 为调试步骤 2。调用 sub，程序刚刚转到 sub 内时，a、b 的地址出现 CXX0069 错误：

CXX0069:Error: variable needs stack frame

即变量需要堆栈帧(框架)。造成错误的原因是要查看的变量 a、b 要分配存储空间才能看到。此时的 a、b 究竟是 main 函数中的还是 sub 中的局部量呢？由"执行箭头"的指向可以看到，此时已进入 sub 函数中 sub 的局部量 a、b 还未做声明，所以这个错误是针对 sub 中的变量而言的。

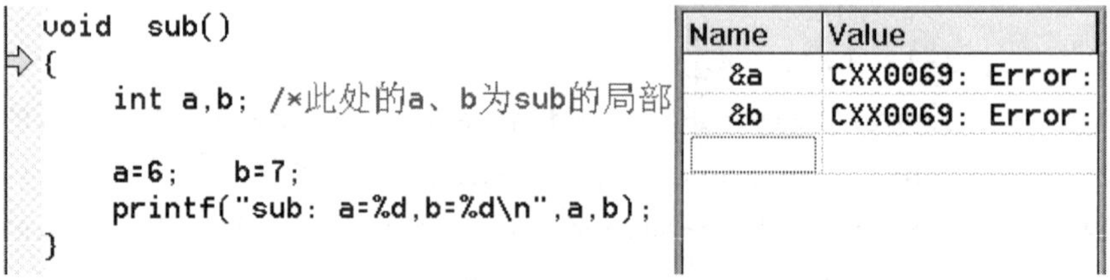

```
void  sub()
⇨{
    int a,b; /*此处的 a、b 为 sub 的局部
    a=6;   b=7;
    printf("sub: a=%d,b=%d\n",a,b);
}
```

Name	Value
&a	CXX0069: Error:
&b	CXX0069: Error:

图 5.39　变量重名问题例子 1 之调试步骤 2

图 5.40 所示为调试步骤 3。注意此时的 a、b 地址，与前面 main 中对应名称的变量地址是不一样的。

说明：虽然在不同的函数中用相同的变量名，但它们的存储单元是不同的。

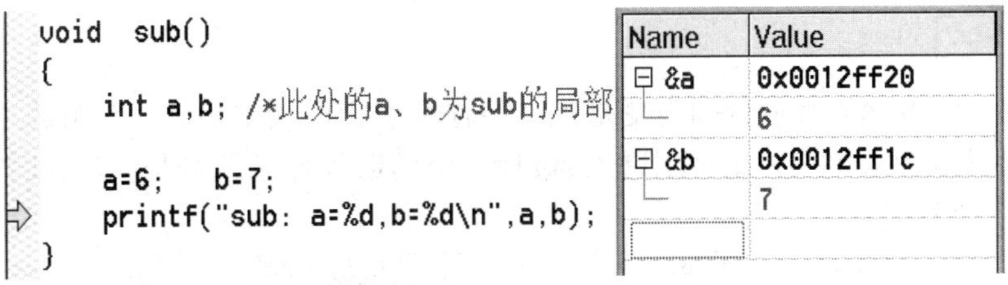

```
void  sub()
{
    int a,b; /*此处的a、b为sub的局部
    a=6;   b=7;
    printf("sub: a=%d,b=%d\n",a,b);
}
```

Name	Value
⊟ &a	0x0012ff20
└	6
⊟ &b	0x0012ff1c
└	7

图 5.40　变量重名问题例子 1 之调试步骤 3

图 5.41 为调试步骤 4，此时返回 main 函数，a、b 的地址又变成本地可见的局部量了。

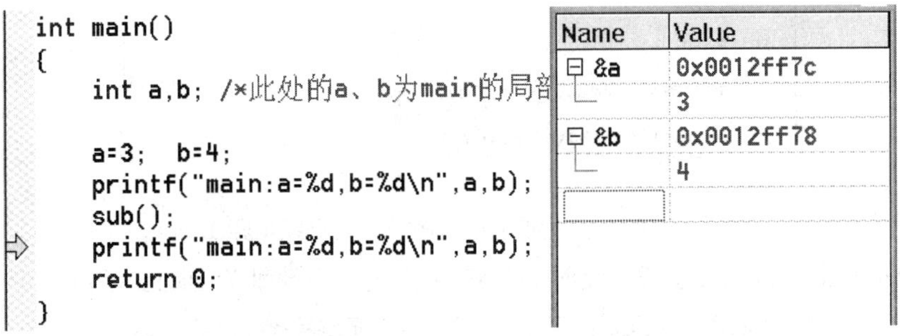

```
int main()
{
    int a,b; /*此处的a、b为main的局部
    a=3;   b=4;
    printf("main:a=%d,b=%d\n",a,b);
    sub();
    printf("main:a=%d,b=%d\n",a,b);
    return 0;
}
```

Name	Value
⊟ &a	0x0012ff7c
└	3
⊟ &b	0x0012ff78
└	4

图 5.41　变量重名问题例子 1 之调试步骤 4

【例 5-15】 变量重名问题例子 2——局部量和全局量重名问题。

```
1   #include <stdio.h>
2   int max(int a, int b);
3
4   int a=3,b=5;   /*定义a、b为全局变量*/
5
6   int max(int a, int b) /*此处a、b为局部变量*/
7   {
8    return (a>b ? a:b);
9   }
10
11  int main()
12  {
13   int a=8;  /*定义局部变量a*/
14
15   printf( "max=%d\n", max(a,b)); /*局部变量a和全局变量b作实参*/
16   return 0;
17  }
```

程序结果：

max=8

图 5.42～图 5.47 所示分别为变量重名问题例子 2 的调试步骤 1～调试步骤 6。

图 5.42 为调试步骤 1，此时刚进入 main，全局量 b 显示地址与值；而局部量 a 与全局量 a 重名，故不显示。

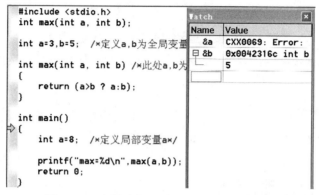

图 5.42　变量重名问题例子 2 之调试步骤 1

图 5.43 所示为调试步骤 2，此时局部量 a 分配空间地址为 0x12ff7c，但还未赋值。

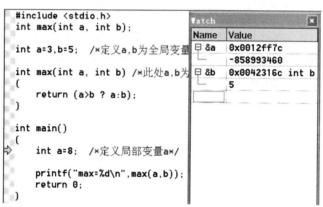

图 5.43　变量重名问题例子 2 之调试步骤 2

图 5.44 为调试步骤 3，此时已对局部量 a 赋值。

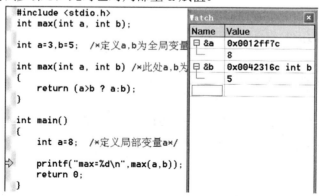

图 5.44　变量重名问题例子 2 之调试步骤 3

图 5.45 所示为调试步骤 4。该图子函数中，局部量 a 的地址为 0x12ff28，与主函数中的局部量 a 的地址 0x12ff7c 不一样，此时全局量 b 不可见，局部量 b 的地址为 0x12ff2c。

```
#include <stdio.h>
int max(int a, int b);

int a=3,b=5;   /*定义a,b为全局变量
int max(int a, int b) /*此处a,b为
⇨ {
      return (a>b ? a:b);
  }

int main()
{
      int a=8;   /*定义局部变量a*/

      printf("max=%d\n",max(a,b));
      return 0;
}
```

Name	Value
⊟ &a	0x0012ff28
	8
⊟ &b	0x0012ff2c
	5

图 5.45　变量重名问题例子 2 之调试步骤 4

图 5.46 所示为调试步骤 5，图中显示了返回 main 后 a、b 的地址。

```
#include <stdio.h>
int max(int a, int b);

int a=3,b=5;   /*定义a,b为全局变量
int max(int a, int b) /*此处a,b为
{
      return (a>b ? a:b);
}

int main()
{
      int a=8;   /*定义局部变量a*/

      printf("max=%d\n",max(a,b));
⇨     return 0;
}
```

Name	Value
⊟ &a	0x0012ff7c
	8
⊟ &b	0x0042316c int b
	5

图 5.46　变量重名问题例子 2 之调试步骤 5

图 5.47 所示为调试步骤 6，把 main 中原先的局部量 a 改为 c，进入 main 执行时，则全局量 a、b 均可见。

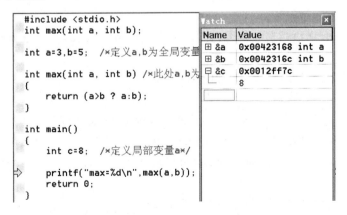

图 5.47　变量重名问题例子 2 之调试步骤 6

程序错误预防

最好避免让局部量与全局量重名，重名会隐藏全局量，容易造成混淆。

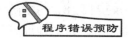 结论

局部量与全局量重名问题：
(1) 局部量局部有效；
(2) 全局量全局有效；
(3) 局部量优先全局量。

如果函数中定义的局部量与全局量重名，那么全局量在此函数中会被屏蔽，即在此函数中更改局部量的值不会影响全局量的值。

 读程练习

```
1    /*作用域的示例 */
2    #include <stdio.h>
3    void modify_local(int local);  /*修改局部量*/
4    void modify_global();          /*修改全局量*/
5    void modify_static();          /*修改静态量*/
6
7    int global;                    /*全局变量 */
8
9    int main( )
10   {
11   /*查看局部变量被修改的情形*/
12       int local=1;
13       printf("调用 modify_local 前，main 中 local 的值为：%d\n",local);
14       modify_local(local); /*函数中修改 local 的值*/
15       printf("调用 modify_local 后，main 中 local 的值为：%d\n\n",local);
16
17       /*查看全局变量被修改的情形*/
18       global=3;
19       printf("调用 modify_global 前,main 中 global 的值为:%d\n",global);
20       modify_global();   /*modify_global 函数中修改了 global 的值*/
21       printf("调用 modify_global 后,main 中 global 的值为:%d\n\n",global);
22
23       /*查看静态变量被修改的情形*/
24       printf("第一次调用 modify_static 函数\n");
```

```
25        modify_static(); /*modify_static 中的静态变量只会被初始化一次*/
26        printf ("第二次调用 modify_static 函数\n");
27        modify_static(); /*第二次调用时，静态变量不会被初始化*/
28        return 0;
29     } /*结束 main*/
30
31     /*修改 local 变量的值*/
32     void modify_local(int local)
33     {
34          printf("modify_local 中，形参 local 的初始值为：%d\n",local);
35          local++;
36          printf("modify_local 中，local 修改过后的值为：%d\n",local);
37     } /*函数 modifyLocal 结束*/
38
39     /*修改 global 变量的值*/
40     void modify_global()
41     {
42        global++; /*函数中修改了全局变量的值*/
43        printf("modify_global 中，全局变量 global 修改后的值为:%d\n",global);
44     }
45
46     /*修改 static 变量的值*/
47     void modify_static()
48     {
49          static int i=5; /*初始化只会在第一次调用函数时执行*/
50          printf("modify_static 中，当前静态变量 i 的值为：%d\n",i);
51          i++; /*修改静态变量的值*/
52     }
```

程序结果：

调用 modify_local 前，main 中 local 的值为：1
modify_local 中，形参 local 的初始值为：1
modify_local 中，local 修改过后的值为：2
调用 modify_local 后，main 中 local 的值为：1

调用 modify_global 前，main 中 global 的值为：3
modify_global 中，全局变量 global 修改后的值为：4
调用 modify_global 后，main 中 global 的值为：4

第一次调用 `modify_static` 函数

`modify_static` 中，当前静态变量 i 的值为：5

第二次调用 `modify_static` 函数

`modify_static` 中，当前静态变量 i 的值为：6

5.10.5 是否用全局变量的考量

可通过比较全局变量的优点和缺点来考虑是否使用全局变量。

1. 全局变量的优点

（1）方便数据传递。在函数间传递信息，通过全局变量直接引用，比通过函数的参数和 `return` 语句要简单方便。

（2）提高运行效率。利用全局变量可以减少函数的参数个数，节省函数调用时的时空开销，提高程序运行效率。

2. 全局变量的缺点

（1）降低了通用性。其最大的问题是降低了函数的封装性和通用性。由于函数中存在全局变量，因此，如果想把函数复用在其他文件中，必须连所涉及的全局变量一块移植过去，这样容易引发各种问题，造成程序不可靠。全局变量使得函数间独立性下降，耦合度上升，可移植性和可靠性变差。

（2）降低了可读性。使用全局变量太多，会降低程序的可读性。在程序执行时，人们很难清晰地判断每一时刻各外部变量的值。因为每个函数都可改变全局变量的值，增加了调试的困难。

（3）占据空间。全局变量在程序的全部执行过程中始终占用存储单元，而不是仅在需要时才开辟存储单元。因此，全局变量不利于节约内存资源。

> 使用全局量的考量：
> 在可以不使用全局变量的情况下应尽量避免使用全局变量，除非应用程序性能非常重要。

5.11 本章小结

◆ 函数三种形态：声明形式、定义形式、调用形式。

◆ 函数设计三要素：输入、输出、功能三个要素决定了函数的架构。

• 要素一：函数名是功能的描述；

• 要素二：输入决定形参的数量和类型；

• 要素三：输出决定函数的类型。

◆ 函数间信息传递的三种方式：`return` 语句、参数传递、全局量。

• `return` 语句：由被调者返回给主调者，只能传递一个值；

- 参数传递：由主调者传递给被调者，有传值和传址两种方式；
- 全局变量：被调、主调之间互相影响。

> 说明、定义、调用三种面目都是我。
>
> 传信息单方向双方向、直接间接都工作。
>
> 参数表上输入来、使用 return 出结果；
>
> 一个数值直接传，多值通过地址获。
>
> 函数中各种变量由存储类标识，寿命不一样。
>
> 作用域有大小，用时不能忘。
>
> 局部量各用各的，与别人不来往，
>
> 全局量很大方，谁用都无妨。

习 题

5.1 给出下面每个函数的函数头。

(1) 函数 hypotenuse，它需要两个双精度的浮点参数 side1 和 side2，并返回一个双精度的浮点值。(hypotenuse 为直角三角形的斜边)

(2) 函数 smallest，它需要 3 个整数 x、y 和 z，并返回一个整数值。

(3) 函数 instructions，它不会接受任何参数，并且不会返回一个值。

(4) 函数 intofloat，它需要整型参数 number，并返回浮点型的结果。

5.2 编写函数 find，对传送过来的 3 个整数选出最大和最小数，并通过形参传回调用函数。

5.3 编写函数，其功能是对传送过来的两个浮点数求出和值与差值，并通过形参传送回调用函数。

5.4 编写函数，求一个字符串的长度，在主函数中输入字符串，并输出长度。

5.5 编写程序，输入一系列正整数，并把它们传递给函数 even，每次传递一个整数。函数 even 使用求模运算符来判断整数是否是偶数。函数需要整形参数，如果这个整数是偶数，那么就返回 1，否则返回 0。

5.6 编写函数，求 1-1/2+1/3-1/4+1/5-1/6+1/7-…+1/n 的结果，其中 n 为参数。

5.7 编写函数，对具有 10 个整数的数组进行如下操作：从第 n 个元素开始直到最后一个元素，依次向前移动一个位置。输出移动后的结果。

5.8 编写程序，它输入几行文本，并使用库函数 strtok 来计算单词的总数。假设单词用空格或者换行符来分隔。

5.9 编写函数，把数组中所有奇数放在另一个数组中返回给调用函数。

5.10 编写函数 multiple，判断一组正整数中的第二个整数是否是第一个整数的倍数。函数应该需要两个整型参数，如果第二个数是第一个数的倍数，那么就会返回 1(真)，否则返回 0(假)。在输入了一系列整数对的程序中使用这个函数。

5.11 从键盘上输入多个单词，输入时各单词用空格隔开，用 '#' 结束输入。编写一个函数，把每个单词的第一个字母转换为大写字母，其主函数实现单词的输入。

5.12 编写函数，把任意十进制整数转换成二进制数。提示：把十进制数不断被 2 除的余数放在一个一维数组中，直到商数为零。在主函数中进行输出，要求不得按逆序输出。

5.13 停车场的最低收费是 2.00 美元，可以停车 3 个小时。超过 3 个小时，每个小时收取额外费用 0.50 美元，停车 24 小时收取的最高费用是 10.00 美元。假定没有任何汽车一次停车超过 24 小时。编写一个程序，计算并显示出昨天在这个停车场中停车的 3 位顾客中每位顾客的停车费用。所编写的程序应该按照一种简洁的表格形式来显示结果，计算并显示出昨天的总收入。这个程序应该使用函数 caculatecharges 来确定每位顾客的费用。程序的输出结果应该是如下形式：

car	hours	charge
1	1.5	2.00
2	4.0	2.50
3	24.00	10.00
Total	29.5	14.50

5.14 如果整数只能被 1 和自身整除，那么这个整数就是质数。例如，2、3、5 和 7 都是质数，但 4、6、8 和 9 却不是。

(1) 编写函数判断一个数是否是质数。

(2) 在程序中使用这个函数来判断并显示 1~10000 之间的所有质数。在确定已经找到所有质数之前，需要对这 10000 个数进行多少次测试？

(3) 最开始，你也许认为 n/2 是检测一个数是否是质数的上限，但你只需要进行 n 的平方根次测试即可。为什么？重新编写自己的程序，按照这两种方法运行。估计一下程序性能的提高。

5.15 编写函数 fun 求 x^2-5x+4，x 作为参数传送给函数，调用此函数求：
$$y1=2^2-5*2+4$$
$$y2=(x+15)^2-5*(x+15) + 4$$
x 的值从键盘输入。

5.16 编写程序段，实现下列每句话的要求：

(1) 当整数 a 除以整数 b 时，计算商的整数部分。

(2) 当整数 a 除以整数 b 时，计算出整型余数。

(3) 使用在(1)和(2)中开发的程序段来编写函数，输入 1~32767 之间的一个整数，并把这个整数显示为一系列数字，每组数字都用两个空格分开。例如，整数 4562 应该显示为：4 5 6 2。

5.17 编写函数，该函数需要一个整型值，并返回其数字颠倒之后的数。例如，给定数字 7631，那么这个函数将返回 1367。

5.18 回文是前后两个方向拼写完全相同的字符串，如"radar"，"able was i ere I saw elba"和"a man a plan a canal panama"。编写一个递归函数 testpalindrome，如果存储在数组中的字符串是一个回文，则返回 1，否则返回 0。函数应该忽略字符串中的空格和逗号。

    5.19 有一斐波那契数列：

      0，1，1，2，3，5，8，13，21，…

这个数列的属性是：从数据项 0 和 1 开始，后面的每个数据项都是前两项的和。

(1) 编写一个非递归函数 `fibonacci(n)`，它能够计算第 n 个斐波那契数。

(2) 确定能够在自己系统中显示的最大斐波那契数。

(3) 修改(1)部分的程序，使用 `double` 型而不是 `int` 型来计算并返回斐波那契数。让这个程序不断循环，直到它由于过大的数值而出现故障。

第 6 章 指针——地址问题的处理

【主要内容】
- 指针的含义、使用规则及方法实例；
- 通过指针变量与普通变量的对比，说明其表现形式与本质含义；
- 指针变量与普通变量的不同之处以及使用上的相同之处；
- 指针与数组的关系；
- 指针偏移量的本质含义；
- 读程序的训练；
- 自顶向下算法设计的训练；
- 指针调试要点。

【学习目标】
- 理解并掌握指针的概念；
- 理解指针、数组和字符串之间的关系；
- 掌握指针对变量、数组的引用方法；
- 能够通过指针使用字符串数组。

6.1 地址和指针的关系

要查看一本书中的相关内容，我们的一般做法是先查看目录，而不是直接在整本书中查找内容。书的内容在书中的位置是通过"页码"标示的。

在计算机中，所有的数据都是存放在存储器中的，为方便数据的查找，也有"数据存放位置"的概念，计算机中数据的位置是用"地址"标示的。

一般把存储器中的一个字节(8 bit)称为一个内存单元，为了方便管理与访问这些内存单元，可为每个内存单元编上号，根据一个内存单元的编号即可准确地找到该内存单元。内存单元的编号也叫做地址，如图 6.1 所示。

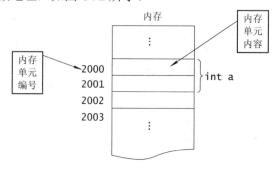

图 6.1 内存

不同数据类型的数据所占用的内存单元数不等，如整型量占 2 个单元，字符量占 1 个单元等。

变量 a 的地址是 2000 还是 2001？

前面介绍的一个变量的三要素中的变量地址，是编译或函数调用时系统为变量分配的内存单元的编号。当一个变量占多个内存单元时，其地址规定为单元编号中最小的那个。

 内存及地址

内存(Memory)也被称为内存储器，是计算机中重要的部件之一，用来暂时存放 CPU 中的运算数据以及与硬盘等外部存储器交换的数据，程序必须装入内存才能执行。

有 4 个变量，均为整型，设它们在内存中的状态如图 6.2 所示。其中，变量 ptr 的值比较特殊，是变量 k 的地址，我们称变量 ptr 是指向 k 的指针，简称 ptr 指向 k。

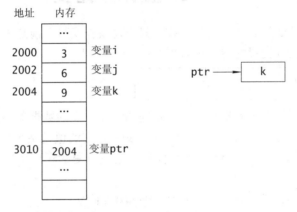

图 6.2　内存示意图

指针变量既然是变量，它就有和普通变量一样的三个要素，即变量名、变量值和单元地址。它和普通变量的类比如表 6.1 所示。

表 6.1　变 量 三 要 素

		普通变量	指针变量
变量的三要素	名字	标识符	标识符
	内容	数值	地址
	地址	内存单元编号	内存单元编号

指针的类型是什么？

由指针变量的含义可知，指针变量和普通变量唯一不同的地方在于，它的值只表示地址，而不能是有其他含义的数值。

既然指针变量的值是地址，而地址又是整数，那么指针的类型是不是就是整型呢？

在这里特别需要注意，C 语言规定，指针变量的类型，是它指向单元的数据的类型。如前面的 ptr 指针，它的类型就是变量 k 的类型，k 是整型，则 ptr 的类型为 int；若 k 是实型，则 ptr 的类型为 float 型。

结论

指针是一种特殊的变量，和普通变量相比，它的值是地址；它的类型是它指向单元的数据的类型。

程序设计好习惯

在指针变量名中包含字母 ptr,这样可以有很醒目的提示作用。

6.2 指针的定义

定义一个指针变量和普通变量一样，只不过要在变量名前加上一个星号*，*表示这是一个指针变量，指针变量的定义形式如下：

类型说明符 *变量名;

变量类型说明符表示本指针变量所指向的存储单元的数据类型。

例如： int *p1;表示 p1 是一个指针变量，它的值是某个整型变量的地址，或者说 p1 指向一个整型变量。至于 p1 究竟指向哪一个整型变量，应由向 p1 赋予的地址来决定。

再如：

```
float *p3;     /*p3 是指向浮点变量的指针变量*/
char *p4;      /*p4 是指向字符变量的指针变量*/
```

应该注意的是，一个指针变量只能指向同类型的变量，如 P3 只能指向浮点变量，不能时而指向一个浮点变量， 时而又指向一个字符变量。

知识ABC 空类型 void 问题

(1) 空类型：其类型说明符为 void。void 类型不指定具体的数据类型，主要用于表示函数没有返回值和通用指针。

(2) 空类型函数：在第 5 章 "函数" 中，我们已经了解了空类型函数的含义。在调用函数值时，通常应向调用者返回一个函数值，这个返回的函数值是具有一定的数据类型的，应在函数定义及函数说明中给予说明。但是，也有一类函数，调用后并不需要向调用者返回函数值，这种函数可以定义为 "空类型"。

(3) 空类型指针：也称通用类型指针或无确切类型指针，其含义是这个指针指向的内存区域的数据可以是 C 允许的任何类型。

为什么要设置 void 类型的指针呢？这是由于指针使用时，在某些情形下，指针指向的存储单元无法事前确定要存放什么类型的数据，因此需要专门设计这种解决机制。

比如 malloc 库函数，功能是在程序运行的过程中，动态地申请一片连续的存储区域，返回这个存储区的起始地址。作为 malloc 函数的设计者，事前无法确定这个函数的调用者会在这片存储区中存放什么类型的数据，为适应所有可能的情形，只有把返回值设计成空类型指针才是合理的。有些语言的指针有专门的指针类型，这样设计的好处是，不关心其指向单元的内容究竟是什么类型的数据。

空类型的指针不能直接进行存取内容的操作，必须先强制转成具体的类型的指针才可以把内容解释出来。

6.3　指针变量的运算

指针变量可以进行某些运算，但其运算的种类是有限的，只能进行赋值运算和部分算术运算及关系运算。

6.3.1　指针运算符

指针运算符有两个，见表 6.2。

表 6.2　指 针 运 算 符

运算符	名　称	含　义
&	取地址运算符	取普通变量的地址
*	取内容运算符	取指针指向单元的内容

(1) 取地址运算符&。取地址运算符&是单目运算符，其结合性为自右至左，其功能是取变量的地址。在 scanf 函数中，我们已经了解并使用了&运算符。

(2) 取内容运算符*。取内容运算符*是单目运算符，其结合性为自右至左，用来表示指针变量所指的变量。在*运算符之后跟的变量必须是指针变量。需要注意的是指针运算符*和指针变量说明中的指针说明符*不是一回事。在指针变量说明中，"*"是类型说明符，表示其后的变量是指针类型。而表达式中出现的"*"则是一个运算符，用以表示指针变量所指的变量。

【例 6-1】 观察指针的赋值、取指针指向单元的内容。

```
1    #include <stdio.h>
2    int main()
3    {
4        int a[5]={2,4,6,8};
5        int *aPtr, *bPtr;     /*定义两个字符类型的指针*/
6        aPtr =a;              /* 指针 aPtr 指向 a 数组的起始地址 */
7        bPtr =&a[3];          /* bPtr 指向 a[3]单元所在位置*/
8        *aPtr =*bPtr;         /*把 bPtr 指向单元的值赋给 aPtr 指向的单元*/
9        return 0;
10   }
```

说明：

(1) 语句 6：指针 aPtr 指向 a 数组的起始地址，数组名 a 是数组的起始地址。

(2) 语句 7：&a[3]表示取数组元素 a[3]的地址，bPtr 指向 a[3]单元所在位置。指针 aPtr、bPtr 的指向如图 6.3 所示。

(3) 语句 8：把 bPtr 指向单元的值赋给 aPtr 指向的单元，a[0]的值被改为 8，如图 6.4 所示。

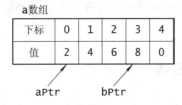

图 6.3 指针 aPtr、bPtr 的指向

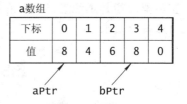

图 6.4 aPtr 指向单元被修改

调试要点：

- 指针的赋值；
- 指针指向的单元；
- 指针指向单元的内容。

图 6.5～图 6.10 所示分别为例 6-1 的调试步骤 1～调试步骤 6。

图 6.5 中，数组 a 已初始化，指针 aPtr、bPtr 已定义，语句 aPtr=a 将要执行。

```
int main()
{
    int a[5]={2,4,6,8};
    int *aPtr, *bPtr;
⇨   aPtr =a;
    bPtr =&a[3];    |
    *aPtr =*bPtr;
    return 0;
}
```

Name	Value
⊟ a	0x0012ff6c
— [0]	2
— [1]	4
— [2]	6
— [3]	8
— [4]	0
⊞ aPtr	0xcccccccc
⊞ bPtr	0xcccccccc

图 6.5 例 6-1 调试步骤 1

一般的情形是，编译时正常，运行时却报错。图 6.6 中，调试器给出的错误信息是 expression cannot be evaluated，此时调试器里显示变量的地址通常是 0x000000 或 0xCCCCCC。

⊟ aPtr	0xcccccccc
	CXX0030: Error: expression cannot be evaluated

图 6.6 例 6-1 调试步骤 2

出现这样的错误一般是由于对变量的初始化不正确或者还没有初始化就直接引用变量。只要在对变量进行引用前确保变量已经正确初始化就可以避免此类错误。

图 6.7 中，执行语句 aPtr=a，指针 aPtr 指向 a 数组的起始地址，指向单元的内容为 a[0]。

```
  int main()
  {
      int a[5]={2,4,6,8};
      int *aPtr, *bPtr;
      aPtr =a;
⇨     bPtr =&a[3];
      *aPtr =*bPtr;
      return 0;
  }
```

Name	Value
⊟ a	0x0012ff6c
[0]	2
[1]	4
[2]	6
[3]	8
[4]	0
⊟ aPtr	0x0012ff6c
	2
⊞ bPtr	0xcccccccc

图 6.7　例 6-1 调试步骤 3

图 6.8 中，执行语句 bPtr =&a[3]，其中&a[3]表示取数组元素 a[3]的地址，bPtr 指向 a[3]单元；Watch 中 bPtr 指向单元的地址是 0x12ff78。图 6.9 中的 Memory 查看 a[3]的地址为 0x12ff78，验证了语句的功能。

```
  int main()
  {
      int a[5]={2,4,6,8};
      int *aPtr, *bPtr;
      aPtr =a;
      bPtr =&a[3];
⇨     *aPtr =*bPtr;
      return 0;
  }
|
```

Name	Value
⊟ a	0x0012ff6c
[0]	2
[1]	4
[2]	6
[3]	8
[4]	0
⊟ aPtr	0x0012ff6c
	2
⊟ bPtr	0x0012ff78
	8

图 6.8　例 6-1 调试步骤 4

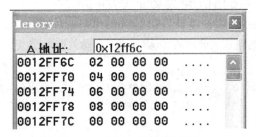

图 6.9　例 6-1 调试步骤 5

图 6.10 中，语句*aPtr =*bPtr 表示将 bPtr 指向单元的值赋给 aPtr 指向的单元，a[0]的值由起初的 2 被改为 8。

```
  int main()
  {
      int a[5]={2,4,6,8};
      int *aPtr, *bPtr;
      aPtr =a;
      bPtr =&a[3];
      *aPtr =*bPtr;
⇨     return 0;
  }
```

Name	Value
⊟ a	0x0012ff6c
[0]	8
[1]	4
[2]	6
[3]	8
[4]	0
⊟ aPtr	0x0012ff6c
	8
⊟ bPtr	0x0012ff78
	8

图 6.10　例 6-1 调试步骤 6

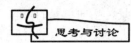

例 6-1 程序中若无语句 aPtr=a，即 aPtr 未赋值会出现什么情况？

答：编译后，会出现下面的告警——

```
warning C4700: local variable 'aPtr' used without having been
initialized
```

出现编译告警，依然可以链接通过。

单步运行程序，在试图执行语句*aPtr =*bPtr 时，将弹出如图 6.11 所示的告警窗口，程序不再向下执行。

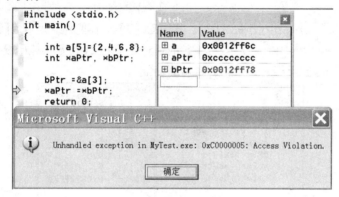

图 6.11　指针使用异常

注：MyTest.exe 为此例最后生成的可执行文件；Unhandled exception 意为未处理的异常；Access Violation 意为非法访问。

Access Violation 错误是计算机运行的用户程序试图存取未被指定使用的存储区时常常遇到的状况。此条错误，前面在介绍 scanf 输入函数常见错误时已经遇到过。例如：

```
int a;
scanf( "%d ", a );——变量 a 前少了取地址符&，造成存取地址错误
```

指针使用原则：
(1) 永远要清楚你用的指针指向了哪里；
(2) 永远要清楚指针指向的位置中放的是什么类型的数据。

指针使用的原则也是指针使用的关键点。

对一个没有指向特定位置的指针进行赋值，其可能的危害有两种情形：

(1) 产生严重的运行错误，程序不能够继续运行，有可能造成系统崩溃。

(2) 程序能够继续运行，对指向单元的数据修改将造成数据的非法修改，这种错误在程序跟踪调试中很难查找。因为被修改的单元数据在被使用的时刻是不可预计的，如果此种错误环境很难再次重现，那么这种错误将是程序跟踪调试最难查找的问题之一。

编程中有一类比较容易犯的错误——对一个没有指向特定位置的指针进行赋值,可能产生严重的运行期错误,即使程序能够继续运行,也得到不正确的结果;或者可能会无意中修改重要的数据。

6.3.2 指针的运算

1. 空指针的概念

(1) NULL 的含义:NULL 是在`<stdio.h>`头文件中定义的符号常量,其值为 0;NULL 也是一个标准规定的宏定义,用来表示空指针常量。

(2) 空指针:如果把 NULL 赋给了一个有类型的指针变量,那么此时这个指针就叫空指针,此时它不指向任何对象或者函数,也就是说,空指针不指向任何存储单元。

说明:

(1) 空指针在概念上不同于未初始化的指针。空指针可以确保不指向任何对象或函数,而未初始化指针则可能指向任何地方。

(2) 空指针的机器内部表示不等同于内存单元地址 0。

2. 指针的运算

对指针的运算就是对地址的运算。由于这一特点,指针运算不同于普通变量,只允许进行以下几种有限的运算。

(1) 赋值运算:限于同类型指针。

① 指针变量初始化;

② 变量的地址;

③ 指针变量值;

④ 地址常量:如数组、字符串起始地址。

(2) 算术运算:只限于加减运算,用于对数组的操作。

(3) 关系运算:用于对数组的操作。

【例 6-2】 指针运算的例子 1。设有变量定义如下:

```
int  k, x, a[10];
int  *ptrk = &k;
int  *ptr, *ptr1, *ptr2;
```

说明语句:

```
int  *ptrk = &k;
```

等价于:

```
int *ptrk;    ptrk = &k;
```

指针运算的规则及例句见表 6.3。

表6.3　指　针　运　算

种　类	使用情形	例　子	作　用
赋值运算	初始化	int *ptrk = &k;	使指针指向确定的位置
	指针变量	ptr2=ptr;	
	变量地址	ptr=&k;	
	指针常量	ptr=a;	
		ptrc="abc";	
	指针置空	ptr=NULL;	使指针不指向任何位置
算术运算	指针加减整数	ptr --;	使指针在数组中前后移动若干元素的位置
		ptr +=2;	
	指针相减	x= ptr1-ptr2;	得到元素个数
关系运算	指针比较	ptr1> ptr2	判断指针的先后位置

说明：

（1）指针不能被赋予不是地址的值，也不能被赋予与该指针类型不同的其他类型的对象的地址，这些都会导致编译错误。有一个特例，空指针（void *）能够被赋予任何类型的对象的地址。

（2）对于指向数组的指针变量，可以加上或减去一个整数n。指针变量加或减一个整数n的意义是把指针指向的当前位置（指向某数组元素）向前或向后移动n个位置。应该注意，指向数组的指针变量向前或向后移动一个位置和地址加1或减1在概念上是不同的。因为数组可以有不同的类型，各种类型的数组元素所占的字节长度是不同的。如指针变量加1，即向后移动1个位置，表示指针变量指向下一个数据元素的首地址，而不是在原地址基础上加1。

6.4　指针和数组的关系

数组作为一个包含若干相同类型元素的整体，在内存中占一块连续的存储空间，其地址与容量在程序运行的有效期内保持不变，只有数组的内容可以改变，每个数组元素都有相应的存储单元和地址，数组名代表数组的存储地址。数组名本质上是常量指针。

指针变量的作用是可以随时指向任何我们希望的存储单元，目的是方便对存储单元的数据施加操作。利用指针对数组进行操作，往往比直接引用数组元素要灵活和高效。

6.4.1　指针与一维数组

【例6-3】　指针与数组例子1。分析程序，填充表6.4中的各项。

```
1    #include <stdio.h>
2    int main()
3    {
4        int a[]={0,1,2};
5        int *aPtr=a;
```

```
6        int b;
7        char *bPtr="abcde";
8        b=*(++aPtr);
9        return 0;
10   }
```

表 6.4   程序分析表

表达式	值	表达式	值
a		bPtr	
b		*bPtr	
*(a+2)		bPtr[2]	
*(aPtr+1)		*(bPtr+3)	

说明:

(1) 语句

    int *aPtr=a;

等价于:

    int *aPtr; aPtr = a;

数组名代表了数组的起始地址。

(2) 程序中 aPtr 和 bPtr 指针初始化时的指向如图 6.12 所示。aPtr 指向 a 数组的起始地址；bPtr 指向字符串"abcde"的起始位置。

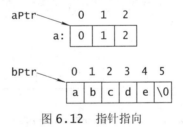

图 6.12   指针指向

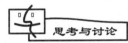

语句 b=*(++aPtr)中，aPtr 指针加 1 后会指向哪里？

答: 可能的情形——(1) 地址绝对值加 1; (2) 指向数组的下一个单元。

问题归结为: 指向数组的指针加 1 后会指向哪里？

a 数组的存储参见图 6.13。

因为数组 a 的类型是 int，所以，一个元素占 2 byte，若 a[0]的地址是 2000，则 a[1]的地址是 2002。

如果 aPtr 指针加 1，是地址的绝对值加 1，则 aPtr 指向 2001，这个单元地址既不是 a[0]的地址，也不是 a[1]的地址，和指针变量的概念不符，从逻辑上看也是不合理的。

因此，aPtr 指针加 1，应该指向下一个元素地址才合理。此时 a 数组的类型是 int 类型，指针要移动 2 byte，才能指向下一个元素；如果 a 的类型是 float 类型，就要移动 4 byte。所以指针加 1，移动的长度和指针类型是相关的。

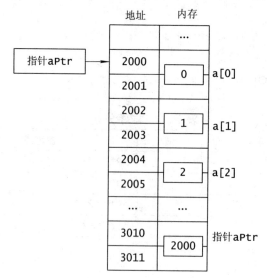

图 6.13　a 数组的存储

　　指针偏移规则：指向数组的指针增加或减少 1 时，实际移动的长度为 sizeof(指针的类型)。

　　有了指向数组的指针做算术运算的移位规则，在例 6-3 的程序中，指针对数组的操作结果就不难得出了，参见图 6.14。

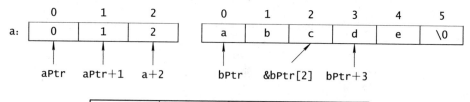

a	地址值	bPtr	地址值
b	1	*bPtr	'a'
*(a+2)	2	bPtr[2]	'c'
*(aPtr+1)	2	*(bPtr+3)	'd'

图 6.14　指针对数组的操作

说明：

（1）可以把数组名当指针用，如 a+2，但不可以对 a 进行赋值操作。

（2）当指针指向数组或字符串时，指针的用法可以和数组名类似，如 bPtr[2]。但要注意，指针是个可变量，如果有 bPtr=bPtr+2，则此时 bPtr[1]='d'。

【例 6-4】　指针与数组例子 2。指针指向常量字符串的问题。

```
1    int main( )
2    {
```

```
3       char a[]="dinar##";
4       char *b="dollar##";
5
6       a[6]=':';
7       b[5]=':';
8       return 0;
9   }
```

程序运行后，会出现"**Access violation**"告警，跟踪一下，具体是执行第 7 行时出现的，即对 b 指针指向的字符串内容不能进行写操作。其原因是，C 语言中把给字符指针赋值的字符串规定为常量字符串，其内容是不可被修改的；而给数组赋值的字符串则不是常量字符串。

> 指针与常量字符串：给字符指针赋值的字符串是常量字符串，不能对其进行写操作。

【例 6-5】　指针与数组例子 3。分析程序，给出结果。

```
1   int main()
2   {
3       int a[10], b[10];
4       int *aPtr, *bPtr, i;
5       aPtr=a;  bPtr=b;
6       for ( i=0; i< 6; i++, aPtr++, bPtr++)
7       {
8           *aPtr=i;
9           *bPtr=2*i;
10          printf("%d\t%d\n", *aPtr,* bPtr);
11      }
12      aPtr=&a[1]; ①
13      bPtr =&b[1]; ②
14      for (i=0; i<5; i++)
15      {
16          *aPtr +=i; ③
17          *bPtr *=i; ④
18          printf("%d\t%d\n", *aPtr++,* bPtr ++);
19      } /* *aPtr++的含义是先取 aPtr 内容再使 aPtr 加 1*/
20      return 0;
21  }
```

【解】　程序分析：

（1）第 6 行 for 循环结束后，数组 a 和 b 的值如表 6.5 所示。

表 6.5　数组 a 和 b 的值

a	0	1	2	3	4	5
b	0	2	4	6	8	10

（2）逐步填充表 6.6 中的各项。

表 6.6　数 据 分 析

i	0	1	2	3	4
①*aPtr	1	2	3	4	5
③*aPtr	1	3	5	7	9
②*bPtr	2	4	6	8	10
④*bPtr	0	4	12	24	40

根据步骤①、②指针的指向 aPtr=&a[1] 和 bPtr =&b[1] 可知，此时*aPtr 等于 1，
*bPtr 等于 2，第 14 行为 for 循环，从 i=0 开始，逐步将*aPtr 和 *bPtr 迭代的值填
入表 6.6 中。

程序结果：

```
0      0
1      2
2      4
3      6
4      8
5      10
1      0
3      4
5      12
7      24
9      40
```

【例 6-6】　指针与数组的例子 4。分析程序，给出结果。

```
1    int main( )
2    {
3        char a[2][5]={"abc","defg"};
4        char *pPtr=a[0],*sPtr=a[1];
5        while (*pPtr)  pPtr++;
6        while (*sPtr)  *pPtr++=*sPtr++;
7        printf("%s%s\n",a[0],a[1]);
8        return 0;
9    }
```

【解】　a 数组的内容见图 6.15。

说明：

(1) 第 4 行语句

```
char *pPtr=a[0],*sPtr=a[1];
```

等价于：

```
char *pPtr, *sPtr;
pPtr = a[0];   sPtr=a[1];
```

a[0]是字符串"abc"的起始地址；a[1]是字符串"defg"的起始地址。指针指向 a 的示意图见图 6.16。

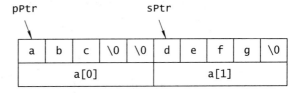

图 6.15　a 数组　　　　　　　　　　图 6.16　指针指向 a

(2) 二维数组的存储是连续的，即 a[0]行元素和 a[1]行元素是按序连续存放的。

(3) 第 6 行语句

```
while (*sptr)  *pPtr++=*sPtr++;
```

等价于：

```
while (*sPtr)
{    *pPtr=*sPtr;
     pPtr++;
     sPtr++;
}
```

(1) 第 5 行语句 while (*pPtr)　pPtr++; 执行完的情形如图 6.17 所示。

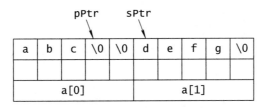

图 6.17　读程分析 1

(2) 循环执行第 6 行语句：

```
while (*sPtr)  *pPtr++=*sPtr++;
```

sPtr 指向单元的内容为 "d"，循环条件为真，sPtr 单元内容赋值给 pPtr 单元，原来单元的值 "\0" 被改写为 "d"，如图 6.18 所示，然后两个指针均后移一位。

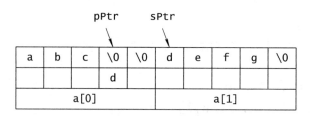

图 6.18　读程分析 2

（3）循环执行第 6 行语句：

```
while (*sPtr) *pPtr++=*sPtr++;
```

pPtr 指向单元的值 "\0" 被改写为 "e"，如图 6.19 所示。

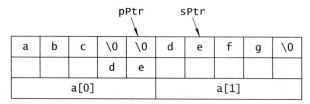

图 6.19　读程分析 3

（4）循环执行第 6 行语句：

```
while (*sPtr) *pPtr++=*sPtr++;
```

pPtr 指向单元的值 "d" 被改写为 "f"，如图 6.20 所示。

a	b	c	\0	\0	d	e	f	g	\0
			d	e	f				
a[0]					a[1]				

图 6.20　读程分析 4

（5）循环执行第 6 行语句：

```
while (*sPtr) *pPtr++=*sPtr++;
```

pPtr 指向单元的值 "e" 被改写为 "g"，如图 6.21 所示。

a	b	c	\0	\0	d	e	f	g	\0
			d	e	f	g			
a[0]					a[1]				

图 6.21　读程分析 5

（6）循环执行第 6 行语句：

```
while (*sPtr) *pPtr++=*sPtr++;
```

此时 *sPtr 为 "\0"，循环条件为假，循环结束，如图 6.22 所示。

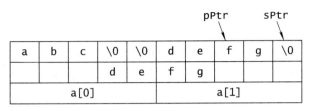

图 6.22　读程分析 6

(7) 第 7 行语句:

```
printf("%s%s\n",a[0],a[1])
```

按%s 格式控制符输出的功能是:从给定地址开始输出字符,遇到空字符 "\0" 停止。从地址 a[0] 开始输出字符串的结果为 abcdefgfg,从地址 a[1] 开始输出字符串的结果为 fgfg,所以最后的输出结果为 abcdefgfgfgfg。

6.4.2　指向指针的指针

创建一个指针,使它指向另一个指针,则这个指针称为指向指针的指针。

如图 6.23 所示:变量 yPtr 的值是变量 C 的地址,所以指针 yPtr 指向 C;变量 xPtr 的值是变量 yPtr 的地址,所以指针 xPtr 指向 yPtr。其中的 xPtr 就被称为指向指针 yPtr 的指针,简称指向指针的指针。

图 6.23　指针的指针

由图 6.23 可知:

*yPtr 等于 c;——yPtr 指向单元的内容是 c 的值。

*xPtr 等于 yPtr;——xPtr 指向单元的内容是 yPtr,故*xPtr 是指针。

*(*xPtr) 等于*(yPtr)等于 c;——*xPtr 指向单元的内容即是 yPtr 指向单元的内容。

**xPtr 等于 c;——指针的指针对变量 c 的二级间接访问。

名词解释

➤ 一级指针:普通的指针,如上例中的 yPtr。

➤ 二级指针:指向指针的指针,如上例中的 xPtr。

二级指针变量说明的一般形式为:

> 类型说明符 **变量名;

二级指针常用于二维数组。

【例 6-7】 指针与数组的例子 5。分析各种指针和数组间的关系。

```
1    int main( )
2    {
3        char *a[ ]={"abcd", "efghij", "mnpq", "rstv"};
4        char b[4][7]={"abcd", "efghij", "mnpq", "rstv"};
5        char **xPtr;
6        xPtr=a;
7        ++ xPtr;
8        return 0;
9    }
```

说明：

(1) a[]是指针数组，因为其数组元素是指针，其定义形式是在普通数组前加一星号；

(2) a 是指针，a 中的内容也是指针，故 a 为二级指针。

xPtr、a、b 间的关系及内容见表 6.7。

表 6.7　指　针　与　数　组

xPtr—>	a[0]	"abcd"	b[0]	"abcd"
xPtr+1 —>	a[1]	"efghij"	b[1]	"efghij"
	a[2]	"mnpq"	b[2]	"mnpq"
	a[3]	"rstv"	b[3]	"rstv"

注：数组 a 和 b 中的字符串虽然一样，但各字符串的存储地址并不一样。

说明：

(1) a[ ]、b[ ]为行指针；

(2) 同级指针才能赋值，如 xPtr=a。

 跟踪调试

图 6.24～图 6.26 所示分别为例 6-7 的调试步骤 1～调试步骤 3。

从图 6.24 中可以看到指针数组、二维数组二级指针的内容。

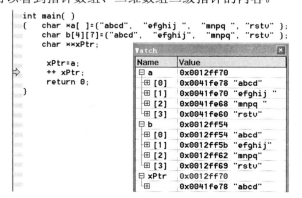

图 6.24　例 6-7 调试步骤 1

图 6.25 中，在语句 xPtr=a;　++ xPtr;执行完后，xPtr 指向 a[1]，对元素的各种引用方法及结果如表 6.8 所示，读者可自行上机验证。

```
int main( )
{ char *a[ ]={"abcd", "efghij ", "mnpq ", "rstv" };
    char b[4][7]={"abcd", "efghij", "mnpq ", "rstv" };
    char **xPtr;

    xPtr=a;
    ++ xPtr;
    return 0;
}
```

图 6.25 例 6-7 调试步骤 2

表 6.8 指针 xPtr 与数组 a、b 的关系

*xPtr=xPtr [0]	"efghij"	a[0][1]	'b'
**xPtr	'e'	a[1][4]	'i'
*(*xPtr+1)	'f'	b[1][8]	'n'
*(*xPtr+2)	'g'	xPtr[0][1]	'f'

b[1][8]值为"n"的解释：二维数组的元素是连续存储的，如表 6.9 所示。从图 6.26 的 Memory 窗口也可以看到 b 的连续存储的情形。

表 6.9 二维数组元素下标

	0	1	2	3	4	5	6
0	a	b	c	d	\0	\0	\0
1	e	f	g	h	i	j	\0
2	m	n	p	q	\0	\0	\0
3	r	s	t	v	\0	\0	\0

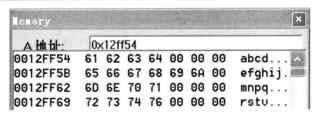

图 6.26 例 6-7 调试步骤 3

从图 6.25 的 watch 窗口中可以看出，a 数组中各字符串并不是连续存储的。

6.4.3 数组的指针和指针数组

1. 数组的指针

数组的指针是指向数组的一个指针。

数组的指针定义形式如下:

> 类型说明符 (*指针名)[常量];

注意: 数组的指针定义形式中，括号中是一个指针量。例如:

```
int  (*xPtr)[3];
```

这里的 xPtr 是一个指针变量，并不是指针常量(数组名)，它是和有 3 列的二维数组配合使用的。xPtr 指针的偏移量大小为 3*sizeof(int)。

2. 指针数组

指针数组是指数组的元素是指针的数组。

指针数组的定义形式如下:

> 类型说明符 *数组标识符[常量];

例如:

```
int  *xPtr[3];
```

这里的 xPtr 是一个数组名，是一个指针常量。xPtr 数组中有 3 个元素，每个元素都是 int 类型的指针。

【例 6-8】 数组的指针的例子。

```
int a[3][4]={{1,2,3,4},{5,6,7,8},{9,10,11,12}};
int (*aPtr)[4];  /*aPtr：一个指针，与包含 4 个列元素的二维数组配合使用*/
int *bPtr;
aPtr=a;
bPtr=a[0];
```

图 6.27 中示出了 aPtr、bPtr 指针与数组 a 的关系。

						bPtr+1	bPtr+2	bPtr+3
aPtr	a	a[0]	bPtr	->	1	2	3	4
aPtr+1	a+1	a[1]		->	5	6	7	8
aPtr+2	a+2	a[2]		->	9	10	11	12

图 6.27 aPtr、bPtr 指针与数组 a 的关系

说明:

(1) 语句 aPtr=a; bPtr=a[0];执行后，aPtr、bPtr 的指向都是数组 a 的起始位置;

(2) aPtr+1 指向 a 数组的第二行;

(3) bPtr+1 指向 a 数组第一行的第二个元素。

从图 6.28 的 Watch 和 Memory 窗口可以观察到上面的结论。

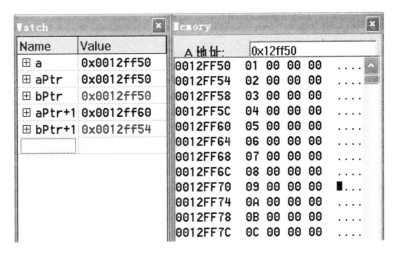

图 6.28　Watch 和 Memory 窗口

明白了 aPtr 和 bPtr 的指向及特点，就容易看清它们对数组 a 中元素值的引用了，读者可自己验证表 6.10 中的内容。

表 6.10　aPtr 与 bPtr 指针

*aPtr[0]=1	*(aPtr[0]+1)=2	*(aPtr[1]+1)=6
*bPtr=1	*(bPtr+1)=2	*(bPtr+8)=9

> 指针的赋值规则及数组的指针的偏移：
> (1) 同级、同类型指针才能赋值。
> (2) 数组的指针的偏移大小与指针的类型及其列参数相关。

例如 int (*aPtr)[4]，其中 4 为列参数。指针偏移量=sizeof(int)*4。

6.5　指针在函数中的应用

6.5.1　函数的参数是指针

下面再讨论一下"传址调用"的另一种形式——参数是指针变量的情形，例子是由例 5-7"函数间信息传递的例子 2"改变而来的。

【例 6-9】函数的参数是指针的例子 1。求数组中下标为 m 到 n 项的和。主函数负责提供数组、m 和 n 的值及结果的输出，求和功能由子函数 func 完成。

程序如下：

```
1    #include "stdio.h"
2    #define SIZE 10
```

```
3    int func( int *bPtr,int m,int n);
4
5    /*求数组中下标为 m 到 n 项的和*/
6    int func( int *bPtr,int m,int n)
7    {
8        int i,sum =0;
9
10       bPtr = &bPtr[m]; /*将 bPtr 指针指向要操作的元素地址*/
11       for( i= m; i<=n; i++, bPtr++)
12       {
13           sum = sum + *bPtr;
14       }
15       return sum;
16   }
17
18   int main()
19   {
20     int x;
21     int a[SIZE] = {1,2,3,4,5,6,7,8,9,0};
22     int *aPtr = a;
23     int p=3 , q=7; /*指定求和下标的位置*/
24
25     x=func(aPtr,p,q);
26     printf( "%d\n",x);
27     return 0;
28   }
```

调试要点:

· 指针 aPtr、bPtr 是否各分单元;

· bPtr 指向发生改变, aPtr 是否跟着改变。

图 6.29~图 6.41 所示分别为例 6-9 调试步骤 1~调试步骤 13。

说明: &aPtr 表示指针变量 aPtr 的存储地址是 0x12ff50。

func 调用前,实参变量 aPtr、p、q 的地址及值都在图 6.29 的 Watch 窗口中显示出来。

图 6.30 中,从地址 0x12ff54 开始存放的内容是数组 a 的值。

```
int main()
{
    int x;
    int a[SIZE] = {1,2,3,4,5,6,7,8,9,0};
    int *aPtr = a;
    int p=3 , q=7; /*指定求和下标的位置*/

⇨   x=func(aPtr,p,q);
    printf( "%d\n",x);
    return 0;
}
```

Name	Value
⊞ &aPtr	0x0012ff50
	"Tÿ■"
⊟ aPtr	0x0012ff54
	1
⊟ &p	0x0012ff4c
	3
⊟ &q	0x0012ff48
	7

图 6.29　例 6-9 调试步骤 1

```
Memory
Address:      0x12ff50
0012FF50    54 FF 12 00    T...
0012FF54    01 00 00 00    ....
0012FF58    02 00 00 00    ....
0012FF5C    03 00 00 00    ....
0012FF60    04 00 00 00    ....
0012FF64    05 00 00 00    ....
0012FF68    06 00 00 00    ....
0012FF6C    07 00 00 00    ....
0012FF70    08 00 00 00    ....
0012FF74    09 00 00 00    ■...
0012FF78    00 00 00 00    ....
```

图 6.30　例 6-9 调试步骤 2

图 6.31 中，调用子函数 func，首先需要查看形参变量 bPtr、m、n 的地址及值。

```
/*求数组中下标为m到n项的和*/
int func( int *bPtr,int m,int n)
⇨{
    int i,sum =0;

    for( i= m; i<=n; i++)
    {
        sum = sum + bPtr[i];
    }
    return sum;
}

int main()
```

Name	Value
&aPtr	CXX0017: Error:
aPtr	CXX0017: Error:
&p	CXX0017: Error:
&q	CXX0017: Error:
⊞ &bPtr	0x0012fef0
	"Tÿ■"
⊞ bPtr	0x0012ff54
⊟ &m	0x0012fef4
	3
⊟ &n	0x0012fef8
	7

图 6.31　例 6-9 调试步骤 3

观察可知：图 6.29 中，实参指针 aPtr 的单元地址是 0x12ff50，单元的内容是 0x12ff54；图 6.32 中，形参指针 bPtr 单元地址是 0x12fef0，单元的内容是 0x12ff54。二者的单元地址是不一样的，即它们不是"共用地址"，而是"各分单元"——这一点特别提请注意，也就是说地址值 0x12ff54 是当做一个整型值被传递了。func 要处理的数据存放在 bPtr 指向的存储区域里，只要按序去取即可。

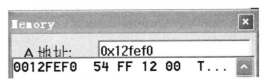

图 6.32　例 6-9 调试步骤 4

图 6.33 中，func 执行完毕，返回前 sum 的值为 30。

```
/*求数组中下标为m到n项的和*/
int func( int *bPtr,int m,int n)
{
    int i,sum =0;

    for( i= m; i<=n; i++)
    {
        sum = sum + bPtr[i];
    }
    return sum;
}

int main()
{
```

Name	Value
&aPtr	CXX0017: Error:
aPtr	CXX0017: Error:
&p	CXX0017: Error:
&q	CXX0017: Error:
⊞ &bPtr	0x0012fef0
	"Tÿ▉"
⊞ bPtr	0x0012ff54
⊟ &m	0x0012fef4
	3
⊟ &n	0x0012fef8
	7
sum	30

图 6.33　例 6-9 调试步骤 5

图 6.34 中，func 执行完毕，返回调用函数 main，将返回值赋给 x。

```
int main()
{
    int x;
    int a[SIZE] = {1,2,3,4,5,6,7,8,9,0};
    int *aPtr = a;
    int p=3 , q=7; /*指定求和下标的位置*/

    x=func(aPtr,p,q);
    printf( "%d\n",x);
    return 0;
}
```

Name	Value
⊞ &aPtr	0x0012ff50
	"Tÿ▉"
⊞ aPtr	0x0012ff54
⊞ &p	0x0012ff4c
⊞ &q	0x0012ff48
x	30

图 6.34　例 6-9 调试步骤 6

下面再来看看指针实参值被修改，是否会对形参有影响。

图 6.35 中，在调用 func 前，各实参的地址和值与前面跟踪的情形是一样的。

```
int main()
{
    int x;
    int a[SIZE] = {1,2,3,4,5,6,7,8,9,0};
    int *aPtr = a;
    int p=3 , q=7; /*指定求和下标的位置*/

    x=func(aPtr,p,q);
    printf( "%d\n",x);
    return 0;
}
```

Name	Value
⊞ &aPtr	0x0012ff50
	"Tÿ▉"
⊟ aPtr	0x0012ff54
	1
⊟ &p	0x0012ff4c
	3
⊟ &q	0x0012ff48
	7

图 6.35　例 6-9 调试步骤 7

图 6.36 中，aPtr、 p、q 分别和 bPtr、 m、n 对应，各分单元。

```
/*求数组中下标为m到n项的和*/
int func( int *bPtr,int m,int n)
{
    int i,sum =0;

    bPtr = &bPtr[m];
    for( i= m; i<=n; i++, bPtr++)
    {
        sum = sum + *bPtr;
    }
    return sum;
}

int main()
```

Name	Value
&aPtr	CXX0017: Error:
aPtr	CXX0017: Error:
&p	CXX0017: Error:
&q	CXX0017: Error:
⊞ &bPtr	0x0012fef0
	"Tÿ▉"
⊟ bPtr	0x0012ff54
	1
⊟ &m	0x0012fef4
	3
⊟ &n	0x0012fef8
	7

图 6.36　例 6-9 调试步骤 8

图 6.37 中，让指针 bPtr 指向要读取的下标为 m 的元素地址 0x12ff60，其值为 4。

```
/*求数组中下标为m到n项的和*/
int func( int *bPtr,int m,int n)
{
    int i,sum =0;

    bPtr = &bPtr[m];
    for( i= m; i<=n; i++, bPtr++)
    {
        sum = sum + *bPtr;
    }
    return sum;
}
```

Name	Value
&aPtr	CXX0017: Error:
aPtr	CXX0017: Error:
&p	CXX0017: Error:
&q	CXX0017: Error:
⊞ &bPtr	0x0012fef0
	"`ÿ■"
⊟ bPtr	0x0012ff60
	4
⊞ &m	0x0012fef4
⊞ &n	0x0012fef8

图 6.37 例 6-9 调试步骤 9

图 6.39 中，当 bPtr++ 被执行后，其指向从原来的 0x12ff60 变成了 0x12ff64，在图 6.38 中可查看到此时 bPtr 指向单元的值是 5。此处 bPtr++ 移动了一个 int 的长度(4 byte)。

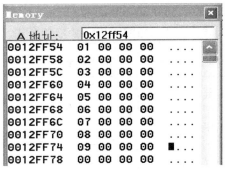

图 6.38 例 6-9 调试步骤 10

```
/*求数组中下标为m到n项的和*/
int func( int *bPtr,int m,int n)
{
    int i,sum =0;

    bPtr = &bPtr[m];
    for( i= m; i<=n; i++, bPtr++)
    {
        sum = sum + *bPtr;
    }
    return sum;
}
```

Name	Value
&aPtr	CXX0017: Error:
aPtr	CXX0017: Error:
&p	CXX0017: Error:
&q	CXX0017: Error:
⊞ &bPtr	0x0012fef0
	"dÿ■"
⊟ bPtr	0x0012ff64
	5
⊞ &m	0x0012fef4
⊞ &n	0x0012fef8
sum	4

图 6.39 例 6-9 调试步骤 11

图 6.40 中，循环结束，bPtr 指向下标为 7 的元素，地址为 0x12ff74，值为 9，sum=30。

```
/*求数组中下标为m到n项的和*/
int func( int *bPtr,int m,int n)
{
    int i,sum =0;

    bPtr = &bPtr[m];
    for( i= m; i<=n; i++, bPtr++)
    {
        sum = sum + *bPtr;
    }
    return sum;
}
```

Name	Value
&aPtr	CXX0017: Error:
aPtr	CXX0017: Error:
&p	CXX0017: Error:
&q	CXX0017: Error:
⊞ &bPtr	0x0012fef0
	"tÿ■"
⊟ bPtr	0x0012ff74
	9
⊞ &m	0x0012fef4
⊞ &n	0x0012fef8
sum	30

图 6.40 例 6-9 调试步骤 12

图 6.41 中，func 调用完毕，回到主函数，可看到 aPtr、p、q 的地址和值没有改变。

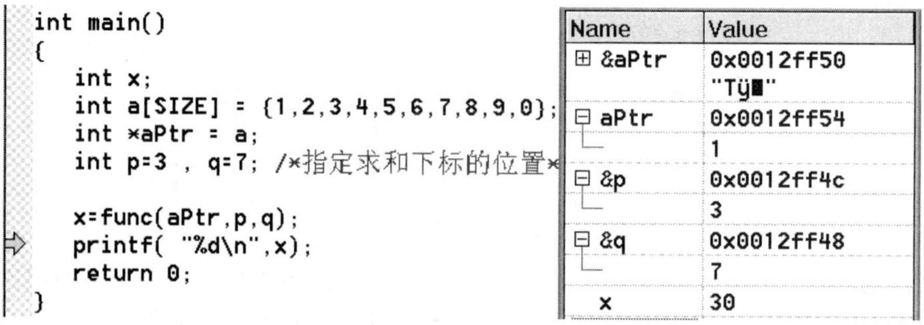

```
int main()
{
    int x;
    int a[SIZE] = {1,2,3,4,5,6,7,8,9,0};
    int *aPtr = a;
    int p=3 , q=7; /*指定求和下标的位置*/

    x=func(aPtr,p,q);
    printf( "%d\n",x);
    return 0;
}
```

Name	Value
⊞ &aPtr	0x0012ff50
	"Tÿ■"
⊟ aPtr	0x0012ff54
	1
⊟ &p	0x0012ff4c
	3
⊟ &q	0x0012ff48
	7
x	30

图 6.41　例 6-9 调试步骤 13

最后的结论如表 6.11 所示。

表 6.11　函数间传递参数的方式

	类型	形参实参单元分配	信息传递方向	调用类型
参数	数值	各分单元	单向	传值调用(值调用)
	数组名	共用地址	双向	传址调用(引用调用)
	指针	各分单元	双向	传值调用(模拟传址调用)

注意：在形参实参各分单元时，实参值可在子函数中被改变，形参值不会被改变。在 C 语言中，函数调用为值调用与模拟引用调用，模拟引用调用归为值调用一类。

【例 6-10】　函数的参数是指针的例子 2。读程序，分析结果。

```
1    #include <stdio.h>
2
3    void sstrlen(char *sPtr);
4
5    void sstrlen(char *sPtr)
6    {
7        int n;
8        for ( n=0; *sPtr!='#'; sPtr++ )
9        {
10           n++;
11       }
12       *sPtr++=':';
13       *sPtr++='0' +n;
14   }
15
```

```
16    int main()
17    {
18        char a[4][10]={"dinar##", "dollar##","dong##", "drachma##" };
19        char (*ptr)[10];
20        int i ;
21
22        ptr=a;
23        for(i=0; i<4; i++,*ptr++)
24        {
25            sstrlen(*ptr);
26            printf( "%s\n", ptr );
27        }
28        return 0;
29    }
```

main 函数中的指针 ptr 和子函数 sstrlen 中的指针 sPtr 与二维数组 a 的关系如图 6.42 所示。

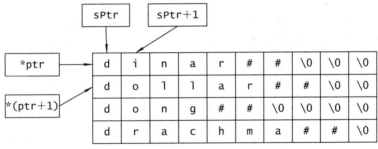

图 6.42　例 6-10 指针指向示意图

 跟踪调试

图 6.43～图 6.51 所示分别为例 6-10 的调试步骤 1～调试步骤 9。

图 6.43 的主函数中，sstrlen 子函数调用前，实际参数*ptr 指向 a 数组第一个字符串"dinar##"。

```
int main( )
{   char a[4][10]={"dinar##",
    char (*ptr)[10];
    int i ;

    ptr=a;
    for(i=0; i<4; i++, *ptr++)
    {   sstrlen(*ptr);
        printf( "%s\n", ptr );
    }
    return 0;
}
```

Name	Value
⊟ a	0x0012ff58
⊞ [0]	0x0012ff58 "dinar##"
⊞ [1]	0x0012ff62 "dollar##"
⊞ [2]	0x0012ff6c "dong##"
⊞ [3]	0x0012ff76 "drachma##"
i	0
⊞ *ptr	0x0012ff58 "dinar##"
sPtr	CXX0017: Error: symbol

图 6.43　例 6-10 调试步骤 1

说明：出现图 6.44 中这个错误显示的原因是，sPtr 的作用域不在 main 函数中。

```
sPtr    CXX0017: Error: symbol "sPtr" not found
```

图 6.44　例 6-10 调试步骤 2

图 6.45 中，转到执行子函数 sstrlen，形式参数 sPtr 接收到了实际参数传递过来的地址值 0x12ff58，通过这个地址，可以得到 a 数组的字符串数据。

注意：在子函数执行时，主函数的局部量也是不可见的。

```
void sstrlen(char *sPtr)
{
    int n;
    for ( n=0; *sPtr!='#'; sPtr++ )
    {
        n++;
    }
    *sPtr++=':';
    *sPtr++='0' + n;
}
```

Name	Value
a	CXX0017: Error:
i	CXX0017: Error:
*ptr	CXX0017: Error:
⊞ sPtr	0x0012ff58 "dinar##"
n	0
*sPtr	100 'd'

图 6.45　例 6-10 调试步骤 3

图 6.46 中，sPtr 指针后移一位，其值由前面的 0x12ff58 变为 0x12ff59，偏移量=0x12ff59-0x12ff58=1(byte)，原因是 sPtr 的类型为 char。

```
void sstrlen(char *sPtr)
{
    int n;
    for ( n=0; *sPtr!='#'; sPtr++ )
    {
        n++;
    }
    *sPtr++=':';
    *sPtr++='0' + n;
}
```

Name	Value
a	CXX0017: Error:
i	CXX0017: Error:
*ptr	CXX0017: Error:
⊞ sPtr	0x0012ff59 "inar##"
n	1
*sPtr	105 'i'

图 6.46　例 6-10 调试步骤 4

图 6.47 中，for 语句统计出字符串 '#' 前的字符个数，即 n=5。循环结束时，sPtr 指向"dinar##"中的第一个 '#'。

```
void sstrlen(char *sPtr)
{
    int n;
    for ( n=0; *sPtr!='#'; sPtr++ )
    {
        n++;
    }
    *sPtr++=':';
    *sPtr++='0' + n;
}
```

Name	Value
a	CXX0017: Error:
i	CXX0017: Error:
*ptr	CXX0017: Error:
⊞ sPtr	0x0012ff5d "##"
n	5
*sPtr	35 '#'

图 6.47　例 6-10 调试步骤 5

图 6.48 中，for 循环后，对 sPtr 指向单元的二条赋值操作结果已经无法在 Watch 窗口中看到了，这时可以通过字符串"dinar##"的起始地址 0x12ff58，在 Memory 窗口中查看字符串被修改的情形。

```
void sstrlen(char *sPtr)
{
    int n;
    for ( n=0; *sPtr!='#'; sPtr++ )
    {
        n++;
    }
    *sPtr++=':';
    *sPtr++='0' + n;
}
```

Name	Value
a	CXX0017: Error:
i	CXX0017: Error:
*ptr	CXX0017: Error:
⊞ sPtr	0x0012ff5f ""
n	5
*sPtr	0 ''

图 6.48　例 6-10 调试步骤 6

图 6.49 中，"dinar##"被改成了"dinar：5"。注意，这里显示的 5 是字符，而非数值，其 ASCII 码值在 Memory 里显示的是 0x35。

Memory

A 地址：	0x12ff58										
0012FF58	64	69	6E	61	72	3A	35	00	00	00	dinar:5...
0012FF62	64	6F	6C	6C	61	72	23	23	00	00	dollar##..
0012FF6C	64	6F	6E	67	23	23	00	00	00	00	dong##....
0012FF76	64	72	61	63	68	6D	61	23	23	00	drachma##.

图 6.49　例 6-10 调试步骤 7

图 6.50 中，子函数 sstrlen 调用结束，返回主函数，此时子函数中定义的变量在 Watch 窗口中不可见，原因是函数内定义的局部量，其作用域只在本函数内。i++变为 1；*ptr++后，指向 a 数组的第二个字符串"dollar##"。

```
int main()
{
    char a[4][10]={"dinar##", "doll
    char (*ptr)[10];
    int i ;

    ptr=a;
    for(i=0; i<4; i++,*ptr++)
    {
        sstrlen(*ptr);
        printf( "%s\n", ptr );
    }
    return 0;
}
```

Name	Value
⊞ a	0x0012ff58
i	1
⊞ *ptr	0x0012ff62 "dollar##"
sPtr	CXX0017: Error:
n	CXX0017: Error:
*sPtr	CXX0017: Error:

图 6.50　例 6-10 调试步骤 8

在图 6.51 的 Memory 窗口中可以看到 a 数组中的字符串全部处理完后的结果。

Memory

A 地址：	0x12ff58										
0012FF58	64	69	6E	61	72	3A	35	00	00	00	dinar:5...
0012FF62	64	6F	6C	6C	61	72	3A	36	00	00	dollar:6..
0012FF6C	64	6F	6E	67	3A	34	00	00	00	00	dong:4....
0012FF76	64	72	61	63	68	6D	61	3A	37	00	drachma:7.

图 6.51　例 6-10 调试步骤 9

程序结果:

dinar:5

dollar:6

dong:4

drachma:7

实际参数指针的移动是否改变了形参指针的指向? 为什么?

答: 实际参数指针的移动并未改变形参指针的指向, 原因是两个指针变量有各自的存储单元。读者可自行跟踪查看。

6.5.2 函数的返回值是指针

指针值也可以作为函数的返回值。这种情况下函数的返回值类型需要定义成指针变量类型。返回指针值的函数的一般定义格式为:

> 类型标识符 * 函数名(参数表)
> { 函数体 }

例如:

```
float *Func(float x, float y);
```

该函数的形式参数是两个 float 型的变量, 返回一个 float 型变量的地址。

注意: 将指针值作为函数的返回值时, 一定要保证该指针值是一个有效的指针, 即该指针不是局部变量的指针。一个常犯的错误是试图返回一个局部变量的地址。

1. 函数返回的指针值是全局量地址

【例 6-11】 返回指针值的函数的例子 1。读程序, 分析结果。

```
1    #include <stdio.h>
2    long *GetMax();
3    long score[10]={1,2,3,4,5,6,7,8,9,10};  /*score 数组是全局量*/
4
5    int main()
6    {
7        long *p;
8        p=GetMax();
9        printf("Max value in array is %d", *p);
10       return 0;
11   }
12
13   long *GetMax()          /*找到数组中值最大的元素, 返回其地址*/
14   {
```

```
15        long temp;                /*temp 记录全局数组 score 里最大的元素*/
16        int pos;                  /*pos 记录最大的元素的数组下标号*/
17        int i;
18
19        temp=score[0];            /*取数组的第一个元素做比较基准*/
20        pos=0;
21        for(i=0;i<10;i++)         /*在数组 score 中循环找最大值*/
22        if ( score[i]>temp )
23        {
24            temp=score[i];
25            pos=i;
26        }
27        return &score[pos];       /*返回数组中值最大的元素的地址值*/
28    }
```

程序结果:
```
    Max value in array is 10
```

2. 函数返回的指针值是局部量地址

【例 6-12】　返回指针值的函数的例子 2。读程序，分析结果。

```
1     #include <stdio.h>
2     long *GetMax();
3
4     int main()
5     {
6         long *p;
7         p=GetMax();
8         printf("Max value in array is %d", *p);
9         return 0;
10    }
11
12    long *GetMax()
13    {
14        long score[10]={1,2,3,4,5,6,7,8,9,10};
15        long temp;                /*temp 记录全局数组 score 里最大的元素*/
16        int pos;                  /*pos 记录最大的元素的数组下标号*/
17        int i;
18
19        temp=score[0];            /*取数组的第一个元素做比较基准*/
20        pos=0;
21        for(i=0;i<10;i++)     /*在数组 score 中循环找最大值*/
```

```
22          if(score[i]>temp)
23          {
24              temp=score[i];
25              pos=i;
26          }
27          return &score[pos];       /*返回数组中值最大的元素的地址值*/
28      }
```

程序返回一个局部变量的指针，运行中会出现什么样的问题呢？

返回一个局部变量的地址。图 6.52～图 6.55 所示分别为例 6-12 调试步骤 1～调试步骤 4。

图 6.52 中，GetMax 函数找到 score 数组中的最大元素值 10，返回这个局部量元素 score[pos] 的地址 0x12ff24。

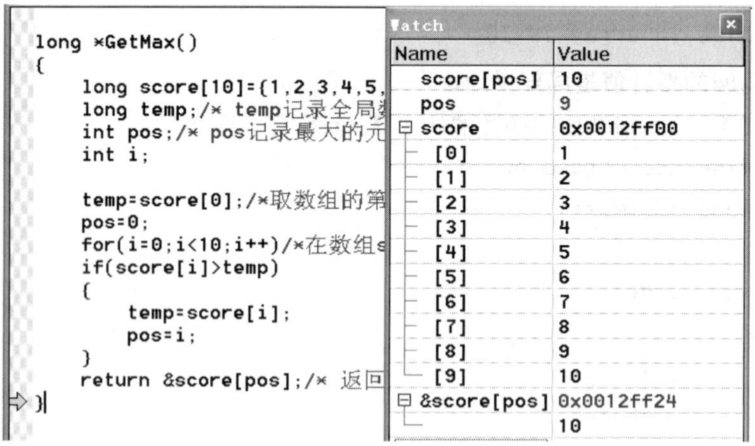

```
long *GetMax()
{
    long score[10]={1,2,3,4,5,
    long temp;/* temp记录全局数
    int pos;/* pos记录最大的元
    int i;

    temp=score[0];/*取数组的第
    pos=0;
    for(i=0;i<10;i++)/*在数组s
    if(score[i]>temp)
    {
        temp=score[i];
        pos=i;
    }
    return &score[pos];/* 返回
}
```

Watch	
Name	Value
score[pos]	10
pos	9
⊟ score	0x0012ff00
[0]	1
[1]	2
[2]	3
[3]	4
[4]	5
[5]	6
[6]	7
[7]	8
[8]	9
[9]	10
⊟ &score[pos]	0x0012ff24
	10

图 6.52　例 6-12 调试步骤 1

图 6.53 中，一个 score 数组元素的长度=0x12ff04 - 0x12ff00 = 4(byte)(long 型占的存储空间大小)。score[9] 的值为 0xA，地址为 0x12ff24。

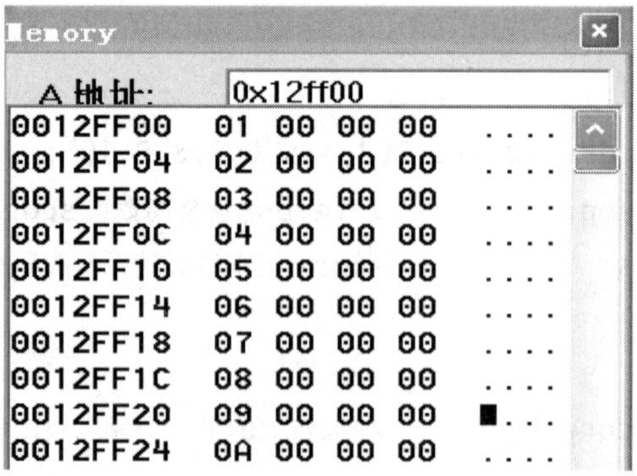

Memory	
▲ 地址:	0x12ff00
0012FF00	01 00 00 00 ....
0012FF04	02 00 00 00 ....
0012FF08	03 00 00 00 ....
0012FF0C	04 00 00 00 ....
0012FF10	05 00 00 00 ....
0012FF14	06 00 00 00 ....
0012FF18	07 00 00 00 ....
0012FF1C	08 00 00 00 ....
0012FF20	09 00 00 00 ■...
0012FF24	0A 00 00 00 ....

图 6.53　例 6-12 调试步骤 2

图 6.54 的 main 函数中，p 指针接收了 GetMax 返回的指针值 0x12ff24，指向单元的值是 10，说明地址传递的过程是正确的。

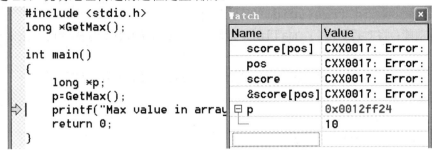

图 6.54 例 6-12 调试步骤 3

图 6.55 中，printf 结果显示：

```
Max value in array is 10
```

图 6.55 例 6-12 调试步骤 4

注意：在 printf 执行完后，p 指针指向单元的内容被改变。原因是这里的数组 score 是一个局部变量，函数调用结束后该数组所占用的内存空间将被释放，跟踪观察得知，子函数虽然返回了数组元素的指针，但该数组元素在引用一次后被释放，这个指针也就成了一个无效的指针。此时，再引用指针单元的内容，将导致程序的异常。

结论

将指针值作为函数的返回值时，不要返回一个局部变量的地址。

3. 函数返回的指针是空类型指针

下面先介绍两个库函数：malloc 函数和 free 函数。

1) 内存分配函数 malloc()

函数格式：void *malloc(unsigned size);

函数功能：从内存中分配一大小为 size 字节的块。

参数说明：size 为无符号整型，用于指定需要分配的内存空间的字节数。

返回值：新分配内存的地址，如无足够的内存可分配，则返回 NULL。

说明：

(1) 当 size 为 0 时，返回 NULL。

(2) void *为无类型指针，可以指向任何类型的数据存储单元，无类型指针需强制类型转换后赋给其他类型的指针。

2）释放内存函数 free()

函数格式：void free(void *block);

函数功能：将 calloc()、malloc()及 realloc()函数所分配的内存空间释放为自由空间。

参数说明：block 为 void 类型的指针，指向要释放的内存空间。

返回值：无。

例如：

```
void free(void *p);
```

从动态存储区释放 p 指向的内存区，p 是调用 malloc 返回的值。free 函数没有返回值。

动态存储分配

在 C 语言中有一种称为"动态存储分配"的内存空间分配方式：程序在执行期间需要存储空间时，通过"申请"分配指定的内存空间；当闲置不用时，可随时将其释放，由系统另做它用。相关的库函数有 malloc()、calloc()、free()、realloc()等，使用这些函数时，必须在程序开头包含文件 stdlib.h 或 malloc.h。

【例 6-13】 返回指针值的函数的例子 3——malloc 和 free 的配合使用方法。在程序运行之前，不能确定数组大小时，可以用此方法进行动态分配。

```
1 #include <stdio.h>
2 #include <malloc.h>
3 int main()
4 {
5       float *p;
6       p = (float *)malloc(sizeof(float));
7       *p = 5.0;
8       printf("\n*p=%f",*p);
9       *p=*p+5.0;
10      printf("\n*p=%f",*p);
11      free(p);
12      return 0;
13}
```

程序结果：

*p=5.000000

*p=10.000000

说明：

（1）sizeof(数据类型符)算出数据类型所占用的字节数。

（2）malloc(sizeof(float))在系统的静态存储区里分配了 4 个字节的内存空

间。malloc 函数返回一个指针值，该指针就是上述 4 个字节的首地址。

(3) 语句 free(p) 释放指针 p 所在的内存块。

(4) malloc 函数和 free 函数应该搭配使用，忘记释放应该释放的内存会导致程序内存泄漏，影响程序的效率。

 内存泄漏

应用程序一般使用 malloc、realloc 等函数从堆中分配到一块内存，使用完后，程序必须负责相应的调用 free 释放该内存块；否则，这块内存就不能被再次使用，我们就说这块内存泄漏了。

内存泄漏指造成了内存的浪费，这会降低计算机的性能。最终，在最糟糕的情况下，过多的可用内存被泄漏掉导致全部或部分设备停止正常工作，或者应用程序崩溃。

在现代操作系统中，一个应用程序使用的常规内存在程序终止时被释放。这表示一个短暂运行的应用程序中的内存泄漏不会导致严重后果。

在以下情况，内存泄漏将导致较严重的后果：

(1) 程序运行后置之不理，并且随着时间的流逝将消耗越来越多的内存(比如服务器上的后台任务，尤其是嵌入式系统中的后台任务，这些任务可能被运行后很多年内都置之不理)；

(2) 新的内存被频繁地分配，比如当显示电脑游戏或动画视频画面时；

(3) 程序能够请求未被释放的内存(比如共享内存)，甚至是在程序终止的时候；

(4) 泄漏在操作系统内部发生；

(5) 泄漏在系统关键驱动中发生；

(6) 内存非常有限，比如在嵌入式系统或便携设备中；

(7) 当运行于一个终止时内存并不自动释放的操作系统(如 AmigaOS)之上，而且一旦丢失只能通过重启来恢复。

【例 6-14】 返回指针值的函数的例子 4。定义一个动态数组，保存 n 个学生的成绩，并计算平均值。学生的人数和成绩由键盘输入。

```
1    #include <stdio.h>
2    #include <malloc.h>
3
4    int *DefineArray(int n);      /*动态定义长度为 n 的 int 型数组*/
5    void FreeArray(int *p);       /*释放 p 指针指向的存储区*/
6
7    int main()
8    {
9        int *p, i;
10       int nCount;              /*学生人数*/
11       float fSum=0;            /*总成绩*/
12
13       /*输入学生的人数*/
```

```c
14          printf("\nPlease input the count of students: ");
15          scanf("%d",& nCount);
16
17          /*动态定义数组p*/
18          p= DefineArray(nCount);
19          if (p==NULL) return 1;        /*异常返回*/
20
21          /*输入每个学生的成绩*/
22          printf("Please input the scores of students: ");
23          for( i=0; i< nCount; i++ )
24          {
25              scanf("%d", &p[i]);
26          }
27
28          /*计算成绩总和*/
29          for(i=0;i< nCount;i++)
30          {
31              fSum+=p[i];
32          }
33
34          /*打印成绩平均值*/
35          printf("\nAverage score of the students: %3.1f", fSum/nCount);
36
37          /*释放动态数组p*/
38          FreeArray(p);
39          return 0;
40      }
41
42  /*动态申请n*sizeof(int)个字节的内存空间,当有n个int型元素的数组使用时*/
43  int *DefineArray(int n)
44  {
45      return (int *) malloc( n*sizeof(int) );
46  }
47
48  /*释放malloc申请的空间*/
49  void FreeArray(int *p)
50  {
51      free(p);
52  }
```

程序结果：

```
Please input the count of students: 5
Please input the scores of students: 87 97 77 68 98

Average score of the students: 85.4
```

说明：DefineArray 函数的输入参数 n 是数组的元素个数。函数用 malloc 分配了数组需要的内存，并将返回的 void *类型的指针转换为 int *类型。最终 DefineArray 函数返回一个 int 型变量或数组的指针，该指针的值就是 malloc 分配内存的首地址。

6.6　本 章 小 结

◆　指针的作用：

(1) 便于表示各种数据结构。

· 方便地使用字符串；

· 有效而方便地使用数组。

(2) 便于实现双向数据通信，通过指针可使主调函数和被调函数之间共享变量或数据结构。

(3) 可以实现动态的存储分配。

◆　指针的各种定义和含义：见表 6.12。

表 6.12　指针的各种定义和含义

定　义	含　义
int *p;	指针变量：p 为指向整型量的指针变量
int *p[n];	指针数组：p 为指针数组，由 n 个指向整型量的指针元素组成
int (*p)[n];	数组的指针：p 为指向整型二维数组的指针变量，二维数组的列数为 n
int **p	二级指针：p 为一个指向另一指针的指针变量，*p 指向一个整型量

◆　指针的运算：见表 6.13。

表 6.13　指 针 的 运 算

取地址运算符&	求变量的地址		
取内容运算符*	表示指针所指的变量		
赋值运算	把变量地址赋予指针变量		
	同类型指针变量相互赋值		
	把数组、字符串的首地址赋予指针变量		
	把函数入口地址赋予指针变量		
加减运算	对指向数组，字符串的指针变量可以进行加减运算		
	对指向同一数组的两个指针变量可以相减		
	对指向其他类型的指针变量做加减运算是无意义的		
关系运算	指向同一数组的两个指针变量之间可以进行大于、小于、等于比较运算		

◆ 指针与数组的关系：见表 6.14。

表 6.14 指针与数组的比较

指 针	数 组
指针的本质是一个与地址相关的量，它的值是数据存放的位置(地址)	数组的本质是一系列的变量
指针可以随时指向任意类型的内存块，它的特征是"可变"	数组名对应着(而不是指向)一块内存，其地址与容量在生命期内保持不变，只有数组的内容可以改变
指针可以作为函数的参数	数组也可以作函数的参数

> 指针特殊存地址，变量运算受限的。
> 指针类型要注意，不一定是整型的。
> 想要存取单元值，先定地址是哪的。
> 指针若要移一下，步长类型确定的。

习 题

6.1 编写语句来完成下列功能。假设变量 c(存储字符)的类型是 int，变量 ptr 的类型是 char*，而数组 s1[100] 和 s2[200] 的类型是 char。(提示：尽量用库函数。)

(1) 将 s1 中最后一次出现 c 的位置赋给 ptr。

(2) 将 s2 中第 1 次出现 s1 的位置赋给 ptr。

(3) 将 s1 中第一次出现 s2 中任意字符的位置赋给 ptr。

(4) 将 s1 中首次出现 c 的位置赋给 ptr。

(5) 将 s2 中第一个记号的位置赋给 ptr，s2 中的记号用逗号分开。

6.2 回答下列问题。假设无符号整数存储在 4 个字节中，而内存中数组的起始地址是 1002500。

(1) 定义类型 unsigned int 的数组 values，它有 5 个元素，并将元素初始化为 2～10 的偶数。假设将符号常量 SIZE 定义为 5。

(2) 定义指向 unsigned int 类型对象的指针 vPtr。

(3) 使用数组下标符号输出数组 values 的元素。使用 for 循环，并假设已经定义了整数控制变量 i。

(4) 编写两条不同的语句，将数组 values 的起始地址赋给指针变量 vPtr。

(5) 使用指针/偏移量表示法来输出数组 values 的元素。

(6) 用数组名称作为指针，使用指针/偏移量表示法来输出数组 values 的元素。

(7) 通过使用数组指针的下标来输出数组 values 的元素。

(8) 分别使用数组下标表示法、数组名称的指针/偏移量表示法、指针下标表示法和指针/偏移量表示法来引用数组 values 的元素 4(元素下标从 0 起算)。

(9) vPtr+3 所引用的地址是什么？那个位置存储的值是什么？

(10) 假设 vPtr 指向 values[4]，vPtr-=4 所引用的地址是什么？那个位置存储的值是什么？

6.3　设一个数组，整型、有 10 个元素，分别使用以下三种方法输出各元素：使用数组下标、使用数组名、使用指针变量。

6.4　编写一个子函数，用指针处理，输出一维数组的内容和地址；在主函数里输入一维数组，调用上述子函数。

6.5　将两个字符串连接成一个，不要使用 strcat 函数。

要求：在主函数中实现字符串的输入和输出；以指针作形参，在子函数中实现连接。

6.6　把 5 个字符串按字母顺序由小到大输出。int strcmp(const char *,const char *)是字符串比较函数，如果第一个字符串大于第二个字符串，返回正值；若相等，返回 0；此外返回负值，原型在 "string.h" 中。

6.7　用指针处理以下问题：将 n 个数按输入顺序的逆序重新排放。

要求：(1) 用一个主函数完成所有要求；

(2) 写出满足上述要求的函数，在主函数中完成数据的输入和输出。

6.8　编写一个程序，它从键盘输入文本行和搜索字符串。使用库函数 strstr 在文本行中查找出现搜索字符串的第 1 个位置，它将位置赋给类型 char* 的变量 searchPtr。如果找到了搜索字符串，则输出从字符串开始的文本行的剩余部分。然后，再次使用 strstr 来查找文本行中下一次出现搜索字符串的位置。如果找到了第 2 次出现的位置，则输出从第 2 次出现位置开始的文本行的剩余部分。(提示：对 strstr 的第二次调用应该包含 searchPtr+1 作为它的第一个参数。)

6.9　从字符串中删除指定的字符。同一字母的大、小写按不同字符处理。若程序执行时输入字符串为 "turbo c and borland c++从键盘上输入字符:n"，则输出后变为 "turbo c ad borlad c++"。如果输入的字符在字符串中不存在，则字符串照原样输出。

6.10　编写一个程序，它读取一系列字符串，并仅仅输出那些以字母 "b" 开头的字符串。(提示：可用 strchr 函数。)

6.11　编写函数 fun(char *str, int num [ ])，它的功能是：分别找出字符串中每个数字字符(0，1，2，3，4，5，6，7，8，9)的个数，用 num [0] 来统计字符 0 的个数，用 num [1] 来统计字符 1 的个数，用 num [9] 来统计字符 9 的个数。字符串由主函数通过键盘读入。

6.12　使用指针将一个 3×3 阶矩阵转置，用一函数实现之。在主函数中用 scanf 函数输入字符，存放在数组中初始化矩阵，以数组名作为函数实参，在子函数中进行矩阵转置并输出已转置的矩阵。

第7章 复合的数据类型——类型不同的相关数据组合

【主要内容】

- 给出结构体类型变量的定义、使用规则及方法实例；
- 通过结构体与数组的对比，说明其表现形式与本质含义；
- 通过结构体类型与基本类型的对比，说明其表现形式与本质含义；
- 通过结构成员与普通变量的对比，给出其使用的规则；
- 读程序的训练；
- 自顶向下算法设计的训练；
- 结构的空间存储特点及调试要点。

【学习目标】

- 理解自定义数据类型结构体的意义；
- 掌握结构体的类型定义、变量定义、初始化、引用的步骤和方法；
- 掌握结构体与数组、指针、函数的关系；
- 了解联合的概念及其使用；
- 了解枚举的概念及其使用。

7.1 结构体概念的引入

【引例1】 先来回顾一下在第5章"函数"中举过的例5-7。

程序实现：

```
1   /*一维数组中求 m 到 n 项的和*/
2   #include <stdio.h>
3   int func( int b[ ], int m, int n)
4   {
5       int i, sum=0;
6       for( i=m; i<=n; i++)
7       {
8           sum=sum+b[i]; /*累加下标为 m 到 n 的元素*/
9       }
10      return sum;
11  }
12
13  int main()
14  {
```

```
15      int x, a[ ]={1, 2, 3, 4, 5, 6, 7, 8, 9, 0};
16      int p=3, q=7; /*下标范围*/
17      x=func(a, p, q);
18      printf( "%d\n", x);
19      return 0;
20  }
```

我们把上述题目主函数中的 a 数组由一维改为二维，子函数除了原先的功能外，再添加一个，把累加的结果放在每行的最后一个元素位置上，见图 7.1。

				m					n	last
a[0]	1	2	3	4	5	6	7	8	9	
a[1]	2	3	4	5	6	7	8	9	10	
a[2]	3	4	5	6	7	8	9	10	11	

图 7.1　a 数组的信息

```
1   /*二维数组求每行 m 到 n 项的和*/
2   #include <stdio.h>
3   void func( int b[], int m, int n, int last);
4
5   void func( int b[], int m, int n, int last)
6   {
7       int i,sum=0;
8       for ( i=m;i<=n;i++ )
9       {
10          sum=sum+b[i];       /*累加下标为 m 到 n 的元素*/
11      }
12      b[last]=sum;            /*把累加和放在指定位置*/
13  }
14
15  int main()
16  {   /*a 数组由一维变为二维*/
17      int a[][10]={   {1,2,3,4,5,6,7,8,9,0},
18                      {2,3,4,5,6,7,8,9,10,0},
19                      {3,4,5,6,7,8,9,10,11,0}
20                  };
21      int p=3, q=8, last=9;
22  /*a 数组有 3 行信息，则调用 3 次 func 函数即可*/
23      for (int i=0; i<3; i++)
24      {
25          func(a[i],p,q,last);
```

```
26          }
27
28          for (i=0; i<3; i++)        /*输出 a 数组内容*/
29          {
30              for (int j=0; j<10; j++)
31              {
32                  printf("%4d",a[i][j]);
33              }
34              printf("\n");
35          }
36          return 0;
37      }
```

程序结果：

```
1  2  3  4  5  6  7  8  9  39
2  3  4  5  6  7  8  9  10  45
3  4  5  6  7  8  9  10  11  51
```

【引例 2】 把引例 1 的二维数组的内容扩展成有实际意义的表格，如表 7.1 所示，求出每个学生的总分，并填在此表中。

表 7.1 学 生 信 息 表

学号	姓名	性别	入学时间	计算机原理	C 语言	编译原理	操作系统	总分
1	赵 壹	男	1999	90	83	72	82	
2	钱 贰	男	1999	78	92	88	78	
3	孙 叁	女	1999	89	72	98	66	
4	李 肆	女	1999	78	95	87	90	
...								
100	...							

与二维数组相比，这个表格中的数据项并不都是同一种类型，要对这样的表格进行处理，根据计算机解题的通用规则，首要的问题是如何把这样的表格存储到机器中。计算机解题的通用规则为：用合适的数据结构存储数据；用相应的算法处理数据。

(1) 如何将表 7.1 所示的数据表格存储到机器中？

答：根据已有数组存储的概念，可以把表格中的每列信息都构造成一个一维数组，但这样做，显然程序处理起来是非常麻烦的，首先就是主函数不能方便地把一行信息传递给子函数。借助二维数组的处理方式，我们希望一次就能传递表格的一行信息。

（2）如何把不同类型的一行数据组合在一起？

答：表格中的数据有多行，只要把一行的信息如何组合存储的方式分析清楚即可，因为多行信息只是一行的多次重复。因此，现在解决问题的关键变成，如何把相关的一组不同类型的数据"打包"放在一个连续的空间，传递时只要传递这个空间的起始地址即可。

系统要给用户的"打包"数据分配空间，首先就得定义它的存储尺寸，即数据的类型。然而数据表中的内容是用户根据需要确定的，系统无法预先得知，这就需要用户自己"构造"出数据表的类型，然后才能进行存储空间的分配。

根据上述结论，可列出所有已知的条件和希望的结果：

（1）有多个数据项，每个数据项都可以用已有的数据类型描述；

（2）数据项的多少、内容是由用户自己确定的；

（3）希望上述各数据项"组合"在一起，有连续的存储空间，可以作为一个整体来方便传址；

（4）要求每个数据项可以单独引用。

根据上面这些条件和要求以及存储三要素，可给出这种"组合的数据"类型与变量的特征如表 7.2 所示。

表 7.2　组合数据的特点

存储尺寸	"组合的数据"类型	长度	名字
		各数据项长度之和	关键字+标识符
空间分配	"组合的数据"变量定义	多个数据项连续存储	
数据引用	"组合的数据"变量引用	单个数据项引用、整体引用、地址引用	

说明：类型的名字之所以是"关键字+标识符"，是要有一个特别约定的关键词来表明这是一个类型，又因为这个类型是用户自己定义的，所以类型名中应该有用户自己命名的成分，以和其他类似的"组合的数据"类型名区别。

这种"组合的数据"在 C 语言中被称为结构体，其特点如下：

（1）结构体是 C 语言中的构造类型，是由不同数据类型的数据组成的集合体；

（2）结构体为处理复杂的数据结构提供了手段；

（3）结构体为函数间传递不同类型的参数提供了便利。

7.2　结构体的描述与存储

7.2.1　结构体的类型定义

结构体（struct）：由一系列具有相同类型或不同类型的数据构成的数据集合，也叫结构。

结构体由若干不同类型的数据项组成，构成结构体的各个数据项称为结构体成员。

结构体类型定义描述结构的组织形式，是一种用户自定义的类型，同 C 的基本类型中类型的概念一样，只是一个存储尺寸，不分配内存。

结构体类型定义形式如下：

```
struct   结构体名
{        数据类型 1      成员名 1；
         数据类型 2      成员名 2；
         ...
         数据类型 n      成员名 n；
};
```

说明：

（1）结构体类型名：struct 与结构体名合起来表示结构体类型名。struct 是关键字，结构体名由用户用标识符标示。结构体类型也可简称结构类型。

（2）结构体成员：结构体中的一个数据项。结构体成员的数据类型可以是 C 语言允许的所有类型。

【例 7-1】 结构体类型定义的例子。将图 7.2 中的各数据项组合在一个结构里。

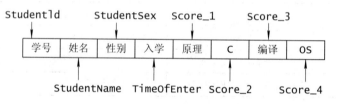

图 7.2   学生信息数据项

程序如下：

```
struct student                /*struct 为结构关键字，student 为结构名*/
{
    int  StudentId;           /*学号*/
    char StudentName[10];     /*姓名*/
    char StudentSex[3];       /*性别*/
    int  TimeOfEnter;         /*入学时间*/
    int  Score_1;             /*成绩1*/
    int  Score_2;             /*成绩2*/
    int  Score_3;             /*成绩3*/
    int  Score_4;             /*成绩4*/
} ;
```

7.2.2 结构体变量定义及初始化

结构体变量定义有下面三种格式，在实际编程时可以根据需要选用。

结构体变量定义格式 1：

> struct　　结构类型名　变量名表；

结构体变量定义格式 2：

> struct　结构类型名
> {　　　类型标识符　成员名 1；
> 　　　　类型标识符　成员名 2；
> 　　　　　　　　　…
> 　　　　类型标识符　成员名 n；
> }　变量名表；

结构体变量定义格式 3：

> struct
> {　类型标识符　成员名 1；
> 　　类型标识符　成员名 2；
> 　　　　　　　…
> 　　类型标识符　成员名 n；
> }　变量名表；

说明：第三种格式用无名结构体直接定义变量只能用一次，无法在后续程序中再使用这个结构类型。

【例 7-2】　结构变量定义的例子。结构变量定义语句如下：

```
struct student com [30],*sPtr, x;
```

结构类型 struct student 是在例 7-1 中已经定义的。

定义语句各项的含义见表 7.3。

表 7.3　结 构 相 关 量

名　词	例　子
结构类型	struct student
结构变量定义	struct student x;
结构数组定义	struct student com [30];
结构指针定义	struct student *sPtr;

结构变量初始化格式如下：

> struct　结构类型名　变量名 = {初始数据}

【例 7-3】　结构变量初始化的例子。结构类型 struct student 是在例 7-1 中已经定义的。

```
struct  student  com[30]
={ {  1,  "赵 壹",   "男", 1999, 90, 83, 72, 82 },
   {  2,  "钱 贰",   "男", 1999, 78, 92, 88, 78 },
   {  3,  "孙 叁",   "女", 1999, 89, 72, 98, 66 },
   {  4,  "李 肆",   "女", 1999, 78, 95, 87, 90 }
```

```
};  /*结构数组的初始化*/
struct student  *sPtr; /*定义结构指针*/
sPtr=com; /*结构指针指向结构数组*/
```

7.2.3　结构体成员引用方法

结构体成员引用有三种方法:

方法一: 结构体变量名.成员名;

方法二: 结构指针名→成员名;

方法三: (*结构指针名).成员名。

【例7-4】　结构体成员引用方法。结构类型定义如下:

```
struct student
{
    int  StudentId;
    char StudentName[10];
    char StudentSex[3];
    int  TimeOfEnter;
    int  Score[4];
    int total;
}
```

用 `struct student` 结构类型定义的结构变量、结构成员的引用见表7.4。

表7.4　结构成员引用方法

类　别	定　义	成员引用
结构类型	struct student	
结构变量	struct student x;	x. total
		x.score[0]
结构数组	struct student com[30];	com[1].total
		com[1].score[0]
结构指针	struct student *sPtr;	sPtr->total
		sPtr->score[0]
		(*sPtr).Total
		(*sPtr).score[0]

7.2.4　结构体变量的空间分配及查看方法

【例7-5】　结构变量、结构指针和结构数组的查看。

```
1   #include <stdio.h>
2   int main()
3   {
```

```
4      struct student
5      {
6          int  StudentId;
7          char StudentName[10];
8          char StudentSex[3];
9          int  TimeOfEnter;
10         int  Score[4];
11         int  total;
12     };
13
14     struct student x;
15     struct student com[10]
16     ={ { 1, "赵  壹", "男", 1999, 90, 83, 72, 82 },
17         { 2, "钱  贰", "男", 1999, 78, 92, 88, 78 },
18         { 3, "孙  叁", "女", 1999, 89, 72, 98, 66 },
19         { 4, "李  肆", "女", 1999, 78, 95, 87, 90 }
20       };
21     struct student *sPtr;
22
23     sPtr=com;
24     x=com[0];
25     return 0;
26 }
```

【解】　(1) 结构变量定义：

struct student x;(程序第 14 行)

对于变量 x，系统将会以什么样的方式给它分配空间呢？C 规定按结构类型中成员的前后顺序及大小来给结构变量分配空间。结构变量 x 的成员如图 7.3 所示。

x:	学号	姓名	性别	入学	成绩1	成绩2	成绩3	成绩4

图 7.3　结构变量 x 的成员

结构变量 x 的空间分配在程序第 24 行未执行前的情形参见图 7.4～图 7.7。

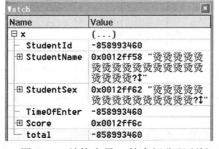

图 7.4　结构变量 x 的空间分配(总)

图 7.5 是点开图 7.4 中 StudentName 前的 "+" 号，显示 x 的成员——数组 Student-Name 的元素。

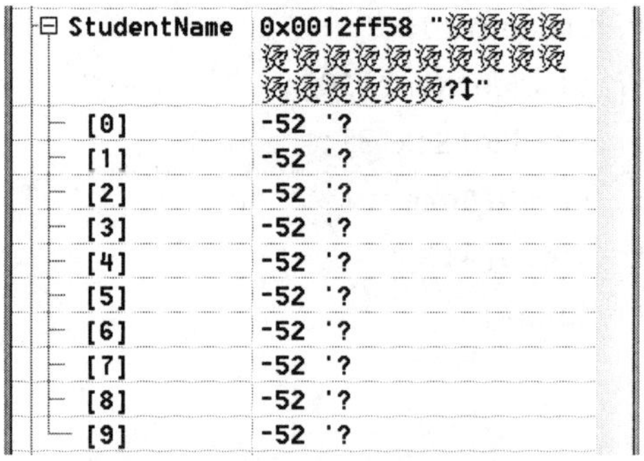

⊟ StudentName	0x0012ff58	"烫烫烫烫烫烫烫烫烫烫烫烫烫烫烫烫烫?↕"
[0]	-52	'?
[1]	-52	'?
[2]	-52	'?
[3]	-52	'?
[4]	-52	'?
[5]	-52	'?
[6]	-52	'?
[7]	-52	'?
[8]	-52	'?
[9]	-52	'?

图 7.5　结构变量 x 的空间分配(1)

图 7.6 显示 x 的成员——数组 StudentSex 的元素。

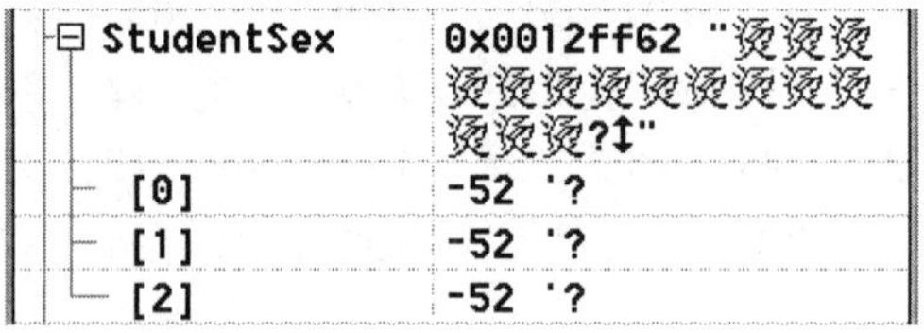

⊟ StudentSex	0x0012ff62	"烫烫烫烫烫烫烫烫烫烫烫烫?↕"
[0]	-52	'?
[1]	-52	'?
[2]	-52	'?

图 7.6　结构变量 x 的空间分配(2)

图 7.7 显示 x 的成员——数组 Score 的元素。

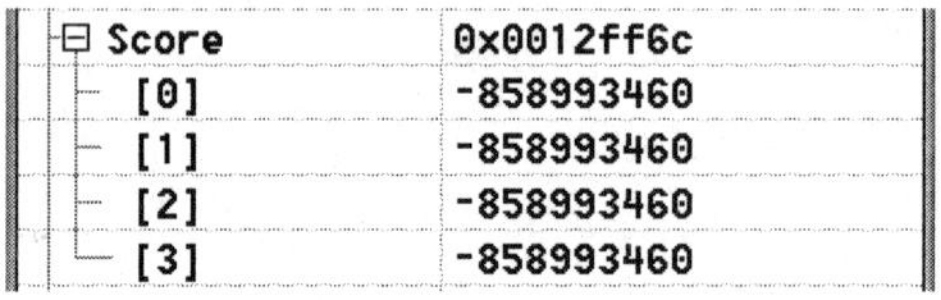

⊟ Score	0x0012ff6c
[0]	-858993460
[1]	-858993460
[2]	-858993460
[3]	-858993460

图 7.7　结构变量 x 的空间分配(3)

(2) 结构数组定义：

　　struct student com[10];(程序第 15 行至第 20 行)

指针赋值：

　　sPtr = com; (程序第 23 行)

sPtr 执向 com 的位置及 sPtr 偏移 9 后指向的位置见图 7.8。

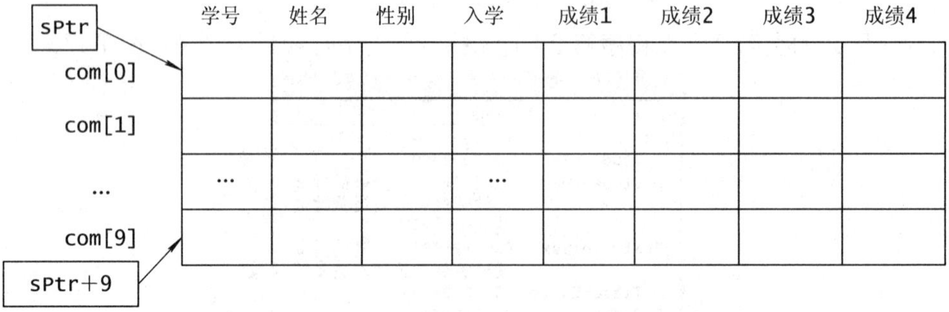

sPtr	学号	姓名	性别	入学	成绩1	成绩2	成绩3	成绩4
com[0]								
com[1]								
...	...			...				
com[9]								
sPtr+9								

图 7.8　结构数组 com 的空间示意图

结构数组 com 的空间分配见图 7.9。

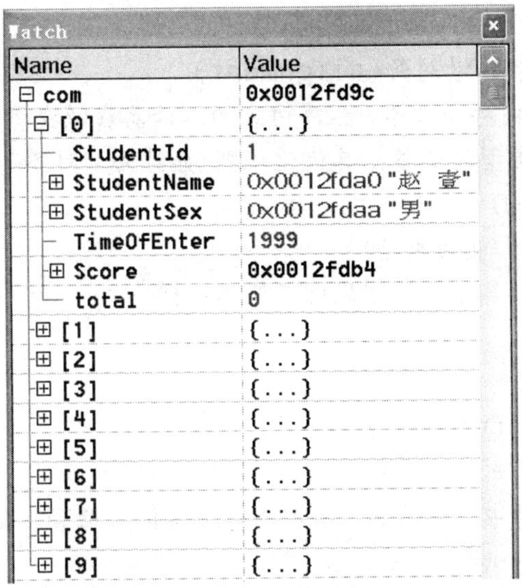

```
Watch                                    [×]
Name              Value
□ com             0x0012fd9c              ▲
  □ [0]           {...}
    ─ StudentId       1
    ⊞ StudentName     0x0012fda0 "赵 壹"
    ⊞ StudentSex      0x0012fdaa "男"
    ─ TimeOfEnter     1999
    ⊞ Score           0x0012fdb4
    └ total           0
  ⊞ [1]           {...}
  ⊞ [2]           {...}
  ⊞ [3]           {...}
  ⊞ [4]           {...}
  ⊞ [5]           {...}
  ⊞ [6]           {...}
  ⊞ [7]           {...}
  ⊞ [8]           {...}
  ⊞ [9]           {...}
```

图 7.9 结构数组 com 的空间分配

图 7.10 中，结构指针 sPtr 指向 com 数组的起始位置。

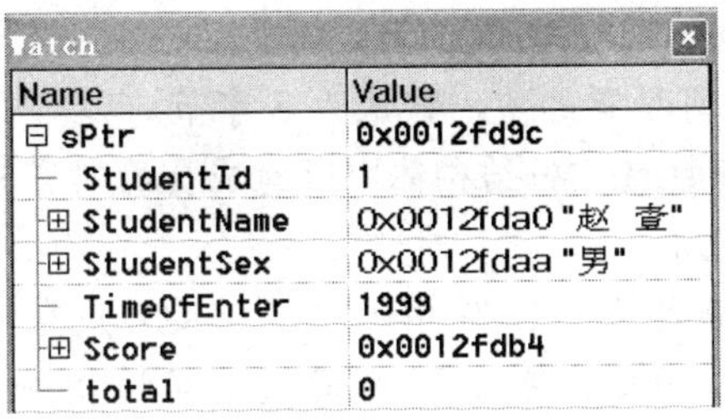

```
Watch                                    [×]
Name              Value
□ sPtr            0x0012fd9c
  ─ StudentId       1
  ⊞ StudentName     0x0012fda0 "赵 壹"
  ⊞ StudentSex      0x0012fdaa "男"
  ─ TimeOfEnter     1999
  ⊞ Score           0x0012fdb4
  └ total           0
```

图 7.10 结构指针 sPtr 的指向

图 7.11 显示了 sPtr 偏移为 3 的情形。

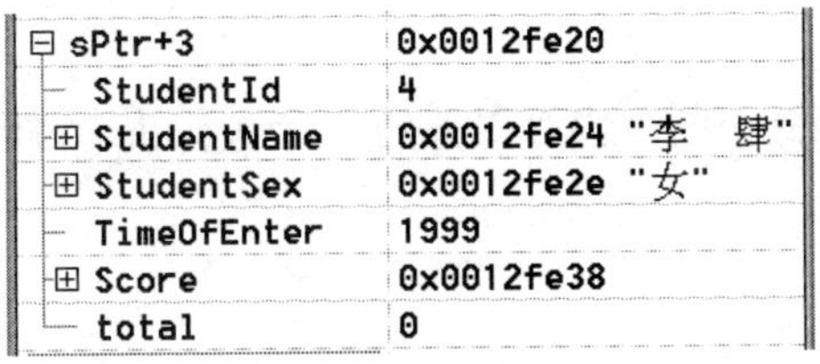

```
□ sPtr+3          0x0012fe20
  ─ StudentId       4
  ⊞ StudentName     0x0012fe24 "李 肆"
  ⊞ StudentSex      0x0012fe2e "女"
  ─ TimeOfEnter     1999
  ⊞ Score           0x0012fe38
  └ total           0
```

图 7.11 结构指针 sPtr+3 的指向

图 7.12 是结构数组元素 com[0]给结构变量 x 赋值后的情形。

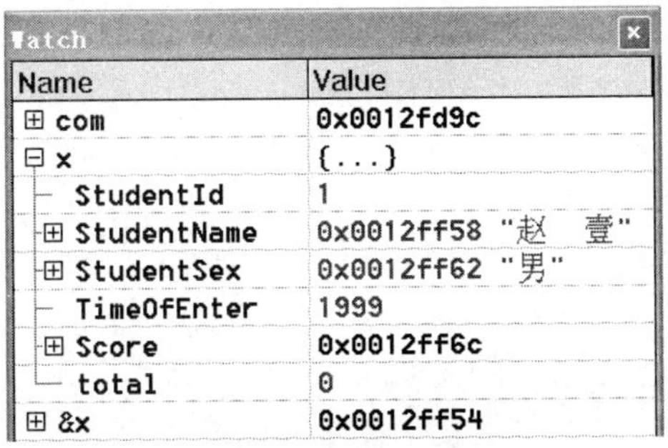

```
Watch                                    [×]
Name              Value
⊞ com             0x0012fd9c
□ x               {...}
  ─ StudentId       1
  ⊞ StudentName     0x0012ff58 "赵 壹"
  ⊞ StudentSex      0x0012ff62 "男"
  ─ TimeOfEnter     1999
  ⊞ Score           0x0012ff6c
  └ total           0
⊞ &x              0x0012ff54
```

图 7.12 x=com[0]赋值后的情形

知识ABC 内存地址对齐(alignment)

为了提高 CPU 访问内存的效率，程序语言的编译器在做变量的存储分配时就进行了分配优化处理，对于基本类型的变量，其优化规则(也称为"对齐"规则)如下：

变量地址 % N=0

其中对齐参数 N=sizeof(变量类型)。

注：不同的编译器，具体的处理规则可能不一样。

规则

结构体空间分配规则(VC++6.0 环境)

1) 结构成员存放顺序

结构体的成员在内存中顺序存放，所占内存地址依次增高，第一个成员处于低地址处，最后一个成员处于最高地址处。

2) 结构对齐参数

(1) 结构体一个成员的对齐参数：

N=min(sizeof(该成员类型), n)

注：n 为 VC++6.0 中可设置的值，默认为 8 字节。

(2) 结构体的对齐参数 M：M=结构体中所有成员的对齐参数中的最大值。

3) 结构体空间分配规则

(1) 结构体长度 L：满足条件 L % M=0 (不够要补足空字节)。

(2) 每个成员地址 x：满足条件 x % N=0 (空间剩余，由下一个成员做空间补充)。

结构内的成员空间分配以 M 为单位开辟空间单元；若成员大小超过 M，则再开辟一个 M 单元；若此单元空间剩余，则由下一个成员按对齐规则做空间补充(结构体嵌套也是一样的规则)。

【例 7-6】 结构存储空间及内存对齐的查看例子 1。结构体成员是基本数据类型时的内存对齐。

```
struct
{
    short   a1;
    short   a2;
    short   a3;
} A ={1,2,3};


struct
{
    long    a1;
    short   a2;
} B ={4,5};
```

```
struct
{
        short    a1;
        long     a2;
} C={6,7};
```

sizeof(A)=6，sizeof(B)=8，sizeof(C)=8，为什么是这样？

注：sizeof(short)=2，sizeof(long)=4。

图 7.13 为例 7-6 的查看步骤 1，结构体 A 的对齐参数 M=sizeof(short)=2(byte)。

图 7.13　例 7-6 查看步骤 1

图 7.14 为例 7-6 的查看步骤 2，结构体 B 的对齐参数 M= sizeof(long)=4(byte)。

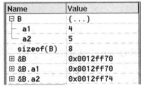
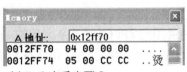

图 7.14　例 7-6 查看步骤 2

图 7.15 为例 7-6 的查看步骤 3，结构体 C 的对齐参数 M=sizeof(long)=4(byte)。

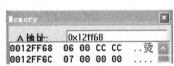

图 7.15　例 7-6 查看步骤 3

【例 7-7】　结构存储空间及内存对齐的查看例子 2。结构体成员是构造数据类型时的内存对齐。设

```
struct student x={1, "赵壹", "男", 3, 4, 5, 6, 7 };
```

图 7.16 中，Memory 窗口的地址是结构变量 x 的起始地址。

图 7.16　例 7-7 查看步骤

x 的存储空间长度=0x12ff7c-0x12ff58+4 = 0x28 = 40(byte)

x 成员定义长度和=(int+char*10+char*3+int+int*4)=37(byte)

二者相差 3 byte，即存在如图 7.17 所示的内存"空洞"，这是如何产生的呢？

成员	起始地址	4 byte			
int StudentId	12FF58	01	00	00	00
char StudentName[10]	12FF5C	D5	D4	D2	BC
		00	00	00	00
char StudentSex[3]	12FF66	00	00	C4	D0
	12FF68	00			
int TimeOfEnter	12FF6C	03	00	00	00
imt Score[4]	12FF70	04	00	00	00
		05	00	00	00
		06	00	00	00
		07	00	00	00

内存"空洞"
3 byte

图 7.17 内存"空洞"

结构体 x 的对齐参数 M=sizeof(int)=4

注意：

(1) 0x12FF64、0x12FF65 两个单元放的是 StudentName[8] 和 StudentName[9]。

(2) StudentSex 的起始地址是 0x12FF66。因为 StudentSex 的对齐参数 N=min (sizeof(该成员类型)，8)=sizeof(char)=1，0x12FF66%N=0，所以 StudentSex 的三个元素从 0x0x 12FF66 开始存储。

(3) TimeOfEnter 的起始地址是 0x12FF6C。因为 TimeOfEnter 的对齐参数 N= sizeof(int)=4，StudentSex 存储后的起始地址是 0x12FF69，0x12FF69 至 0x12FF6B 都不是 4 的整数倍（如图 7.18 所示），而 0x12FF6C 是 4 的整数倍，所以 TimeOfEnter 的起始地址是 0x12FF6C。因此，StudentSex 后的 3 byte 内存"空洞"是由于 TimeOfEnter 的"对齐"产生的。

Name	Value
0x12ff69%4	1
0x12ff6a%4	2
0x12ff6b%4	3
0x12ff6c%4	0

图 7.18 地址模 4 运算

仔细设计结构中元素的布局与排列顺序，可使结构容易理解、节省占用空间，从而可提高程序运行效率。

7.3 结构体的使用

【例 7-8】 结构与数组类比的例子。请写出一个程序，找出表 7.5 中的最高成绩，显示此组信息，并将之与表中的第一列信息交换。

表 7.5 数 据 表

座位号	1	2	3	4	5	6
成绩	90	80	65	95	75	97

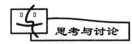

表格中的数据如何存储？

答：根据计算机解题的通用规则，我们首先要解决的问题是如何把表格中的数据按什么形式存储到机器中，然后才能在相应的存储结构中进行算法处理。

数据结构设计可采用以下三种方式：

(1) 用一维数组。

成绩数组：int score [6]={90,80,65,95,75,97};

座位数组：int set[6]={1,2,3,4,5,6};

(2) 用二维数组。成绩与座位的组合：

int score[2][6]={{90,80,65,95,75,97},{1,2,3,4,5,6}};

用一维或二维数组的方式存储数据的规则我们已经熟悉了，即把同类型的数据按序存放，元素用数组名配合下标引用。

(3) 用结构。

方式 1：

```
struct node {
        int score[6];
        int set[6];}
struct node x={{90,80,65,95,75,97},{1,2,3,4,5,6}}
```

方式 2：

```
struct node {
        int score;
        int set;}
struct node y[6]={{90,1},{80,2},{65,3},{95,4},{75,5},{97,6}};
```

用结构的方式存储的思路是，把相关的一组数据"打包"放在一起。结构的类型是用户自己定义的，结构的空间是在定义结构类型变量时分配的。

按照结构的形式，把数据存储到内存后，要对它们进行处理，就引出了数据如何引用的问题。表 7.6 给出了一维数组、二维数组、结构三种数据的组织形式以及其中数据项的引用形式。

表 7.6　数据存储及引用

	地　址	类　型	变量引用	存储顺序	特　点
一维数组	数组名 score	int	score[下标]	一维数组内的元素连续存储；两个数组间不一定连续	当处理大量的同类型的数据时，利用数组很方便
	数组名 set	int	set[下标]		
二维数组	数组名 score	int	score[下标][下标]	二维数组内的元素连续存储；按行优先顺序	
结构	x 的地址	struct node	x.score[下标]	结构内成员连续存储；先 score 数组，后 set 数组	将有关联的数据有机地结合起来，并利用一个变量来管理
			x.set[下标]		
	y 的地址	struct node	y[下标].score	结构内成员连续存储；以对应 score、set 为一组，按序存储	
			y[下标].set		

结构变量 x 和结构数组 y 的成员引用及取值见表 7.7。

表 7.7　x 与 y 的存储

结构变量 x 的存储顺序		结构数组 y[6] 的存储顺序	
结构成员变量	值	结构成员变量	值
x.score[0]	90	y[0].score	90
x.score[1]	80	y[0].set	1
x.score[2]	65	y[1].score	80
x.score[3]	95	y[1].set	2
x.score[4]	75	y[2].score	65
x.score[5]	97	y[2].set	3
x.set[0]	1	y[3].score	95
x.set[1]	2	y[3].set	4
x.set[2]	3	y[4].score	75
x.set[3]	4	y[4].set	5
x.set[4]	5	y[5].score	97
x.set[5]	6	y[5].set	6

伪代码描述见表 7.8。

表 7.8　例 7-8 伪代码

伪代码描述
在 score 中选当前的最大值 max，记录 set 中对应座位号 num
将 max 的值与 score 第 0 位置的值交换
将 num 的值与 set 的第 0 位置的值交换
输出 score 和 set 数组的内容

【方法 1】

```
1    /*例7-8用一维数组实现*/
2    #include <stdio.h>
3    #define MAX 6
4
5    int main()
6    {
7        int   score[MAX]={90,80,65,95,75,97};
8        int   set[MAX]={1,2,3,4,5,6};
9        int   max, num;
10       int   temp1, temp2;
11
12   /*在score中找最大值，并将之记录在max中，对应下标值记录在num中*/
13       max=score[0];  /*取第一组值做比较基准*/
14       num=1;
```

```
15      for (int i=1; i< MAX; i++)
16      {
17          if (max < score[i])
18          {
19              max=score[i];
20              num=set[i];
21          }
22      }
23
24  /*最大值与第一个值交换*/
25      temp1=score[0];
26      temp2=set[0];
27      score[0]=max;
28      set[0]=num;
29      score[num-1]= temp1;
30      set[num-1]= temp2;
31
32  /*输出*/
33      printf("第1名：%d 号,%d 分\n", set[0],score[0]);
34      return 0;
35  }
```

程序结果：

第 1 名：6 号,97 分

【方法 2】

```
1   /*例7-8用二维数组实现*/
2   #include <stdio.h>
3   #define MAX 6
4   int main()
5   {
6       int score[2][MAX]=
7       { {90,80,65,95,75,97},
8         { 1, 2, 3, 4, 5, 6}
9       };
10      int max, num;
11      int temp1, temp2;
12
13  /*在 score 中找最大值，并将之记录在 max 中，对应下标值记录在 n 中*/
14      max=score[0][0]; /*取第一组值做比较基准*/
15      num=1;
```

```
16        for (int i=1; i< MAX; i++)
17        {
18            if (max < score[0][i])
19            {
20                max=score[0][i];
21                num=score[1][i];
22            }
23        }
24
25    /*最大值与第一个值交换*/
26        temp1=score[0][0];
27        temp2=score[1][0];
28        score[0][0]=max;
29        score[1][0]=num;
30        score[0][num-1]= temp1;
31        score[1][num-1]= temp2;
32
33        /*输出*/
34    printf("第1名：%d号,%d分\n",score[1][0],score[0][0]);
35    return 0;
36 }
```

程序结果：

第1名：6号,97分

【方法3】

```
1    /*例7-8用结构方式1实现*/
2    #include <stdio.h>
3    #define MAX 6
4    int main()
5    {
6        struct node
7        {
8            int   score[MAX];
9            int   set[MAX];
10       } x = { {90,80,65,95,75,97}, {1,2,3,4,5,6} };
11    int   max,num;
12    int   temp1,temp2;
13
14   /*在score中找最大值，并将之记录在m中，对应下标值记录在n中*/
15       max=x.score[0];   /*取第一组值做比较基准*/
```

```
16      num=1;
17      for (int i=1; i< MAX; i++)
18      {
19          if (max < x.score[i])
20          {
21              max=x.score[i];
22              num=x.set[i];
23          }
24      }
25
26  /*最大值与第一个值交换*/
27      temp1=x.score[0];
28      temp2=x.set[0];
29      x.score[0]=max;
30      x.set[0]=num;
31      x.score[num-1]= temp1;
32      x.set[num-1]= temp2;
33
34  /*输出*/
35      printf("第 1 名: %d 号,%d 分\n", x.set[0],x.score[0]);
36      return 0;
37  }
```

程序结果:

第 1 名: 6 号,97 分

【方法 4】

```
1   /*用结构方式 2 实现*/
2   #include <stdio.h>
3   #define MAX 6
4   int main()
5   {
6       struct node
7       {
8           int   score;
9           int   set;
10      } y[6]={{90,1},{80,2},{65,3},{95,4},{75,5},{97,6}};
11      int   max,num;
12      int   temp1,temp2;
13
14  /*在 score 中找最大值, 并将之记录在 m 中, 对应下标值记录在 n 中*/
```

```
15        max=y[0].score;  /*取第一组值做比较基准*/
16        num=1;
17        for (int i=1; i< MAX; i++)
18        {
19            if (max < y[i].score)
20            {
21                max=y[i].score;
22                num=y[i].set;
23            }
24        }
25
26    /*最大值与第一个值交换*/
27        temp1=y[0].score;
28        temp2=y[0].set;
29        y[0].score=max;
30        y[0].set=num;
31        y[num-1].score= temp1;
32        y[num-1].set= temp2;
33
34    /*输出*/
35        printf("第1名: %d 号,%d 分\n",y[0].set,y[0].score);
36        return 0;
37    }
```

程序结果:

第1名: 6号,97分

【例7-9】 顺序结构程序的例子的改进。从键盘输入四个学生的学号和英语考试成绩,打印这四人的学号和成绩,最后输出四人的英语平均成绩。

```
1     /*顺序结构程序的例子的改进*/
2     #include <stdio.h>
3     int main()
4     {
5         struct node
6         {
7             int number[4];
8             float grade[4];
9         } stu;
10
11        float grade=0;
12        int i;
```

```
13      /*输入四个学生的学号和英语考试成绩*/
14      for(i=0; i< 4; i++)
15      {
16          printf("input  number:\n ");
17          scanf("%d",&stu.number[i]);
18          printf("input  grader:\n ");
19          scanf("%f", &stu.grade[i]);
20          grade=grade+ stu.grade[i];
21      }
22      /*打印四人的学号和成绩及平均成绩*/
23      printf(" number  grade\n");
24      for(i=0; i< 4; i++)
25      {
26          printf("%d:%0.1f\n",stu.number[i],stu.grade[i]);
27      }
28      printf("average=%0.1f\n ", grade/4);
29      return 0;
30  }
```

程序结果：

```
input  number:
 101
input  grader:
 98
input  number:
 102
input  grader:
 87
input  number:
 103
input  grader:
 67
input  number:
 104
input  grader:
 92
number  grade
101:  98.0
102:  87.0
103:  67.0
```

104: 92.0

average=86.0

把数据按照结构的形式存储后，这个程序从形式上看，比"顺序结构程序"要简洁。

【例7-10】 结构的例子 2。请设计一个统计选票的程序。现设有三个候选人的名单，见表 7.9，请分别统计出他们各得票的多少。由键盘输入候选人的名字米模拟唱票过程，选票数为 N(注：每次只能从三个候选者中选择一人)。

表 7.9 选 票

候选人姓名	票 数
Zhang	
Tong	
Wang	

【解】 伪代码见表 7.10。

表 7.10 例 7-10 伪代码

伪 代 码
当验票次数<选票数 N 时
输入候选人名 in_name
在统计表中按序查找是否有 in_name，若有，则相应名下的票数加 1

```
1   /*统计选票*/
2   #include <stdio.h>
3   #include <string.h>
4   #define N 50    /*投票人数*/
5   struct person
6   {   char name[20]; /*候选人姓名*/
7       int sum;  /*得票数*/
8   }
9
10  int main()
11  {
12      struct person  a[3]
13      ={"Zhang",0, "Tong",0, "Wang",0};/*选票结构*/
14      int i,j;
15      char in_name[20];
16
17      for(i=1;i<=N;i++) /*N 位投票人，处理 N 次*/
18      {
19          scanf("%s",in_name); /*输入候选人名*/
20          for(j=0;j<3;j++) /*选中的候选者得票数加 1*/
21              if (strcmp(in_name, a[j].name)==0)
```

```
22          {
23              a[j].sum++;
24          }
25      }
26      for (i=0;i<3;i++)  /*输出结果*/
27      {
28          printf("%s,%d\n",a[i].name,a[i].sum);
29      }
30      return 0;
31  }
```

【例 7-11】　结构的例子 3——对"函数综合设计例子"做一改进。

原题目：处理 3 个学生四门课程的成绩，成绩存储在二维数组 studentGrades 中。

(1) 求所有成绩中的最低、最高成绩；

(2) 每个学生的平均成绩；

(3) 输出结果。

```
int studentGrades[STUDENTS][EXAMS]
= { { 77,68,86,73 },
    { 96,87,89,78 },
    { 70,90,86,81 }
  };
```

改进的题目：已知 N 个学生的学号、姓名及四门课程的成绩，如表 **7.11** 所示。

(1) 求所有成绩中的最低、最高成绩；

(2) 求每个学生的总成绩、平均成绩；

(3) 打印全班成绩单。

表 7.11　学 生 成 绩 单

num	name	math	phys	eng	pro	total	ave
1	Zhao	77	68	86	73		
2	Qian	96	87	89	78		
3	Sun	70	90	86	81		
...							

【解】

(1) 数据存放：选结构存储。

```
#define N 50
struct  stu
{
    int   num;
    char name[10];
    float math;
```

```
        float phys;
        float eng;
        float pro;
        float total;
        float ave;
    };
    struct stu a[N]
    ={  { 1, "zhao", 77, 68, 86, 73, 0, 0 },
        { 2, "Qian", 96, 87, 89, 78, 0, 0 },
        { 3, "Sun",  70, 90, 86, 81, 0, 0 }
    };
```

(2) 算法描述：伪代码见表 7.12。

表 7.12　例 7-11 伪代码

伪代码描述算法		
设：最小成绩 lowGrade = 100;		
最高成绩 highGrade = 0;		
成绩总和 total=0;		
在结构的成绩项中按序扫描	找比 lowGrade 低的值，存在 lowGrade 中	
	找比 highGrade 低的值，存在 highGrade 中	
	累计成绩 total	
计算总分、平均分，填入结构的 total、ave 项		
打印结果		

(3) 程序实现关键点分析：

```
    int i;
    float lowGrade = 100;   /*初始化为可能的最高分数*/
    float highGrade = 0;    /*初始化为可能的最低分数*/
    float total = 0;
 /*找比 lowGrade 低的值, 记在 lowGrade 中*/
    if (lowGrade > a[ i ].math) lowGrade = a[ i ].math;
    if (lowGrade > a[ i ].phys) lowGrade = a[ i ].phys;
    if (lowGrade > a[ i ].eng)  lowGrade = a[ i ].eng;
    if (lowGrade > a[ i ].pro)  lowGrade = a[ i ].pro;
 /*找比 highGrade 低的值, 记在 highGrade 中*/
    if (highGrade < a[ i ].math) highGrade = a[ i ].math;
    if (highGrade < a[ i ].phys) highGrade = a[ i ].phys;
    if (highGrade < a[ i ].eng)  highGrade = a[ i ].eng;
    if (highGrade < a[ i ].pro)  highGrade = a[ i ].pro;
    total = a[ i ].math + a[ i ].phys + a[ i ].eng + a[ i ].pro;
```

```
a[ i ]. total= total;       /*在表中填总成绩 */
a[ i ]. ave = total / 4; /* 在表中填平均成绩 */
```

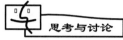思考与讨论

每项成绩的引用形式都很繁琐，最好能以一种简洁的方式表示各项成绩。如何改进？

改进方法：设置一个 **gradePtr** 指针，指向第一个成绩，见图 **7.19**。

gradePtr		gradePtr=&a[0].math;					

num	name	math	phys	eng	pro	total	ave
1	Zhao	77	68	86	73		

图 7.19　对成绩引用的改进

```
gradePtr[0]  = a[ 0 ]. math;
gradePtr[1]  = a[ 0 ]. phys;
gradePtr[2]  = a[ 0 ]. eng;
gradePtr[3]  = a[ 0 ]. pro;
```

因为在结构中，成绩各项的数据类型都是相同的，所以也是连续存储的。各项成绩通过指针的引用，就变得有规律了。

```
float *gradePtr;
gradePtr = &a[ 0 ]. math;
total = 0;
for ( i = 0; i < 4; i++ )    /*循环结构中一个学生的各科成绩*/
{
  if (gradePtr[ i ] < lowGrade ) lowGrade = gradePtr[ i ];
  if (gradePtr[ i ] > highGrade ) highGrade = gradePtr[ i ];
  total += gradePtr[ i ];
}
a[ 0 ]. total= total;        /*在表中填总成绩*/
a[ 0 ]. ave = total/4;       /*在表中填平均成绩*/
```

或者

```
float *gradePtr;
gradePtr = &a[ 0 ]. math;
total = 0;
for ( i = 0; i < 4; i++, gradePtr++ )
{
  if (*gradePtr < lowGrade ) lowGrade = *gradePtr;
  if (*gradePtr > highGrade ) highGrade = *gradePtr;
  total += *gradePtr;
}
a[ 0 ]. total= total;
```

```
        a[ 0 ]. ave = total/4;
完整的程序如下:
    1        /*对结构表中成绩的统计*/
    2        #include <stdio.h>
    3        #define N 3
    4        struct  stu
    5        {   int   num;
    6            char name[10];
    7            float math;
    8            float phys;
    9            float eng;
    10           float pro;
    11           float total;
    12           float ave;
    13       };
    14
    15  int main()
    16  {
    17      struct stu a[N]
    18      ={  {1, "zhao", 77, 68, 86, 73, 0, 0 },
    19          {2, "Qian", 96, 87, 89, 78, 0, 0 },
    20          {3, "Sun",  70, 90, 86, 81, 0, 0 }
    21       };
    22      float *gradePtr;
    23      float lowGrade = 100;      /*初始化为可能的最高分数*/
    24      float highGrade = 0;       /*初始化为可能的最低分数*/
    25      float total = 0;              /*考试成绩总和*/
    26
    27      for (int j = 0; j < N; j++ )     /*循环处理结构中的行*/
    28      {
    29        gradePtr = &a[ j ]. math;
    30        total = 0;
    31        for(int i=0;i<4;i++)               /*循环处理结构中一行的各个成绩*/
    32        {
    33          if(gradePtr[i]<lowGrade)lowGrade=gradePtr[i];
    34          if(gradePtr[i]>highGrade)highGrade=gradePtr[i];
    35          total += gradePtr[ i ];
    36        }
    37        a[ j ]. total= total;
```

```
38        a[ j ]. ave = total/4;              /*计算平均成绩*/
39      }
40      printf("\nLowest rade: %.1f\nHighest grade: %.1f\n\n",
41            lowGrade,highGrade);
42      /*输出成绩表格*/
43      printf("num name math.Phys.eng.pro.total ave\n");
44      for ( int i = 0; i < N; i++ )
45      {
46            printf( "%3d%6s%6.1f%6.1f%6.1f%6.1f%6.1f%6.1f\n",
47            a[i].num,a[i].name,a[i].math,a[i].phys,a[i].eng,
48            a[i].pro, a[i].total, a[i].ave);
49      }
50      return 0;
51  } /*结束main*/
```

程序结果：

```
Lowest grade: 68.0
Highest grade: 96.0
```

num	name	math.	Phys.	eng.	pro.	total	ave
1	Zhao	77.0	68.0	86.0	73.0	304.0	76.0
2	Qian	96.0	87.0	89.0	78.0	350.0	87.5
3	Sun	70.0	90.0	86.0	81.0	327.0	81.8

7.4 结构体与函数的关系

和普通变量一样，结构体变量、结构体指针均可作为函数的参数和返回值，具体情形参见表 7.13。

表 7.13　函数中结构体作参数的方式

参 数 内 容	传递类型
用结构体的单个成员作参数	传值
用结构体整体作为参数(即用结构变量作参数)	传值
用指向结构体的指针作为参数传递	传址

【例 7-12】　结构变量作形参的例子。

```
1  /*结构变量做形参*/
2  #include <stdio.h>
3
4  struct student
5  {   int  num;
6      float grade;
```

```
7      };
8
9      struct student func1(struct student stu)    /*形参为结构变量*/
10     {
11         stu.num=101;
12         stu.grade=86;
13         return (stu);     /*返回结构变量*/
14     }
15
16     int main()
17     {
18         struct student x={0, 0};
19         struct student y;
20
21         y = func1(x);     /*实际参数为整个结构变量*/
22         return 0;
23     }
```

跟踪调试

图 7.20～图 7.23 分别为例 7-12 的调试步骤 1～调试步骤 4。

图 7.20 中，注意实参 x 的地址为 0x12ff78。

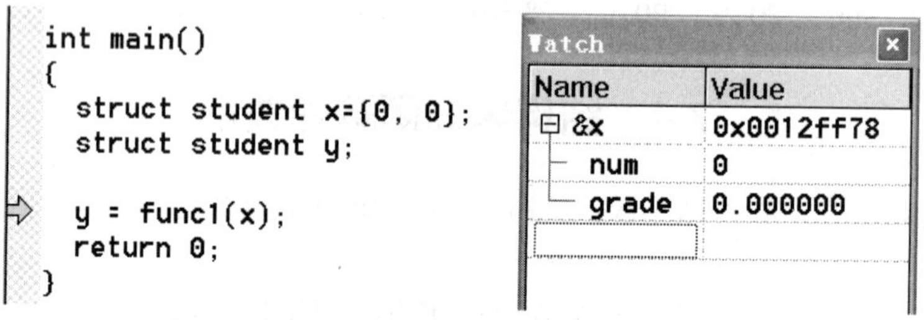

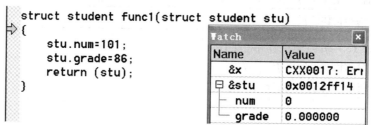

图 7.20　例 7-12 调试步骤 1

图 7.21 中，值传递，形参 stu 的地址为 0x12ff14，与实参存储单元不是同一个。实参的值被拷贝了一份，放在形参中。

图 7.21　例 7-12 调试步骤 2

图 7.22 中，结构成员在子函数 func1 中被修改。

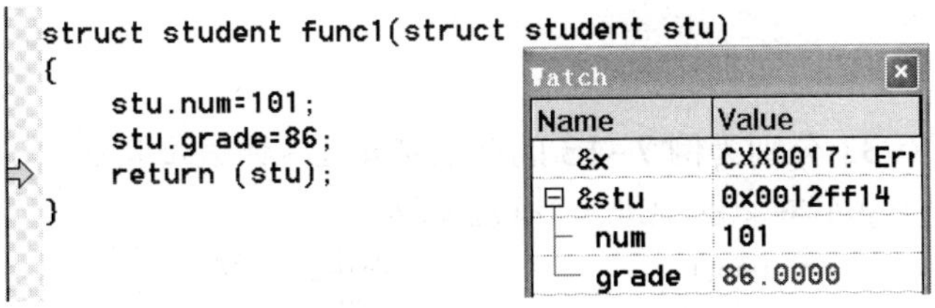

```
struct student func1(struct student stu)
{
    stu.num=101;
    stu.grade=86;
    return (stu);
}
```

Watch	✕
Name	Value
&x	CXX0017: Err
⊟ &stu	0x0012ff14
— num	101
— grade	86.0000

图 7.22　例 7-12 调试步骤 3

图 7.23 中，返回主函数，结构变量 y 接收 func1 返回的结构变量的值。

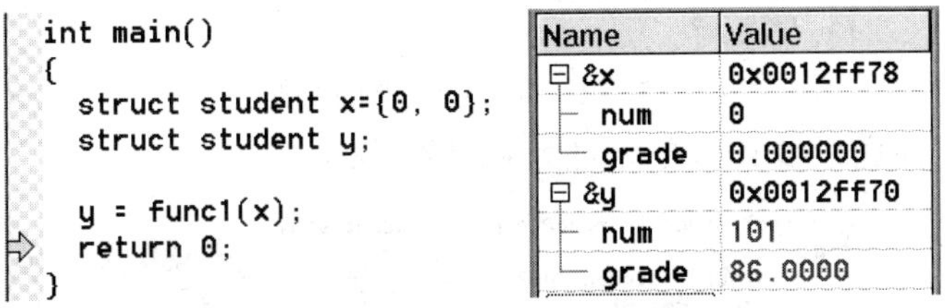

```
int main()
{
  struct student x={0, 0};
  struct student y;

  y = func1(x);
  return 0;
}
```

Name	Value
⊟ &x	0x0012ff78
— num	0
— grade	0.000000
⊟ &y	0x0012ff70
— num	101
— grade	86.0000

图 7.23　例 7-12 调试步骤 4

注意：x、y 与 stu 三者的存储单元地址都是各分单元的，x 的值并未被修改。

【例 7-13】　返回值是结构指针的例子。

```
1    /*返回值是结构指针*/
2    #include <stdio.h>
3
4    struct  student
5    {  int   num;
6       float grade;
7    };
8
9    struct student* func2(struct student stu)
10   {
11       struct  student *str=&stu;
12       str->num=101;
13       str->grade=86;
14      return (str);    /*返回结构指针*/
15   }
16
17   int main()
18   {
19       struct student x={0, 0};
20       struct student *stuPtr;
21
22       stuPtr = func2(x);
23       return 0;
24   }
```

图 7.24～图 7.31 分别为例 7-13 的调试步骤 1～调试步骤 8。

图 7.24 中，注意实参 x 的地址为 0x12ff78。

```
int main()
{
  struct student x={0, 0};
  struct student *stuPtr;

⇒  stuPtr = func2(x);
  return 0;
}
```

Name	Value
⊞ &x	0x0012ff78
⊞ stuPtr	0xcccccccc

图 7.24　例 7-13 调试步骤 1

图 7.25 中，注意形参 stu 的地址为 0x12ff20。

```
struct student* func2(struct student stu)
⇒{
    struct  student *str=&stu;
    str->num=101;
    str->grade=86;
    return (str);
}
```

Watch

Name	Value
⊟ &stu	0x0012ff20
num	0
grade	0.000000

图 7.25　例 7-13 调试步骤 2

图 7.26 中，修改 stu 结构中的成员值。

```
struct student* func2(struct stu
{
    struct  student *str=&stu;
    str->num=101;
    str->grade=86;
    return (str);
⇒}
```

Name	Value
⊞ &stu	0x0012ff20
⊟ str	0x0012ff20
num	101
grade	86.0000

图 7.26　例 7-13 调试步骤 3

图 7.27 中，主函数中 sutPtr 接收返回的局部量 str 的值。

```
int main()
{
  struct student x={0, 0};
  struct student *stuPtr;

  stuPtr = func2(x);
⇒  return 0;
}
```

Name	Value
&stu	Error: cann
str	CXX0017: Er
⊟ stuPtr	0x0012ff20
num	101
grade	86.0000

图 7.27　例 7-13 调试步骤 4

注意：在第 6 章"指针"中讨论过关于不要返回局部量的地址的问题。此程序若以结构体指针为参数，可以改进如下：

```
1   /*以结构体指针为形式参数*/
2   #include <stdio.h>
3
4   struct  student
5   {  int   num;
6       float grade;
7   };
8
9   void func3(struct student *str)
10  {
```

```
11      str->num=101;
12      str->grade=86;
13  }
14
15  int main()
16  {
17      struct student x={0, 0};
18
19      func3(&x);
20      return 0;
21  }
```

图 7.28～图 7.31 为改进后程序的调试步骤。

图 7.28 中，实参为结构变量的地址 0x12ff78。

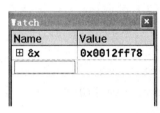

图 7.28　例 7-13 调试步骤 5

图 7.29 中，形参为结构指针，指向实参单元 x。

图 7.29　例 7-13 调试步骤 6

图 7.30 中，子函数 func3 修改 0x12ff78 地址中的结构成员数据。

图 7.30　例 7-13 调试步骤 7

图 7.31 中，返回主函数，x 结构的内容被修改。

图 7.31　例 7-13 调试步骤 8

结构变量与结构指针在函数的信息传递中的使用方法及原则与普通变量及指针是一样的。

【例7-14】 结构成员作形参的例子。已知一个班学生信息如表7.14所示，要求在主函数中赋初值及打印结果，在子函数中求出一个人的总成绩和平均成绩。

表7.14 成 绩 表

num	name	math	phys	eng	pro	total	ave
1	Zhao	77	68	86	73		
2	Qian	96	87	89	78		
3	Sun	70	90	86	81		
…							

【解】 （1）数据存放：结构存储。

```
#define N 50
struct  stu
{   int   num;
    char name[10];
    float math;
    float phys;
    float eng;
    float pro;
    float total;
    float ave;
};
struct stu a[N]
={  { 1, "zhao", 77, 68, 86, 73, 0, 0 },
    { 2, "Qian", 96, 87, 89, 78, 0, 0 },
    { 3, "Sun", 70, 90, 86, 81, 0, 0 }
};
```

（2）算法分析：子函数的功能是实现总分和均分的计算，因此只需把各科成绩信息传递给子函数即可，结构中的学号、姓名等信息是不必传递的。

设

```
struct stu p;
float *gradePtr;
p=a;                   /*ptr 指针指向结构表格的一行*/
gradePtr = &a[0].math; /*gradePtr 指向成绩起始地址*/
```

指针 gradePtr 和 p 的指向见图7.32。

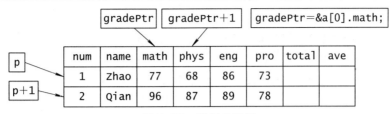

图 7.32 数据及引用

成绩信息传递方法设计：由于各科的成绩数据类型都一样，在结构中是连续存储的，因此把成绩信息作地址传递即可。子函数设计见表 7.15。

表 7.15 例 7-14 子函数设计

	内容 & 数量	可能的方案		实 现	
输入	一个人的各科成绩	传值	传址	实际参数	形式参数
				&(p-> math)	float *gradePtr
输出	一个人的总成绩、平均成绩	传址		return 语句不采用	形式参数
					float *gradePtr

说明：

(1) 输入信息是成绩，有多个，可能的方案有传值和传址两种，这里采用传址方式；形式参数为 float 型指针，实际参数为结构成员 math 的地址。

(2) 输出信息有两个，这里采用形参共用地址的方式，故就不用 return 了，因此函数的类型为 void。

(3) 程序实现：

```
1   /*结构成员作形参*/
2   #include <stdio.h>
3   #define N 3
4   void calculate( float *gradePtr);
5
6   struct stu
7   {   int   num;
8       char *name;
9       float math;
10      float phys;
11      float eng;
12      float pro;
13      float total;
14      float ave;
15  };
16
17  int main()
18  {
```

```
19      struct stu a[N]
20      ={ { 1, "zhao", 77, 68, 86, 73,0, 0 },
21          { 2, "Qian", 96, 87, 89, 78, 0, 0 },
22          { 3, "Sun", 70, 90, 86, 81, 0, 0 }
23       };
24      struct stu *p=a;
25      int i;
26
27      printf("Name Num.Math. Phys.Eng.Pro.Total.Ave\n");
28      for( p=a, i=0;  i<N;  i++, p++)
29      {
30          calculate( &(*p).math );
31          printf( "%4d%6s%7.2f%7.2f%7.2f%7.2f%7.2f%7.2f\n",
32                  (*p).num,(*p).name,(*p).math,(*p).phys,
33                  (*p).eng,(*p).pro,(*p).total,(*p).ave);
34      }
35      return 0;
36  }
37
38  /*计算一个学生的总成绩和平均成绩*/
39  void calculate( float *gradePtr)
40  {
41      float sum=0;
42      int i;
43      for (i=0; i<4; ++i, ++gradePtr)
44      {
45          sum+=*gradePtr;
46      }
47      *gradePtr=sum;         /*求总成绩*/
48       gradePtr++;
49      *gradePtr=sum/4;      /求平均成绩*/
50  }
```

程序结果：

```
Name Num. Math. Phys. Eng.  Pro.  Total. Ave
   1 Zhao 77.00 68.00 86.00 73.00 304.00 76.00
   2 Qian 96.00 87.00 89.00 78.00 350.00 87.50
   3  Sun 70.00 90.00 86.00 81.00 327.00 81.75
```

7.5 共 用 体

共用体(联合体)是指几个不同时出现的变量成员共享一块内存单元。当若干变量每次只使用其中之一时，可以采用"共用体"(union)数据结构。给共用体数据中各成员分配同一段内存单元，设置这种数据类型的主要目的就是节省内存。

1. 共用体类型的定义

共用体类型定义的一般形式为：

```
union 共用体名
{
    类型名 1    成员名 1;
    类型名 2    成员名 2;
    …
    类型名 n    成员名 n;
}
```

说明：

(1) union 为关键字。

(2) 和 struct 声明一样，union 声明仅仅创建了一个类型，在任何函数之外加 union 和 struct 声明，并不会创建实际变量。

例如：

```
union number
{
    int   x;
    char  ch;
    float y;
};
```

与 struct 成员不同的是，union 中的成员 x、ch 和 y 具有同样的地址，如图 7.33 所示。sizeof(union number)取决于占空间最多的成员变量 y。

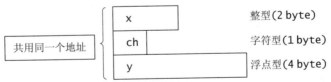

图 7.33 共用体成员共用同一个地址

共用体的特点及与结构体的关系见表 7.16。

表 7.16 共用体的特点及与结构体的关系

空间长度	C 语言为共用型变量只分配一块存储空间，其地址在分配时即确定，其长度为所有成员中最长的成员的数据长度
成员关系	每一瞬时只有一个成员有效，其他的成员无效；有效的是最后一次存放的成员
与结构体的关系	共用体类型可以出现在结构体类型定义中

2. 共用体变量的定义

与结构体变量相同，共用体变量定义的一般形式为：

```
union 共用体名
{
    类型名 1    成员名 1;
    类型名 2    成员名 2;
    ...
    类型名 n    成员名 n;
} 变量名表;
```

3. 共用体成员的引用方式

共用体成员引用方式有两种：

方式一：共用体变量名.成员名

方式二：共用体指针名->成员名

【例 7-15】 共用体的例子 1。

```c
#include <stdio.h>
int main()
{
    union number              /*定义共用体类型*/
    {
        int   x;
        char   ch;
        float  y;
    };

    union number unit;        /*定义共用体变量*/

    unit.x=1;                 /*共用体成员引用*/
    unit.ch='a';
    unit.y=2;

    return 0;
}
```

图 7.34～图 7.36 所示分别为例 7-15 的调试步骤 1～调试步骤 3。

由图 7.34 可以看出三个共用体成员的地址都是 0x12ff7c，其中显示了给成员 x 赋值 1 时的情形。

图 7.35 显示了给成员 ch 赋值'a' 时的情形。

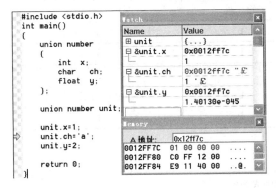

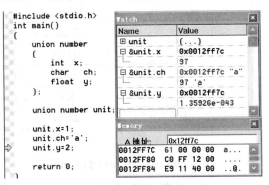

图 7.34　例 7-15 调试步骤 1　　　　　　　图 7.35　例 7-15 调试步骤 2

图 7.36 显示了给成员 y 赋值 2 时的情形。注意 Memory 中的值显示的是 0x40000000，这是什么原因呢？请看下面的"思考与讨论"。

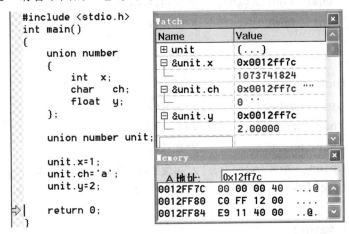

图 7.36　例 7-15 调试步骤 3

图 7.36 中，float 型变量 y 的值是 2，为什么在内存中显示为 0x40000000？

答：根据第 2 章中介绍的 IEEE754 标准，按 float 占 32 位的情形，实数 2 的存储形式见表 7.17，即为 0x40000000。

表 7.17　实数 2 的存储形式（IEEE754 标准）

十进制	规格化	指数	符号	阶码 8 位 (指数+127)	尾数 23 位
2	1.0×2^1	1	0	100 0000 0	000 0000　0000 0000　0000 0000

【例 7-16】　共用体的例子 2。设有若干教师的数据，包含有教师编号、姓名、职称，若职称为讲师（lecturer），则描述他们所讲的课程；若职称为教授（professor），则描述他们所写的论文数目。统计论文总数。具体数据见表 7.18。

表 7.18　例 7-16 数据表

编　号	姓　名	职　称	课程或论文数
1	Zhao	L	program
2	Qian	P	3
3	Sun	P	5
4	Li	L	english
5	Zhou	P	4

```
1    /*共用体的例子*/
2    #include <stdio.h>
3    #define N 5                    /*教师人数*/
4
5    union work
6    {   char course[10];          /*所讲课程名*/
7        int   num;                /*论文数目*/
8    };
9
10   struct  teachers
11   {  int   number;              /*编号*/
12      char  name[8];             /*姓名*/
13      char  position;            /*职称*/
14      union work  x;             /*可变字段，所讲课程或论文数目*/
15   } teach[N];
16
17   int main()
18   {
19       struct teachers teach[N]
20       ={  {1, "zhao",'L',"program"},
21           {2, "Qian",'P',3},
22           {3, "Sun",'P',5},
23           {4, "Li",'L',"english"},
24           {5, "Zhou",'P',4},
25       };
26       int sum=0;
27
28       for(int i=0; i<N; i++)
29       {
30           printf ( " %3d %5s %c ",teach[i].number,
31                   teach[i].name,  teach[i].position);
```

```
32          if (teach[i].position =='L')
33          {
34              printf ("%s\n", teach[i].x.course);
35          }
36          else if ( teach[i].position =='P' )
37          {
38              printf ("%d\n", teach[i].x.num);
39              sum=sum+teach[i].x.num;
40          }
41      }
42      printf ("paper total is %d\n", sum);
43      return 0;
44  }
```

程序结果：

```
1 Zhao L program
2 Qian P 3
3  Sun P 5
4   Li L english
5 Zhou P 4
paper total is 12
```

7.6 枚　举

在程序设计语言中，一般用一个数值来代表某一状态，这种处理方法不直观，易读性差。例如，用数值代表色彩，就不如用"红橙黄绿青蓝紫"直接。如果能在程序中用自然语言中有相应含义的单词来代表某一状态，则程序就很容易阅读和理解。

事先考虑到某一变量可能取的值，尽量用自然语言中含义清楚的单词来表示它的每一个值，这种表示方法称为枚举(enum)，用这种方法定义的类型称枚举类型。

如果一个变量仅在很小的范围内取值，则可以把它定义为枚举类型，变量的值只限于列举出来的值的范围。

在C/C++中，枚举是一个用标识符表示的一组整型常数的集合。

枚举的定义形式与结构和联合相似，其形式为：

```
enum 枚举名
{
  标识符[=整型常数],
  标识符[=整型常数],
  ...
  标识符[=整型常数]
} 枚举变量;
```

说明:

(1) 标识符是符号常量。

(2) 方括号中是可选项,如果枚举没有初始化,即省掉"=整型常数"时,则从第一个标识符开始,顺次赋给标识符 0,1,2,…。但当枚举中的某个成员赋值后,其后的成员按依次加 1 的规则确定其值。

(3) 应列出枚举所有成员。例如:

```
enum weeks{Sun,Mon,Tue,Wed,Thu,Fri,Sat};
```

该枚举名为 weeks,枚举值共有 7 个,即一周中的 7 天,相当于用 Sun,Mon,Tue…符号代替了数字 0,1,2…。凡被说明为 weekDay 类型变量的取值只能是 7 天中的某一天。

【例 7-17】 枚举的例子。输入当天是星期几,计算并输出 n 天之后是星期几。例如,今天是星期六,若求 3 天后是星期几,则输入"6,3",输出"3 天后是星期二"。

```
1    /*例 7-17 枚举的例子*/
2    #include "stdio.h"
3    /*代表一周 7 天的枚举常量*/
4    enum weeks{Sun,Mon,Tue,Wed,Thu,Fri,Sat};
5    int count(enum weeks weekDay, int n);
6
7    /*求 weekDay 天后的 n 天是星期几*/
8    int count(enum weeks weekDay, int n)
9    {
10       return(((int)weekDay + n)% 7);
11   }
12
13   int main()
14   {
15       enum weeks wToday,wNday;
16   /* wToday 表示当天的星期值,wNday 表示 n 天后的星期值 */
17       char *weekName[]=
18       {
19        "星期日","星期一","星期二","星期三","星期四","星期五","星期六"
20       };
21       int n;
22       scanf("%d,%d",&wToday,&n);
23       wNday=(enum weeks)count(wToday,n);
24       printf("今天是%s\n",weekName[wToday]);
25       printf("%d 天后是%s\n",n,weekName[wNday]);
26       return 0;
27   }
```

程序结果:

5,6

今天是星期五

6 天后是星期四

7.7　typedef **声明新的类型名**

当结构体类型名较长、有些类型名不直观时，可不可以重命名呢？C 语言可以通过 typedef 语句定义自己命名的数据类型，实际上是给 C 类型重新起个名字。

> typedef= type(类型)+def(定义 define)

使用 typedef 有两个主要的理由：

(1) 有利于程序移植。如果把 typedef 用于可能与机器有关的数据类型，则在程序移植时仅需改变 typedef，从而减少大量的程序修改工作。

(2) 使用 typedef 能为程序提供更多的可读信息，用一个适当的符号名表示一个复杂的结构类型，会增强程序的可读性。

声明新类型的形式为：

> typedef　　　原类型名　　　新类型名；

typedef 的功能是给已定义的数据类型定义别名。

例如，若有

(1) typedef int integer;

(2) typedef struct student Stu;

则语句

    integer x,y;

等价于：

    int x,y;

语句

    p=(struct student *)malloc(sizeof(struct student));

等价于：

    p=(Stu *)malloc(sizeof(Stu));

#define 和 typedef 的区别：

define 是在预编译时处理的，它只能做简单的字符串替换，而 typedef 是在编译时处理的，实际上它并不是做简单的字符串替换。

7.8　本 章 小 结

◆ 结构和联合的使用步骤：

(1) 类型定义：根据需要定义结构或联合类型；

(2) 变量声明：通过定义的类型说明变量、数组和指针；

(3) 变量引用：引用变量、数组元素和指针指向的对象。

◆ 联合与结构的区别：结构变量的每个成员项占独立的内存单元，而联合变量的成员项以最大的成员项开辟单元后，所有成员项共用内存单元。

◆ 各种数据类型的比较：

(1) 基本数据类型：最主要的特点是其值不可以再分解为其他类型。

(2) 构造数据类型：是根据已定义的一个或多个数据类型用构造的方法来定义的复合数据类型。也就是说，一个构造类型的值可以分解成若干个"成员"或"元素"。每个"成员"都是一个基本数据类型或又是一个构造类型。在 C 语言中，构造类型有以下几种：

• 数组类型；

• 结构体类型；

• 共用体(联合)类型。

> 结构是张表，类型自己定；
> 变量与数组，可为结构型；
> 申请空间后，读写任意行。
> 指针指结构，偏移要分清。

习　　题

7.1　编写一条或者一组语句完成下列任务。

(1) 定义包含 int 变量 partNumber 和 char 数组 partName 的结构 part，其中 partName 的值可能有 25 个字符长。

(2) 定义 part 作为类型 struct part 的同义词。

(3) 使用 part 来声明变量 a 的类型是 struct part，数组 b[10]的类型是 struct part，变量 ptr 是指向 struct part 的指针。

(4) 从键盘读取部件编号和部件名称到变量 a 的单个成员中。

(5) 将变量 a 的成员赋值给数组 b 下标为 3 的元素。

(6) 将数组 b 的地址赋给指针变量 ptr。

(7) 通过使用变量 ptr 和结构指针运算符引用成员，来输出数组 b 下标为 3 的元素的成员值。

7.2　假设已经定义了结构：

```
struct person
{
    char lastName[15];
    char firstName[15];
    char age[4];
}
```

编写语句，完成 10 组姓、名和年龄的输入。

7.3　有结构的定义：

```
struct person
```

```
    {
        char    name[9];
        int     age;
    } pr[10]={"Johu",17,"Paul",19,"Mary",18,"Adam",16};
```

根据上述定义，能输出字母 M 的语句是：

A. printf("%c",pr[3].name);

B. printf("%c",pr[3].name[1]);

C. printf("%c",pr[2].name[1]);

D. printf("%c",<<pr[2].name[0]);

　　7.4　定义一个结构体变量(包括年、月、日)，计算该日在本年中为第几天(注意考虑闰年问题)。要求写一个函数 days，实现上面的计算。由主函数将年月日传递给 days 函数，计算后将日子传递回主函数输出。

　　7.5　现设有三个候选人的名单，请分别统计出他们各得票的多少。由键盘输入候选人的名字来模拟唱票过程。

　　7.6　读入五位用户的姓名和电话号码，按姓名的字典顺序排列后，输出用户的姓名和电话号码。

　　7.7　假设一个学生的信息表中包括学号、姓名、性别和一门课的成绩。而成绩通常又可采用两种表示方法：一种是五分制，采用的是字符形式；另一种是百分制，采用的是浮点数形式。现要求编写一程序，输入一个学生的信息并显示出来。

　　7.8　由键盘任意输入一个 1～7 之间的数字，输出其对应星期。

　　7.9　从键盘上读入数据，第一个数据是数组长度 N，后面的 N 个值，每个值从一新行开始读起，以字符 I 或 C 开头，指出此值是整数还是字符。把这些值保存在数组中，重新显示。

　　7.10　下面声明枚举类型：

一周的星期 enum day{Sunday,Monday,Tuesday,Wednesday,Thursday,Friday,Saturday}

求以下各项的值，假设每次运算前 today(day 类型)的值是 Tuesday。

(1) int(Monday)

(2) int(today)

(3) today < Tuesday

(4) day(int(today) + 1)

(5) Wednesday + Monday

(6) int(today) + 1

(7) today >= Tuesday

(8) Wednesday + Thursday

　　7.11　试构造出一枚举类型，包含颜料的三原色。然后编写一函数，显示三原色两两搭配所呈现的三种间色。

　　7.12　试构造一联合体，可以表示一维空间(直线)、二维空间(平面)或三维空间中的一个点，要求联合体包括维度指示和坐标点的表示。

第 8 章 文件——外存数据的操纵

【主要内容】
- 文件的概念；
- 通过人工操作文件与程序操作文件的对比，说明文件操作的基本步骤；
- 文件操作库函数的介绍及使用方法实例；
- 分类简要介绍可以对文件进行操作的库函数功能。

【学习目标】
- 能够创建、读取、写入、更新文件；
- 熟悉顺序访问文件处理；
- 熟悉随机访问文件处理。

8.1 问题的引入

编程的目的是对数据进行处理，完成特定的功能。数据的处理包括数据的输入、加工处理及结果的输出。对程序的运行及测试涉及数据的输入/输出。数据的输入/输出有如下特点：

（1）待处理的数据由程序员编程时在程序中设定(该程序只能处理固定的数据)或在程序运行时由用户输入(每次运行时都要重新输入)。

（2）程序处理的结果输出到显示屏，无法实现永久性的保存。

当处理的数据有下列情形出现时，可把这些数据保存起来，以达到查看方便或可以反复使用的目的。

（1）输入：输入的数据量很大；输入的数据每次都相同。

（2）输出：需要多次查看程序结果；程序结果较多，一屏显示不下。

计算机系统长久保存数据的方法是把数据存储到外存上，操作系统以文件为单位对外存的数据进行管理。

8.2 文件的概念

文件：存储在外部介质上具有名称(文件名)的一组相关数据的集合。

文件是一组相关数据的有序集合，这个数据集有一个名称，叫做文件名。 实际上在前面的各章中我们已经多次使用了文件，例如源程序文件、目标文件、可执行文件、库文件

(头文件)等。用文件可长期保存数据，并实现数据共享。

在 C 语言中按内容存放方式，文件可分为二进制文件和文本文件两种。

1. 二进制文件

二进制文件是按二进制的编码方式来存放数据的。例如，整数 5678 的存储形式为 00010110 00101110，只占两个字节(5678 的十六进制为 0x162E)。

二进制文件虽然也可在屏幕上显示， 但其内容无法读懂。

2. 文本文件

文本文件也称为 ASCII 码文件，这种文件在磁盘中存放时每个字符对应一个字节，用于存放对应的 ASCII 码。例如，数 5678 的存储形式如表 8.1 所示。

表 8.1 文本文件中的字符表示

二进制	0011 0101	0011 0110	0011 0111	0011 1000
字符	'5'	'6'	'7'	'8'

ASCII 码文件可在屏幕上按字符显示。例如源程序文件就是 ASCII 码文件，由于是按字符显示，因此我们能读懂文件内容。

文本文件与二进制文件的区别：文本文件将文件看做是由一个一个字符组成的，一个字符为一个单位；而二进制文件则是由 bit(位)组成的，一个 bit 为一个单位。

流式文件： C 语言将文件看做 "数据流"，即文件是由一串连续的、无间隔的字节构成，用文件结束符结束，这种结构称为 "流式文件结构"。

流式文件在处理时不需考虑文件中数据的性质、类型和存放格式，访问时只是以字节为单位对数据进行存取，而将对数据结构的分析、处理等工作都交给后续程序去完成。因此，这样的文件结构更具灵活性，对存储空间的利用率高。

文件结束标志有以下两种：

(1) EOF——文本文件结束标志。EOF 是 End of File 的缩写，整型符号常量，在 <stdio.h>头文件中定义， 它的值通常是-1。

(2) feof 函数——用来判断文件是否结束。二进制文件与文本文件均适用。

 关于 EOF

在程序中测试符号常量 EOF，而不是测试-1，这可以使程序更具有可移植性。ANSI 标准强调，EOF 是负的整型值(但没有必要一定是-1)。因此，在不同的系统中，EOF 可能具有不同的值，即输入 EOF 的按键组合取决于系统，如下表所示。

系　统	EOF 的输入方法
UNIX 等	\<return\> \<ctrl-d\>
Windows	\<ctrl-z\>

8.3   内存和外存的数据交流

 **缓冲文件系统**

由于 CPU 与内存的工作速度非常快,而对外存(磁盘、光盘等)的存取速度很慢,当访问外存时,主机必须等待慢速的外存操作完成后才能继续工作,严重影响了 CPU 效率的发挥。解决二者速度不匹配的方法是采用"缓冲区"技术。

缓冲读写操作可使磁盘得到高效利用。标准 C 采用缓冲文件系统,如图 8.1 所示。

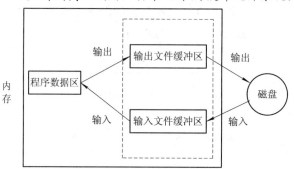

图 8.1   缓冲文件系统

缓冲区是在内存中分配的一块存储空间,是由操作系统在每个文件被打开时自动建立并管理的。缓冲区的大小由 C 的具体版本确定,一般为 512 字节。

缓冲区的作用:当需要向外存文件中写入数据时,并不是每次都直接写入外存,而是先写入到缓冲区,只有当缓冲区的数据存满或文件关闭时,才自动将缓冲区的数据一次性写入外存。读数时,也是一次将一个数据块读入缓冲区中,以后读取数据时,先到缓冲区中寻找,若找到,则直接读出,否则,再到外存中寻找,找到后将其所在的数据块一次读入缓冲区。缓冲区可有效减少访问外存的次数。

使用缓冲文件系统时,系统将自动为每一个打开的文件建立缓冲区,此后,程序对文件的读写操作实际上是对文件缓冲区的操作。

为了便于编程,ANSI C 将有关文件缓冲区的一些信息(如缓冲区对应的文件名、文件所允许的操作方式、缓冲区的大小以及当前读写数据在缓冲区的位置等)用一个结构体类型来描述,类型名为 FILE,该结构体类型的定义包含在 **stdio.h** 文件中。

文件类型 FILE 描述文件缓冲区的信息,具体内容为:

```
typedef struct _iobuf
{
    char* _ptr;          //指向 buffer 中第一个未读的字节
    int _cnt;            //记录剩余未读字节的个数
    char* _base;         //指向一个字符数组,即这个文件的缓冲区
    int _flag;           //标志位,记录了 FILE 结构所代表的打开文件的一些属性
    int _file;           //用于获取文件描述,可使用 fileno 函数获得此文件的句柄
```

```
        int _charbuf;           //单字节的缓冲,如果为单字节缓冲,_base 将无效
        int _bufsiz;            //缓冲区大小
        char* _tmpfname;        //临时文件名
    } FILE;
```

有了 FILE 类型后,每当打开一个文件时,操作系统自动为该文件建立一个 FILE 类型的结构体数据,并返回指向它的指针,系统将被打开文件及缓冲区的各种信息都存入这个 FILE 型数据区域中,程序通过上述指针获得文件信息及访问文件,如图 8.2 所示。

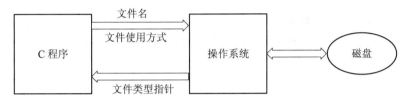

图 8.2　文件操作

文件关闭后,它的文件结构体被释放。

只要有了指向某个文件的文件指针,具体的文件操作都由系统提供的文件操作函数实现,而不需了解文件缓冲区的具体情况,方便了程序员关于文件操作的编程。

8.4　程序如何操作文件

文件通常是驻留在外部介质(如磁盘等)上的,在使用时才调入内存中。

在文件的操作中,经常会涉及文件的读写操作,通常把数据从磁盘流到内存称为“读”,数据从内存流到磁盘称为“写”。

每个文件由唯一的文件名来标识。计算机按文件名对文件进行读、写等有关操作。

对文件操作的经验是,如果想找存在外部介质上的数据,必须先按文件名找到指定的文件,然后再从该文件中读取数据,文件使用完毕,再关闭它。那么用程序来对文件进行操作,是否也是这样的步骤呢?具体又是怎么处理的呢?用程序来访问文件,与我们直接对文件的操作与步骤是类似的。

程序访问文件的三个步骤如下:

(1) 打开文件。

(2) 操作文件。

(3) 关闭文件。

程序对文件可进行的操作步骤如下:

(1) 在磁盘上建立、保存文件。

(2) 打开已有文件。

(3) 读写文件。

在 C 语言中,没有输入/输出语句,对文件的读写都是用库函数来实现的。ANSI 规定了标准输入/输出函数,用它们对文件进行读写,相应的库函数参见附录 C。

广义上,操作系统将每一个与主机相连的输入/输出设备都看做是文件,把它们的输入

/输出等同于对磁盘文件的读和写。

通常把显示器定义为标准输出文件，一般情况下在屏幕上显示有关信息就是向标准输出文件输出。如前面经常使用的 `printf`、`putchar` 函数就是这类输出。

键盘通常被指定为标准输入文件，从键盘上输入就意味着从标准输入文件上输入数据。如 `scanf`、`getchar` 函数就属于这类输入。

8.4.1 打开文件

打开文件的库函数是 `fopen`。

声明形式：`FILE fopen(char *filename, char *mode)`

函数功能：在内存中为文件分配一个文件缓冲区。

参数说明：

`filename`——字符串，包含欲打开的文件路径及文件名；

`mode`——字符串，说明打开文件的模式。

返回值：文件指针(`NULL` 为异常，表示文件未打开)。

特别提示：文件打开后，应检查此操作是否成功，即判断文件指针是否为空(`NULL`)，然后才能决定能否对文件继续访问。

文件打开模式有多种，参见表 8.2。

表 8.2 文件打开模式

文件使用方式		含 义
只读	`"r"`	以只读方式打开一个文本文件，不存在则失败
	`'rb'`	以只读方式打开一个二进制文件，不存在则失败
只写	`"w"`	以写方式打开一个文本文件，不存在则新建，存在则删除后再新建
	`"wb"`	以写方式打开一个二进制文件，不存在则新建，存在则删除后新建
读写	`"r+"`	以读写方式打开一个文本文件，不存在则失败
	`"rb+"`	以读写方式打开一个二进制文件，不存在则失败
	`"w+"`	以读写方式建立一个新的文本文件，不存在则新建，存在则删除后新建
	`"wb+"`	以读写方式建立一个新的二进制文件，不存在则新建，存在则删除后新建
	`"a+"`	以读写方式打开一个文本文件，不存在则创建，存在则追加
	`"ab+"`	以读写方式打开一个二进制文件，不存在则创建，存在则追加
追加	`"a"`	向文本文件尾部增加数据，不存在则创建，存在则追加
	`"ab"`	向二进制文件尾部增加数据，不存在则创建，存在则追加

说明：

(1) 打开的文件分文本文件与二进制文件。

(2) 文本文件用"`t`"表示(可省略)；二进制文件用"`b`"表示。

在用户希望保存原有文件内容时，使用模式"`w`"来打开文件，使得文件的内容丢失而

没有任何警告。

用不正确的文件模式来打开文件将导致破坏性的错误。例如，当应该用更新模式 "r+" 的时候用写入模式 "w" 打开文件将删除文件内容。

 **文件的路径**

用户在磁盘上寻找文件时，所历经的文件夹线路叫路径。路径分为绝对路径和相对路径。绝对路径是完整的描述文件位置的路径，它是从盘符开始的路径。相对路径是相对于目标位置的路径，是指在当前的目录下开始的路径。

能唯一标识某个磁盘文件的字符串形式为：

　　盘符：\路径\文件名.扩展名

例 1：我们要找 c:\windows\system\config 文件，如果当前在 c:\winodws\，则相对路径表示为 system\config，绝对路径表示为 c:\windows\system\config。

例 2：

　　fp=fopen("a1.txt","r");

表示相对路径，无路径信息，则 a1.txt 文件在当前目录下(注：此时当前目录为程序所在工程的目录)。

　　fp=fopen("d:\\qyc\\a1.txt", "r")

表示绝对路径，a1.txt 在 d 盘 qyc 目录下。

注：此处用 "\\" 是因为在字符串中 "\" 是要用转义字符表示的。

8.4.2 关闭文件

关闭文件的库函数是 fclose。

声明形式：int fclose(FILE *fp);

函数功能：关闭文件指针指向的文件，将缓冲区数据做相应处理后释放缓冲区。

输出：如果关闭文件出错，函数返回非零值；否则返回 0。

特别提示：使用完文件后应及时关闭，否则可能会丢失数据，因为写文件时，只有当缓冲区满时才将数据真正写入文件，若当缓冲区未满时结束程序运行，缓冲区中的数据将会丢失。

【例 8-1】 文件的例子 1。

```
1    /*对 data.txt 文件写入 10 条记录*/
2    #include <stdio.h>
3    int main()
4    {
5      FILE *fp;  /*FILE 为文件类型*/
6      int i;
7      int x;
8
9      fp=fopen("data.txt","w");        /*以文本写方式"w"打开 data.txt*/
```

```
10
11    for(i=1;i<=10; i++)
12    {
13            scanf("%d",&x);
14            fprintf(fp,"%d",x); /*将 x 输出到 fp 指向的文件中*/
15    }
16    fclose(fp);              /*关闭文件*/
17    return 0;
18 }
```

程序结果：程序运行结束，在程序文件所在工程的目录下，可以找到新建的文件 data.txt，打开后即可看到程序运行时从键盘输入的 10 个数据。

文件存储成为二进制还是文本文件取决于 fopen 的方式。如果用 wt，则存储为文本文件，这样用记事本打开就可以正常显示了；如果用 wb，则存储为二进制文件，这样用记事本打开有可能会出现小方框，若要正常显示，可以用写字板或 UltraEdit 等工具打开。

8.4.3　文件的读写

对文件的读写有系列函数，参见表 8.3 和表 8.4。

表 8.3　文件读写函数(1)

功　　能	函　　数	类比标准输入/输出
按字符读写	int　fgetc(FILE *fp)	getchar()
	int　fputc(int ch,FILE *fp)	putchar()
按格式读写	int fscanf(FILE *fp,char *format,arg_list)	scanf()
	int fprintf(FILE *fp,char *format,arg_list)	printf()

表 8.4　文件读写函数(2)

功　　能	函　　数	参数说明
按字符串读写	char　*fgets (char *str, int num,FILE *fp)	num：读取字符数
	int　fputs(char*str,FILE *fp)	str：字符数组地址
按数据块读写	int　fread(void*buf,int size,int count,FILE *fp)	count：字段数
	int　fwrite (void *buf,int size,int count,FILE *fp)	size：字段长度 buf：缓冲区地址

特别提示：文件的读写都是在文件的当前位置进行的。所谓当前位置，是指文件的数据读写指针在当前时刻指示的位置。文件打开时，该指针指向文件的开头；一次读写完成后，该指针自动后移(移至本次读写数据的下一个字节)。

【例 8-2】　文件的例子 2。逐个按序读出并显示已有文件 file.txt 中的字符。

```
1    /*按序逐个读出文件中的字符*/
2    #include <stdio.h>
3    #include <stdlib.h>
```

```
4
5     int main( )
6     {
7       char ch;
8       FILE *fp;                              /*定义一个文件类型的指针变量 fp*/
9       fp=fopen("file.txt","r");             /*以只读方式打开文本文件 file.Txt*/
10      if (fp==NULL)                          /*打开文件失败*/
11      {
12        printf("cannot open this file\n");
13        exit(0);                             /*库函数 exit，终止程序*/
14      }
15      ch=fgetc(fp);                          /*读出文件中的一个字符，赋给变量 ch*/
16      while(ch!=EOF)           /*判断文件是否结束，此判断条件等价于(!feof(fp))*/
17      {
18        putchar(ch);                         /*输出从文件中读出的字符*/
19        ch=fgetc(fp);                        /*读出文件中的一个字符，赋给变量 ch*/
20      }
21      fclose(fp);                            /*关闭文件*/
22      return 0;
23    }
```

名词解释

　　exit 函数：在<stdlib.h>中声明，将强制程序结束。在检测到输入错误或者程序无法打开要处理的文件时使用。

　　exit(0)为正常退出，exit(1)，为非正常退出(只要其中的参数不为零)。

知识ABC　C 语言中的 exit()和 return 有什么不同？

　　在主程序 main 中，语句 return (表达式)等价于函数 exit(表达式)。但是，函数 exit 有一个优点，它可以从其他函数中调用，并且可以用查找程序查找这些调用。

　　用 exit()函数可以退出程序并将控制权返回给操作系统，而用 return 语句可以从一个函数中返回并将控制权返回给调用该函数的函数。如果在 main()函数中加入 return 语句，那么在执行这条语句后将退出 main()函数并将控制权返回给操作系统，这样的一条 return 语句和 exit()函数的作用是相同的。

【例 8-3】　文件的例子 3。将指定字符串写到文件中；将文件中的字符串读到数组里。

```
1     /*将指定字符串写到文件中*/
2     #include <stdio.h>
3     char *s="I am a student";     /*设定字符串 s*/
4     int main()
```

```
5   {
6       char a[100];
7       FILE *fp;                /*定义文件指针为 fp*/
8       int n=strlen(s);         /*计算字符串 s 的长度*/
9
10  /*以写方式打开文本文件 f1.txt*/
11      if ((fp=fopen("f1.txt","w")))!=NULL)
12      {
13          fputs(s,fp);         /*将 s 所指的字符串写到 fp 所指的文件中*/
14      }
15      fclose(fp);              /*关闭 fp 所指向的文件*/
16
17  /*以只读方式打开文本文件 f1.txt*/
18      fp = fopen("f1.txt", "r");
19      fgets(a, n+1, fp);       /*将 fp 所指的文件中的内容读到 a 中*/
20      printf("%s\n",a);        /*输出 a 中的内容*/
21      fclose(fp);              /*关闭 fp 所指向的文件*/
22      return 0;
23  }
```

说明：第 19 行语句 fgets(a, n+1, fp)是将读出的字符串放入 a 串中，其中 a 是已经定义好的字符串，n+1 是让 fp 所指的文件内容依次取 n 个字符给 a，这 n 个字符恰为 s 串的内容，之后还要在该串后自动加入一个'\0'字符，因此要写 n+1。

【例 8-4】 文件的例子 4。向磁盘写入格式化数据，再从该文件读出显示到屏幕。

```
1   /*数据成块写入文件*/
2   #include "stdio.h"
3   #include "stdlib.h"
4
5   int main( )
6   {
7       FILE *fp1;
8       int i;
9       struct student     /*定义结构体*/
10      {
11          char name[15];
12          char num[6];
13          float score[2];
14      } stu;
15
16      fp1=fopen("test.txt","wb");
```

```
17        if( fp1 == NULL)        /*以二进制只写方式打开文件*/
18        {
19            printf("cannot open file");
20            exit(0);
21        }
22        printf("input data:\n");
23        for( i=0;i<2;i++)
24        {
25            /*输入一行记录*/
26            scanf("%s%s%f%f",
27            stu.name,stu.num,&stu.score[0],&stu.score[1]);
28            /*成块写入文件，一次写结构的一行*/
29            fwrite(&stu,sizeof(stu),1,fp1);
30        }
31        fclose(fp1);
32
33        /*重新以二进制只写方式打开文件*/
34        if((fp1=fopen("test.txt","rb"))==NULL)
35        {
36            printf("cannot open file");
37            exit(0);
38        }
39        printf("output from file:\n");
40        for (i=0;i<2;i++)
41        {
42            fread(&stu,sizeof(stu),1,fp1);  /*从文件成块读*/
43            printf("%s %s %7.2f %7.2f\n",   /*显示到屏幕*/
44                stu.name,stu.num,stu.score[0],stu.score[1]);
45        }
46        fclose(fp1);
47        return 0;
48  }
```

程序结果：

```
input data:
xiaowang j001 87.5 98.4
xiaoli   j002 99.5 89.6
output from file:
xiaowang j001 87.50 98.40
xiaoli   j002 99.50 89.60
```

把希望的内容写入文件后，查看文件时出现乱码，这往往是文件操作函数要求的文件制式与你写入时打开文件的制式不一致造成的。

8.4.4 文件位置的确定

确定文件位置的库函数是 **fseek**。

声明形式：**fseek**(文件类型指针，位移量，起始点位置)

函数功能：重定位文件内部指针的位置。以"起始点位置"为基准，按"位移量"指定字节数做偏移(起始位置值：文件头 0，当前位置 1，文件尾 2)。

返回值：成功返回 0；失败返回-1。

【例 8-5】 文件的例子 5。已知 **stu_ list.txt** 中存放了多个学生的信息，在此文件中读出第二个学生的数据。

程序实现：

```
1   /*在文件指定位置读取数据——对文件进行随机读写*/
2   #include "stdio.h"
3   #include "stdlib.h"
4
5   struct stu   /*学生信息结构*/
6   {
7       char name[10];
8       int num;
9       int age;
10      char addr[15];
11  } boy,*qPtr; /*定义结构变量boy，结构指针qPtr*/
12
13  int main()
14  {
15      FILE *fp;
16      char ch;
17      int i=1; /*跳过结构的前i行*/
18      qPtr = &boy; /*qPtr指向boy结构体的起始位置*/
19
20      if ((fp=fopen("stu_list.txt","rb"))==NULL)
21      {
22          printf("Cannot open file!");
23          exit(0);
24      }
```

```
25      /*使文件的位置指针重新定位于文件开头*/
26         rewind(fp);
27      /*从文件头开始，向后移动 i 个结构大小的字节数*/
28         fseek(fp,i*sizeof(struct stu),0);
29      /*从 fp 文件中读出结构的当前行，放到 qPtr 指向的地址中*/
30         fread(qPtr ,sizeof(struct stu),1,fp);
31      printf("%st%5d %7d %sn", qPtr->name,
32              qPtr->num, qPtr->age, qPtr->addr);
33      return 0;
34  }
```

8.5　关于文件读写的讨论

（1）有的教材中提到：按文本方式或二进制方式中的某一种方式存储的文件，使用时必须以原来的方式从外存中读出，才能保证数据的正确性。

（2）程序设计错误：把希望的内容写入文件后，查看文件时出现乱码，这往往是文件操作函数要求的文件制式与写入文件时打开文件的制式不一致造成的。

这究竟是怎么回事呢？

以下按不同的情形来讨论，要点：

（1）在不同文件打开模式（文本、二进制）状态下，文件缓冲区中的数据是否正确。

（2）在不同文件打开模式（文本、二进制）状态下，写入文件中的数据是否显示正常。

【情形一】　以 fprintf 方式向文件 data.txt 写入数据，以 fscanf 方式读出 data.txt 中的数据。

```
1   /*文件的读写方式*/
2   #include <stdio.h>
3   #include <stdlib.h>
4
5   int main()
6   {
7       FILE *fp;  /*FILE 为文件类型*/
8       int i;
9       int x;
10      int b=0;
11
12      fp=fopen("data.txt","wb");  /*以"wb"方式打开 data.txt 文件*/
```

```
13
14        if (fp==NULL)              /*打开文件失败*/
15        {
16            printf("1:cannot open this file\n");
17            exit(0);               /*库函数 exit 终止程序*/
18        }
19    /****以 fprintf 格式写入数据*****/
20    for( i=1; i< 7; i++ )
21    {
22        scanf("%d",&x);
23        fprintf( fp,"%d\n",x ); /*将 x 输出到 fp 指向的文件中*/
24    }
25    fclose(fp); /*关闭文件*/
26
27    fp=fopen("data.txt","r");      /*以只读方式打开文本文件 data.Txt*/
28    if (fp==NULL)                  /*打开文件失败*/
29    {
30      printf("2:cannot open this file\n");
31      exit(0);                     /*库函数 exit 终止程序*/
32    }
33
34    /*********以 fscanf 方式从文件中读出数据********/
35    fscanf(fp,"%d",&x);            /*读出文件中的一个 int 型数值给 x*/
36    while (!feof(fp) )             /*判断文件是否结束*/
37    {
38        printf("%d  ",x);
39        fscanf(fp,"%d",&x);
40    }
41    fclose(fp); /*关闭文件*/
42    return 0;
43  }
```

程序结果：

　　输入：2 3 4 5 6 7

　　输出：2 3 4 5 6 7

【情形二】 以 fprintf 方式向 data.txt 文件写入数据，以 fgetc 方式读出 data.txt 中的数据。

　　分别用以下灰色框中的语句替代情形一中两个灰色框的语句。

```
/****以 fprintf 格式写入数据*****/
for(i=1; i<7; i++ )
{
    scanf("%d",&x);
    fprintf( fp,"%d\n",x );        /*将 x 输出到 fp 指向的文件中*/
}
```

```
/*********以 fgetc 方式从文件中读出的字符*********/
ch=fgetc(fp);          /*读出文件中的一个字符，赋给变量 ch*/
while (ch!=EOF)        /*判断文件是否结束，此判断条件等价于(!feof(fp))*/
{
    putchar(ch);          /*输出从文件中读出的字符*/
    ch=fgetc(fp);         /*读出文件中的一个字符，赋给变量 ch*/
}
```

程序结果：

输入：

2 3 4 5 6 7

输出：

2

3

4

5

6

7

【情形三】　以 fwrite 方式向文件 data.txt 写入数据，以 fread 方式读出 data.txt 中的数据。

分别用以下灰色框中的语句替代情形一中两个灰色框的语句。

```
/****以 fwrite 格式写入数据*****/
for( i=1; i<7; i++ )     /*循环 6 次，把 6 个 int 型数据写入文件*/
{
    scanf("%d",&x);
    fwrite(&x,sizeof(int),1,fp); /*将 x 输出到 fp 指向的文件中*/
}
```

```
/****以 fread 格式读出数据*****/
for( i=1; i<7; i++ )
{
    fread(&b,sizeof(int),1,fp);
    printf("b=%x\n",b);
}
```

程序结果:

输入:

2 3 4 5 6 7

输出:

b=2

b=3

b=4

b=5

b=6

b=7

查看文件缓冲区。图 8.3~图 8.8 是分别为情形三的调试步骤 1~调试步骤 6。

图 8.3 中,创建文件,文件指针 fp 为 0x426af8。

```
    fp=fopen("data.txt","wb"); /* 以写方

    if (fp==NULL)                  /*打开
    {
        printf("1:cannot open this file!
        exit(0);              /*库函数exit,终
    }

/**** 以fwrite格式写入数据****/
    for( i=1; i<7; i++) /*循环6次,把6个
    {
        scanf("%d",&x);
        fwrite(&x,sizeof(int),1,fp); /*
    }
    fclose(fp); /* 关闭文件*/
```

Watch	
Name	Value
⊟ fp	0x00426af8
⊞ _ptr	0x00000000 ""
_cnt	0
⊞ _base	0x00000000 ""
_flag	2
_file	3
_charbuf	0
_bufsiz	0
⊞ _tmpfname	0x00000000 ""

图 8.3　情形三调试步骤 1

图 8.4 中,缓冲区 _base 地址是 0x3851f0。

```
    fp=fopen("data.txt","wb"); /* 以写方

    if (fp==NULL)                  /*打开
    {
        printf("1:cannot open this file
        exit(0);              /*库函数exit,终
    }

/**** 以fwrite格式写入数据****/
    for( i=1; i<7; i++) /*循环6次,把6个
    {
        scanf("%d",&x);
        fwrite(&x,sizeof(int),1,fp); /*
    }
    fclose(fp); /* 关闭文件*/

    fp=fopen("data.txt","r");     /*以只读
    if (fp==NULL)                  /*打开
    {
        printf("2:cannot open this file
        exit(0);              /*库函数exit,终
    }
```

Watch	
Name	Value
⊟ fp	0x00426af8
⊞ _ptr	0x00385208 "屯屯
	屯屯屯屯屯屯屯屯
	屯屯屯屯屯屯屯屯
	屯屯屯屯屯屯屯屯
	屯屯屯屯屯屯屯屯
	屯屯屯屯屯屯屯屯
	屯屯屯屯屯屯屯屯
_cnt	4072
⊞ _base	0x003851f0 "屯
_flag	10
_file	3
_charbuf	0
_bufsiz	4096
⊞ _tmpfname	0x00000000 ""

图 8.4　情形三调试步骤 2

图 8.5 中,缓冲区 _bass 中的内容为 6 个输入的 int 数据,一个 int 占 4 byte。

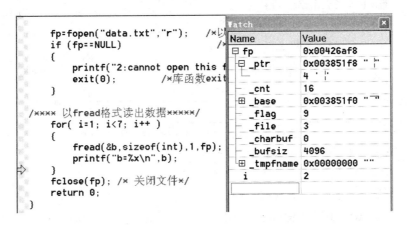

图 8.5   情形三调试步骤 3

图 8.6 中，以读方式打开文件，fp 指针为 0x426af8，同前面建立文件时是一样的。注意缓冲区 _base 地址是 0x3851f0，即同前面写文件时也是一样的。_ptr(指向 buffer 中第一个未读的字节)指向的是 0x3851f4，将要读出的字节值为 3。

```
fp=fopen("data.txt","r");    /*以
if (fp==NULL)
{
    printf("2:cannot open this f
    exit(0);           /*库函数exit
}

/**** 以fread格式读出数据****/
for( i=1; i<7; i++ )
{
    fread(&b,sizeof(int),1,fp);
    printf("b=%x\n",b);
}
fclose(fp); /* 关闭文件*/
return 0;
}
```

Watch	
Name	Value
□ fp	0x00426af8
⊟ _ptr	0x003851f4 " "
	3 ' '
_cnt	20
⊞ _base	0x003851f0 " "
_flag	9
_file	3
_charbuf	0
_bufsiz	4096
⊞ _tmpfname	0x00000000 ""
i	1

图 8.6   情形三调试步骤 4

结论

读与写用的是同一缓冲区。

图 8.7 中，_ptr 指向的是 0x3851f8，将要读出的字节值为 4。

```
fp=fopen("data.txt","r");      /*以
if (fp==NULL)
{
    printf("2:cannot open this f
    exit(0);           /*库函数exit
}

/**** 以fread格式读出数据****/
for( i=1; i<7; i++ )
{
    fread(&b,sizeof(int),1,fp);
    printf("b=%x\n",b);
}
fclose(fp); /* 关闭文件*/
return 0;
}
```

Watch	
Name	Value
□ fp	0x00426af8
⊟ _ptr	0x003851f8 " "
	4 ' '
_cnt	16
⊞ _base	0x003851f0 " "
_flag	9
_file	3
_charbuf	0
_bufsiz	4096
⊞ _tmpfname	0x00000000 ""
i	2

图 8.7   情形三调试步骤 5

图 8.8 中，缓冲区 _base 地址是 0x3851f0，其中的内容也依然未变。

图 8.8　调试步骤 6

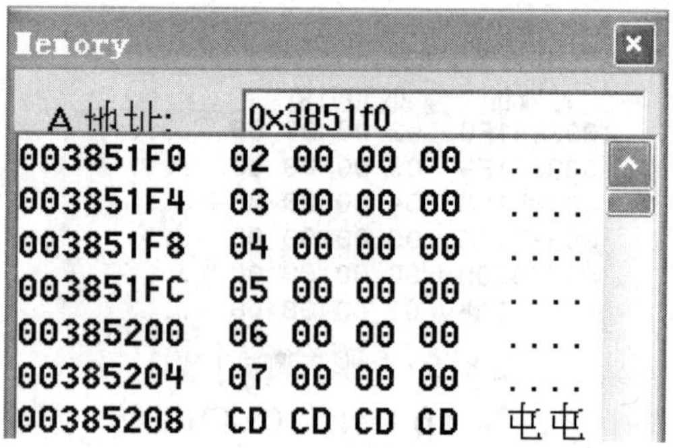

for 循环相关变量的变化如表 8.5 所示。

表 8.5　for 循环相关量的变化

i	_ptr	数据	_cnt
1	3851f4	3	20
2	3851f8	4	16
3	3851fc	5	12
4	385200	6	8
5	385204	7	4
6	385208	0xCD	0

表 8.5 中：

　　char* _ptr;　　　/*指向 buffer 中第一个未读的字节*/

　　int _cnt;　　　　/*记录剩余未读字节的个数*/

　　char* _base;　　 /*指向一个字符数组，即这个文件的缓冲区*/

【情形四】　以 fprintf 方式向文件 data.txt 写入数据，以 fread 方式读出 data.txt 中的数据。省略的程序语句同情形一。

```
/****以 fprintf 格式写入数据*****/
    for( i=1; i<7; i++ )
    {
        scanf("%d",&x);
        fprintf( fp,"%d\n",x ); /*将 x 输出到 fp 指向的文件中*/
    }
```

```
/**************以 fread 方式读出数据***************/
    for( i=1; i<4; i++ )
    {
        fread(&b,sizeof(int),1,fp);
        printf(" b=%x \n",b);
    }
```

程序结果：

输入：

2 3 4 5 6 7

输出：

b=a330a32

b=a350a34

b=a370a36

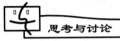

情形一中，以 fprintf 方式写入数据，以 fscanf 方式读出数据；情形四中，以 fprintf 方式写入数据，以 fread 方式读出数据。情形一的结果是正常的，为什么情形四的结果看起来就不对了呢？

答：跟踪查看一下便知。

图 8.9、图 8.10 所示分别为情形四的调试步骤 1 和调试步骤 2。

图 8.9 缓冲区的数据中，0x0A 是'\n'的 ASCII 码，是语句 fprintf(fp,"%d\n",x) 中的'\n'产生的，同输入的数字一起写入到文件中。

图 8.9 情形四调试步骤 1

图 8.10 中，用 fread(&b,sizeof(int),1,fp) 语句读缓冲区中的内容时，是按照 sizeof(int) 等于 4 byte 的长度读出并赋给变量 b 的。所以以 i=1 时，b 的值为从 0x3851f0 开始的 4 byte 的数值，即为 0x0a330a32，对应十进制数为 171117106。

图 8.10 情形四调试步骤 2

总之，无论文件的写入方式、读出方式是文本模式还是二进制模式，程序结果都如表 8.6 所示，即读写的文件模式不影响程序的结果。

表 8.6 读写方式与程序结果

情 形	写入方式	读出方式	程序结果是否正确
1	fprintf	fscanf	是
2	fprintf	fgetc	是
3	fwrite	fread	是
4	fprintf	fread	否

至于写入 `data.txt` 文件的数据是否能正常查看，则与读写的文件模式有关，具体见表 8.7。

表 8.7　data 文件的显示结果

文件写入模式	data.Txt 显示
fprintf(wb)	乱码
fprintf(w)	正常
fwrite(wb)	乱码
fwrite(w)	乱码

（1）在文件缓冲区中的数据形式，与文件读写模式无关；
（2）程序生成的文件是否能正常显示，与文件读写模式有关；
（3）若程序读文件出现数据显示不对，可以通过查看缓冲区数据的格式，选择合适的操作函数。

8.6　程序调试与输入输出重定向

当我们在设计好算法和程序后，要在调试环境中输入测试数据，查看程序运行的结果。由于调试往往不能一次成功，每次运行时，都要重新输入一遍测试数据，对于有大量输入数据的题目，直接从键盘输入数据需要花费大量时间。

我们可以把要输入的数据事先放在文件中，用文件的读函数读入；将程序运行的结果用文件写函数写入指定的文件。可以根据测试数据的特点选用文件读写函数。下面给出两个代码模板。

1. 使用 fscanf 和 fprintf 函数
【代码模板一】

```
#include <stdio.h>
int main()
{
    FILE *fp1, *fp2;
    fp1=fopen("data.in","r");    /*以只读方式打开输入文件 data.in*/
    fp2=fopen("data.out","w");  /*以写方式打开输出文件 data.out*/

    /*中间按原样写代码，把 scanf 改为 fscanf，printf 改为 fprintf 即可*/

    fclose(fp1);
    fclose(fp2);
```

```
        return 0;
    }
```

2. 使用 freopen 函数

声明形式：`FILE *freopen(const char*path,const char *mode,FILE *stream);`

参数说明：

path——文件名，用于存储输入/输出的自定义文件名；

mode——文件打开的模式，和 fopen 中的模式(如 r 为只读，w 为写)相同；

stream——一个文件，通常使用标准流文件。

功能：实现重定向，把预定义的标准流文件定向到由 path 指定的文件中。

返回值：成功，返回一个 path 所指定文件的指针；失败，返回 NULL。(一般不使用它的返回值。)

 标准流文件

启动一个 C 语言程序时，操作系统环境负责打开 3 个文件，并将这 3 个文件的指针提供给该程序。这 3 个文件指针分别为标准输入 stdin、标准输出 stdout 和标准错误 stderr。它们在<stdio.h>中声明，其中：

stdin：标准输入流，默认为键盘输入；

stdout：标准输出流，默认为屏幕输出；

stderr：标准错误流，默认为屏幕输出。

之所以使用 stderr，是由于某种原因造成其中一个文件无法访问，相应的诊断信息要在该链接输出的末尾才能打印出来。当输出到屏幕时，这种处理方法尚可接受，但如果输出到一个文件或通过管道(管道是一个固定大小的缓冲区)输出到另一个程序，就无法接受了。若有 stderr 存在，即使对标准输出进行了重定向，写到 stderr 中的输出通常也会显示在屏幕上。

【代码模板二】

```
#include <stdio.h>
int main()
{
    freopen("data.in", "r", stdin); /*输入重定向，由键盘改为文件 data.in*/
    freopen("data.out", "w", stdout);/*输出重定向，由屏幕改为文件 data.out*/

    /*中间按原样写代码，什么都不用修改*/

    fclose(stdin);
    fclose(stdout);
    return 0;
}
```

【例 8-6】　在 VC 下调试"计算 a+b"的程序。

(1) 从键盘输入数据的情形。

```
1    #include <stdio.h>
2    int main()
3    {
4        int a,b;
5
6        while(scanf("%d %d",&a,&b)!= EOF)
7        {
8            printf("%d\n",a+b);
9        }
10       return 0;
11   }
```

程序结果：

5 6

11

^Z

(2) 从文件 in.txt 输入数据，输出结果写在 out.txt 文件中。

```
1    #include <stdio.h>
2    int main()
3    {
4        int a,b;
5 /*输入重定向，输入数据从当前 project 的 Debug 目录里的 in.txt 文件中读取*/
6        freopen("debug\\in.txt","r",stdin);
7 /*输出重定向，输出数据保存在当前 project 的 Debug 目录里的 out.txt 文件中*/
8        freopen("debug\\out.txt","w",stdout);
9        while (scanf("%d %d",&a,&b)!= EOF)
10       {
11           printf("%d\n",a+b);
12       }
13       fclose(stdin);        //关闭文件
14       fclose(stdout);       //关闭文件
15       return 0;
16   }
```

说明：

(1) 输入数据从当前 project 的 Debug 目录里的 in.txt 文件中读取。在程序运行前，我们在 in.txt 文件中保存数据 "56"。

(2) 输出数据将保存在当前 project 的 Debug 目录里的 out.txt 文件中。程序运行后，我们在 Debug 目录里会发现多了一个 out.txt 文件，打开它，可以看到 out.txt 中的数据为 "11"。

8.7 本 章 小 结

◆ 文件的相关概念：

• 文件： 按一定规则存储在磁盘上的数据集合。

• 文件型指针：C 语言是通过名为 FILE 的结构型指针来管理文件读写的。

• 文件的打开和关闭：文件操作先建立文件与文件指针之间的关系，接着进行文件的读与写。建立文件与文件指针间的联系过程是文件的打开，终止这种联系就是文件的关闭。

◆ 对文件的主要操作函数：

• 文件的打开与关闭；

• 文件的读与写；

• 文件的定位。

> 文件存数据时间长久，
> 二进制与文本形式自由。
> 程序操纵它有三个步骤：
> 打开、读写、关闭不要遗漏。
> 注意路径与名称打开不愁；
> 读写有系列函数功能足够；
> 记得关闭在操作之后。

习 题

8.1 编写一个程序，使用 sizeof 运算符来确定计算机系统中不同数据类型的字节数。将结果写入到文件"datasize.dat"中，这样可以稍后输出结果。文件中的结果格式如下：

data type	size
Char	1
unsigned char	1
short int	2
unsigned short int	2
Int	4
unsigned int	4
long int	4
unsigned long int	4
Float	4
Double	8
long double	16

8.2 从键盘输入 10 个浮点数，以二进制形式存入文件中，再从文件中读出数据显示在屏幕上。修改文件中的第二个数，然后从文件中读出数据显示在屏幕上，以验证修改是否正确。

8.3 调用 fputs 函数，把 10 个字符串输出到文件中，再从文件中读出这 10 个字符串放在一个字符串数组中，最后把字符串数组中的字符串输出到屏幕上，以验证所有操作是否正确。

8.4 将从终端读入的 10 个整数以二进制方式写入一个名为 "test.dat" 的新文件中。

8.5 编程实现：输入 6 本教材的信息(书名、价格、出版社)，输出第 1、3、5 本书的信息。

8.6 用户由键盘输入一个文件名，然后输入一串字符(用#结束)存放到此文件中，形成文本文件，并将字符的个数写到文件尾部。

8.7 将输入的不同格式数据以字符串输入，然后将其转换进行文件的成块读写。

8.8 写入 5 个学生记录，记录内容为学生姓名、学号、两科成绩。写入成功后，随机读取第三条记录，并用第二条记录替换。

第9章 编译预处理——编译前的工作

【主要内容】

- 预处理的概念及特点；
- 宏的定义及使用；
- 文件包含的含义及使用；
- 条件编译的规则及方法。

【学习目标】

- 领会文件包含的使用及效果，能够使用#include 来开发较大的程序；
- 能够使用#define 创建普通的宏；
- 理解条件编译。

我们用 C 语言进行编程的时候，可以在源程序中包括一些编译命令，以告诉编译器对源程序如何进行编译。程序编译时，先处理这些编译命令，然后再进行源程序编译，所以，这些编译命令也被称为编译预处理。源程序生成执行文件的过程见图 9.1。

图 9.1 源程序生成执行文件的过程

预处理命令是由 ANSI C 统一规定的，包括宏定义、文件包含和条件编译，其命令字为：

宏定义 #define、#undef

文件包含 #include

条件编译 #if、#ifdef、#else、#elif、#endif

预处理命令都是以"#"开头的。

实际上，编译预处理命令不能算是 C 语言的一部分，但它扩展了 C 程序设计的能力，合理地使用编译预处理功能，可以使得编写的程序便于阅读、修改、移植和调试。

注意：不能用分号结束#define 或者#include 预处理命令。记住，预处理命令不是 C 语句。

9.1 宏 定 义

9.1.1 简单的宏定义

如果程序中有多个地方要用到同一个常量值，而且这些值在测试时有可能要根据需要改变，方便的做法应该是设一个专门的符号，只给这个符号在最初定义的地方赋值即可。在这个常量值需要改的时候只要改定义处的值就行了，不用从代码中一处一处地改，这样就不会因为漏掉某个地方而导致程序出错。这相当于做了一个文本替换的工作。

编译预处理命令中的宏命令即可完成上述功能。简单的宏定义形式如下：

> #define <宏名> <字符串>

其中：define 是宏定义命令的关键字；<宏名>是一个标识符；<字符串>可以是常数、表达式、格式串等。

说明：

（1）在程序被编译的时候，如果遇到宏名，先将宏名用指定的字符串替换，然后再进行编译。

（2）ANSI 标准将替换过程称为宏替换。

（3）C 语言程序普遍使用大写字母定义标识符。这种约定可使得读程序时很快发现哪里有宏替换。

（4）最好是将所有的#define 放到文件的开始处或独立的文件中(用#include 访问)。

【例9-1】 宏的例子 1。用串替换标识符。

```c
#define MAX 128
void main()
{
    int max=MAX;
}
```

编译器处理时，会直接把 MAX 替换成 128。注意是文本替换，而不是变量赋值，程序中自始至终都不存在 MAX 这个量，相当于是用"查找→替换"功能查找 MAX，并替换成 128。

【例9-2】 宏的例子 2。用串替换标识符。

```c
#define TRUE    1
#define FALSE    0
printf("%d %d %d", FALSE, TRUE, TRUE+1);
```

输出：

```
0 1 2
```

【例9-3】 宏的例子 3。宏代换的最一般用途是定义常量的名字。

```c
#define MAX_SIZE 100
float    balance[MAX_SIZE];
```

【例9-4】 宏的例子 4。宏替换仅仅是以串代替标识符，而非字符串。

```c
#define E_MS "standard error on input\n"
printf(E_MS);
```

编译后 printf 语句实际是如下形式：

```c
printf("standard error on input\n");

#define XYZ this is a test
printf("XYZ"); /*此处"XYZ"为字符串*/
```

该段不打印"this is a test"而打印"XYZ"。

9.1.2　带参数的宏定义

`#define` 命令的另一个特性是，宏名可以取参量。带参数的宏定义形式如下：

> `#define` <宏名>(参数表) <宏体>

其中：

(1) <宏名>是一个标识符；

(2) (参数表)中的参数可以是一个，也可以是多个，当有多个参数的时候，每个参数之间用逗号分隔；

(3) <宏体>是被替换用的字符串，宏体中的字符串是由参数表中的各个参数组成的表达式。

【例 9-5】　宏的例子 5。

```
#define SUB(a,b) a-b
result=SUB(2, 3);被替换为：result=2-3;
result= SUB(x+1, y+2); 被替换为：result=x+1-y+2;
```

带参数的宏定义与函数类似，在宏替换时，就是用实参来替换<宏体>中的形参。

【例 9-6】　宏的例子 6。

```
#define MIN(a, b)    (a<b) ? a : b
int main()
{
    int x, y;
    x = 10;
    y = 20;
    printf("the minimum is: %d" , MIN(x, y)) ;
    return 0;
}
```

当编译该程序时，由 MIN(a, b)定义的表达式被替换，x 和 y 用作操作数，即 printf 语句被代换后取如下形式：

```
printf("the minimum is: %d", (x<y) ? x : y);
```

用宏替换代替实在的函数的一大好处是宏替换增加了代码的执行速度，因为不存在函数调用的开销。但增加速度的代价是，由于重复编码而增加了程序长度。

虽然带参数的宏定义和带参数的函数很相似，但它们还是有本质上的区别，具体参见表 9.1。

表 9.1　宏与函数的区别

	带 参 宏	函　　数
处理时间	编译时	程序运行时
参数类型	无类型问题	定义实参、形参类型
处理过程	不分配内存 简单的字符置换	分配内存 先求实参值，再代入形参
程序长度	变长	不变
运行速度	不占运行时间	调用和返回占时间

当一个函数中对较长变量(一般是结构的成员)有较多引用时，可以用一个意义相当的宏代替。这样可以增加编程效率和程序的可读性。

9.2 文 件 包 含

文件包含命令是把指定的文件插入该命令行位置，从而把指定的文件和当前的源程序文件连成一个源文件。

文件包含命令格式如下：

```
#include <文件名>
```

或

```
#include "文件名"
```

其中：

(1) include 是关键字。

(2) 文件名是指被包含的文件全名。如果文件名以尖括号括起，则在编译时将会在指定的目录下查找此头文件；文件名以双引号括起，则在编译时会首先在当前的源文件目录中查找该头文件，若找不到才会到系统的指定目录下去查找。

预编译时，用被包含文件的内容取代该预处理命令，再把"包含"后的文件当做一个源文件进行编译，处理示意图见图 9.2。

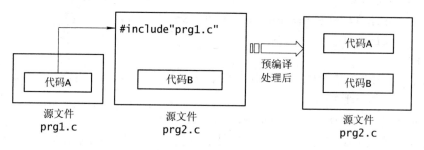

图 9.2　文件包含处理

在程序设计中，文件包含是很有用的。当一个程序比较大时，可以把它分为多个功能相对独立的小程序，由多个程序员分别编程。这些小程序中有些公用的信息等可单独组成一个文件，在其他文件的开头用包含命令包含该文件即可使用。如符号常量、函数的定义等放到一个 .h 文件中(即文件扩展名为 h 的文件，称之为头文件)。在其他文件的开头用包含命令包含该头文件，这样，可避免在每个文件开头都书写那些公用量，从而节省时间，并减少出错。头文件可以是自己编写的，也可以是系统提供的。例如 stdio.h 便是一个由系统提供的、有关输入/输出操作信息的头文件。

【例 9-7】　编辑一个文件，在另外一个文件中被包含。文件 file1.c 中有函数 fun 的定义；文件 file2.c 中包含 file1.c，fun 由主函数调用。

```
void fun( )
{
    printf("Hello!");
}
```

```
#include"stdio.h"
#include"file1.c"
int main( )
{
    fun( );
    return 0;
}
```

文件 **file1.c**　　　　　　　　　　　文件 **file2.c**

注：**file1.c** 和 **file2.c** 在同一路径下，编译时，只要编译 **file2.c** 即可。

9.3　条　件　编　译

条件编译命令可以使得编译器按不同的条件去编译程序不同的部分，产生不同的目标代码文件。也就是说，通过条件编译命令，某些程序代码要在满足一定条件下才被编译，否则将不被编译。

商业软件公司广泛应用条件编译来提供和维护某一程序的各种用户版本。

常用的条件编译命令有以下三种格式：

【条件编译格式一】

```
#ifdef 标识符
        程序段 1
#else
        程序段 2
#endif
```

其中，**ifdef**、**else** 和 **endif** 都是关键字。程序段 1 和程序段 2 是由若干预处理命令和语句组成的。它的功能是，如果标识符已被#**define** 命令定义过，则对程序段 1 进行编译；否则对程序段 2 进行编译。本格式中的#**else** 也可以没有，即为如下形式：

```
#ifdef 标识符
        程序段
#endif
```

【例 9-8】　条件编译命令的例子 1。

```
1   #include <stdio.h>
2   #define TIME
3   int main()
4   {
5       #ifdef TIME
6       printf("Now begin to work\n");
7       #else
8       printf("You can have a rest\n");
9       #endif
```

```
10          return 0;
11    }
```

由于在此程序中加入了条件编译预处理命令，因此要根据 TIME 是否已被#define 语句定义过来决定编译哪一个 printf 语句。如果定义过，则编译第 6 行 "printf("Now begin to work\n");" 语句,否则编译第 8 行"printf("You can have a rest\n");" 语句。本例 TIME 已经定义过，所以输出的结果为：

```
Now begin to work
```

【条件编译格式二】

```
#ifndef 标识符
        程序段 1
#else
        程序段 2
#endif
```

格式二与格式一形式上的区别在于 ifdef 关键字换成了 ifndef 关键字，其功能是：如果标识符未被#define 命令定义过，则对程序段 1 进行编译；否则对程序段 2 进行编译。这与格式一的功能正好相反。例如：

```
#ifndef NULL
#define NULL ((void *)0)
#endif
```

本段代码能够保证符号 NULL 只有一次定义为((void *)0)。

【条件编译格式三】

```
#if 常量表达式
    程序段 1
#else
    程序段 2
#endif
```

if、else 和 endif 是关键字。程序段 1 和程序段 2 都是由若干条预处理命令和语句组成的。它的功能是：如常量表达式的值为真(true)，则对程序段 1 进行编译；否则对程序段 2 进行编译。因此可以使程序在不同条件下完成不同的功能。

【例 9-9】 条件编译命令的例子 2。

```
1    #include <stdio.h>
2    #define R 1
3    int main()
4    {
5        float c,s;
6        printf("input a number: ");
7        scanf("%f",&c);
8    #if R
```

```
9        s=3.14*c*c;
10        printf("area of round is:%f\n",s);
11  #else
12        s=c*c;
13        printf("area of square is%f\n",s);
14  #endif
15        return 0;
16  }
```

在这个例子中，如果常量表达式 R 为真，则编译第 9、10 行语句：

```
s=3.14159*c*c;
printf("area of round is:%f\n",s);
```

否则编译第 12、13 行语句：

```
s=c*c;
printf("area of square is%f\n",s);
```

仅仅有#if 和#else 指令只能进行两种情况的判断， C++还提供了#elif 指令，其意思即为 "else if"，它与#if 和#else 指令一起构成了 if-else-if 嵌套语句，用于多种编译选择的情况。其一般格式为：

```
#if 常量表达式 1
     程序段 1
#elif 常量表达式 2
     程序段 2
#elif 常量表达式 3
     程序段 3
     …
#else
     程序段 n+1
#endif
```

【例 9-10】 条件编译的应用场合。使用条件编译的原因，一是便于程序调试，二是便于程序的移植。当一个程序有多个用户版本时，为方便程序移植，可以做如下的处理：

```
#ifdef  TURBO_C
   …  /*Turbo C 独有的内容*/
#endif


#ifdef  BORLAND_C
   …  /*Borland C 独有的内容*/
#endif
#ifdef  VISUAL_C
   …  /*Visual C 独有的内容*/
#endif
```

如果希望这个程序在 Borland C 环境下编译运行，可在程序的前面写上：

```
#define  BORLAND_C
```

如果希望生成 Visual C 版本，可在程序的前面写上：

```
#define  VISUAL_C
```

程序调试的情形：调试前，可以在程序中加一些临时结果的显示语句。

```
#define  DEBUG
    …
#ifdef  DEBUG
    printf(…);  /*临时结果*/
#endif
```

调试完成后，去掉#define DEBUG，则上面的显示语句不被编译。

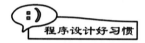

用调测开关来切换软件的 DEBUG 版和正式版，而不要同时存在正式版本和 DEBUG 版本的不同源文件，以减小维护的难度。

9.4 本 章 小 结

编译预处理是在编译之前进行的。编译预处理是特殊命令，不是语句。编译预处理以#开头，结尾无分号。编译预处理命令可以控制编译器的行为，在有些情况下非常有用。

C 提供的编译预处理功能主要有三种：宏定义、文件包含和条件编译。

◆ 宏定义命令

宏定义命令将一个标识符定义为一个字符串。简单的宏定义，是在程序被编译时，如果遇到宏名，先将宏名用指定的字符串替换，然后再进行编译。带参数的宏定义和带参数的函数很相似，要注意它们的区别。

◆ 文件包含命令

文件包含命令的功能是把指定的文件插入到该命令行位置，从而把指定的文件和当前的源程序文件连成一个源文件。我们常将符号常量、函数及其他类型的定义放到头文件中，在其他文件的开头用包含命令包含该头文件。头文件可以是自己编写的，也可以是系统提供的。

◆ 条件编译命令

条件编译命令可以使得编译器按不同的条件去编译程序不同的部分，产生不同的目标代码文件。这样可以避免文件重复包含带来的问题，也可以减少编译的代码量，提高程序的运行效率。

使用条件编译的主要原因一是方便程序调试，二是便于程序移植。

> 编译是把语句翻译成机器码，
>
> 预编译是在译码前进行的处理法，
>
> 文件包含把已有的文件为我所用来添加，
>
> 宏定义的作用是替换，方便程序编辑的好方法，
>
> 条件编译可实现按需编译，方便调试让代码适应性更佳。

习　题

9.1 分析程序，写出结果。

```
#define ADD(x) x+x
  int main()
  {
      int m=1,n=2,k=3;
      int sum=ADD(m+n)*k;
      printf("sum=%d\n",sum);
      return 0;
  }
```

9.2 分别用函数和带参数的宏从三个数中找出最大者。

9.3 定义一个带参数的宏，使两个参数的值互换，并写出程序，输入两个数作为使用宏时的实参，输出已交换后的两个值。

9.4 由键盘输入 y 值，求下列表达式的值：

$$3(y^2+3y)+ 4(y^2+3y)+ y(y^2+3y)$$

9.5 用函数和宏两种方法计算 1～10 的平方。

9.6 定义一个带参数的宏，使两个参数的值互换，并写出程序，输入两个数作为使用宏时的实参，输出已交换后的两个值。

9.7 输入两个整数，求它们相除的余数。用带参的宏来实现程序。

9.8 三角形的面积公式为 $area=\sqrt{s(s-a)(s-b)(s-c)}$，其中 $s=\dfrac{1}{2}(a+b+c)$，a、b、c 为三角形的三边，定义两个带参的宏，一个用来求 s，另一个用来求 area。写出程序，在程序中用带实参的宏名来求面积。

9.9 给年份 year 定义一个宏，以判别该年份是否为闰年。

提示：宏名可定义为 LEAP_YEAR，形参为 y，即定义宏的形式为：

```
#define  LEAP_YEAR(y)   （所设计的字符串）
```

在程序中用以下语句输出结果：

```
if (LEAP_YEAR(year)) printf("%d is a Leapyear", year);
else printf("%d is not a Leapyear", year);
```

9.10 编写函数求一个整数的阶乘 long fac(int n)，并保存在文件 prg1.c 中，主函数在文件 prg2.c 中调用 fac 函数。

9.11 用条件编译实现以下功能：输入一行电报文字，可以任选两种输出，一种为原文输出，一种为将字母变成其下一字母(如 "a" 变成 "b"，…，"z" 变成 "a"。其他字符不变)。用#define 命令来控制是否要译成密码。例如：

```
#define  CHANGE  1
```

则输出密码。或

```
#define  CHANGE  0
```

则不译成密码，按原码输出。

第 10 章　程序调试及测试——程序 bug 的查找方法

【主要内容】

- 程序调试环境 VC6.0 介绍；
- 程序调试方法；
- 程序测试方法。

【学习目标】

- 了解典型的软件开发流程，能够按照软件开发流程编写实际的应用程序；
- 了解编译、链接的目的与意义；
- 初步掌握程序调试的基本方法；
- 了解程序测试方法。

> 无论一个程序的设计结构是如何合理，也无论文档如何完备，如果不能产生正确的结果，则其一文不值。
>
> ——《C++程序调试》[美]Chris H.Pappas　William H.Murray

任何一个天才都不敢说，他编的程序是完全正确的。几乎每一个稍微复杂一点的程序都必须经过反复的调试、修改，最终才能完成。

调试：在应用程序中发现并排除错误的过程。

调试是一个程序员应该掌握的最基本的技能，其重要性甚至超过学习一门语言。不会调试，意味着程序员即使会一门编程语言，也不能编制出任何好的软件。

几乎没有首次编写就不出错的代码。对一定规模的程序，由读源代码来寻找 bug 基本不可行，用调试工具找 bug 是最有效率的方法。

调试有助于程序员了解程序的实际执行过程及检查设计与预想的一致性，提高程序开发效率；熟悉调试过程，可以让程序员编写出适合调试的代码，提高对代码的感知力和控制力。

调试工具是学习计算机系统和其他软硬件知识的好帮手。通过软件调试可以快速地了解一个软件和系统的模块、架构和工作流程。

调试方法一旦掌握，长期受用。

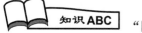　"bug" 与 "debug"

英文 bug 一词的原意是 "臭虫" 或 "虫子"。但是现在，在电脑系统或程序中，对于一些隐藏着的未被发现的缺陷或问题，人们也叫它 "bug"，这是怎么回事呢？

"bug" 的命名者是格蕾丝·赫柏(Grace Murray Hopper)，她是一位为美国海军工作的电脑专家，也是最早将人类语言融入到电脑程序的人之一。1945 年，计算机还是由机械式继电器和真空管驱动的，机器有房间那么大，体现当时技术水平的 **Harvard Mark Ⅱ**，是由哈佛大学制造的一个庞然大物。一天，当赫柏通过设置 Mark Ⅱ 中的 17000 个继电器进行编程后，她的工作却毁于一只飞进计算机内部一组继电器的触点而造成短路的飞蛾。在报告中，赫柏用胶条贴上飞蛾，并用"bug"来表示"一个在电脑程序里的错误"，从此"bug"这个说法一直沿用到今天。

与 bug 相对应，人们将发现 bug 并加以纠正的过程叫做"debug"（中文称做"调试"），意即"捉虫子"或"杀虫子"、排除(程序中的)错误。

10.1　程序开发流程

编程与调试都是程序开发中的重要环节，那么程序开发的整个流程是怎样的呢？图 **10.1** 给出了开发软件的一般流程，图中椭圆框为加工，矩形框为加工的结果。

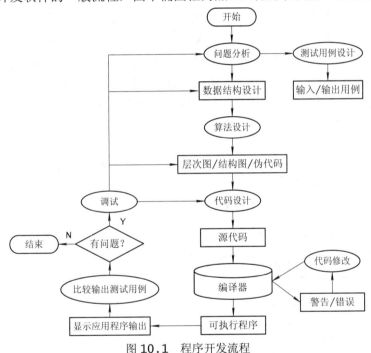

图 10.1　程序开发流程

用计算机解决问题，我们首先要对待解决的问题进行分析，把其中的信息以及信息间的联系提炼出来，然后确定数据及数据间的逻辑关系并确定它们的存储方式，用编程语言中的数据类型描述出来，这样就确定了数据结构，其后的算法设计是建立在数据的存储结构之上的。

程序员依据算法进行程序设计，完成之后，把源程序交给编译器进行编译，如果有语法错误，编译器会给出错误或告警，这时程序员根据提示找出程序中的错误进行修改，直到程序编译通过，形成可执行程序。之后再运行可执行程序，并根据测试用例进行测试，查看结果是否正确。若结果没有问题，则程序开发工作完成；若结果有问题，则进行调试，找出程序中的错误原因，确定是在问题分析、数据结构设计、算法设计、代码设计的哪一步出的问题，做相应的修改后重新编译成执行程序，重新测试，直至得到正确的结果。

> ➤ 测试用例：为验证程序是否达到设计要求而编制的一组测试数据、预期结果等内容。
> ➤ 源程序：用高级语言或汇编语言编写的程序代码。

10.2 如何让程序运行

用 C 语言编写好的源程序是不能在机器上直接运行的，实际上任何高级语言源程序都要"翻译"成机器语言才能在机器上运行，"翻译"的过程见图 **10.2**。

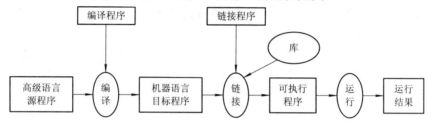

图 10.2 C 语言的翻译执行过程

源程序经过"编译程序"的翻译，形成计算机可以识别的二进制代码。

编译的主要步骤是，读取源程序，首先进行预处理，即将其中的宏定义替换，将头文件全部包含进来，然后对其进行词法和语法的分析，没有错误则转换为机器语言，生成目标程序。

尽管目标代码已经是机器指令，但还需要通过"链接程序"将各个目标程序与库函数连接，才能形成完整的可执行程序。

程序上机运行调试步骤如图 **10.3** 所示。

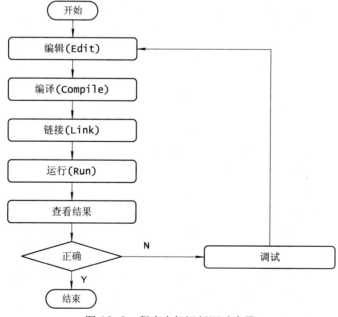

图 10.3 程序上机运行调试步骤

（1）编辑（Edit）：录入源程序代码。生成 C 源程序文件，后缀为.c（在 VC6.0 环境下为.cpp）。

（2）编译（Compile）：执行编译命令。如果有语法错误，根据编译器给出的错误或告警信息，对程序中的错误进行修改，直到程序编译通过。生成目标文件，后缀为.obj。

（3）链接（Link）：执行链接命令。生成可执行文件，后缀为.exe（在 Windows 下）。

（4）运行（Run）：执行运行命令。程序运行，产生结果。

（5）查看程序结果：在相应的输出位置如指定的窗口或文件中查看程序的输出结果。

（6）调试（Debug）：如程序结果有错误，要通过各种调试方法，找出程序错误的原因并进行修改，直至程序结果正确。

10.3　Visual C++ 6.0 集成环境的使用

Microsoft Visual C++（简称 Visual C++、MSVC、VC++ 或 VC）是微软公司的 C++ 开发工具，具有集成开发环境（Integrated Development Environment，IDE），是用于程序开发的应用程序环境，一般包括代码编辑器、编译器、调试器和图形用户界面工具。

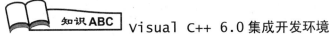

Visual C++ 6.0 集成开发环境

Visual C++ 系列产品是微软公司推出的一款优秀的 C++ 集成开发环境，其产品定位为 Windows 95/98、NT、2000 系列 Win32 系统程序开发，由于其良好的界面和可操作性，被广泛应用。由于 2000 年以后，微软全面转向.NET 平台，Visual C++6.0 成为支持标准 C/C++规范的最后版本。

利用 VC++6.0 提供的一种控制台操作方式，可以建立 C 语言应用程序，Win32 控制台程序（Win32 Console Application）是一类 Windows 程序，它不使用复杂的图形用户界面，程序与用户间的交互是通过一个标准的正文窗口进行的。下面对如何使用 Visual C++ 6.0 编写简单的 C 语言应用程序作一个初步的介绍。

1. 启动 Visual C++ 6.0 环境

安装完 Visual C++ 6.0 后，可以选择如下两种方式启动：

（1）单击开始→程序→Microsoft Visual Studio 6.0→Microsoft Visual C++ 6.0；

（2）单击开始→运行→输入"msdev"。

启动后的界面如图 10.4 所示。菜单栏对应的中文含义见表 10.1。

表 10.1　主　菜　单

菜单名称	中文含义	菜单名称	中文含义
File	文件	Build	组建
Edit	编辑	Tools	工具
View	查看	Window	窗口
Insert	插入	Help	帮助
Project	项目		

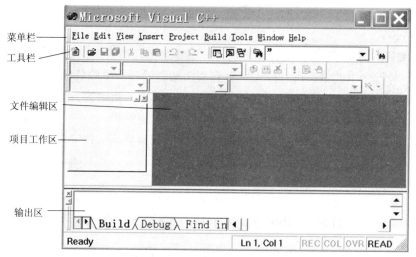

图 10.4　启动界面

2. 建立项目

编写一个应用程序首先要创建一个项目(Project)，在创建项目的同时将创建项目工作区(Workspace)。项目工作区记录了一个项目的集成开发环境的设置。

项目：在 Visual C++ IDE 中，把实现程序设计功能的一组相互关联的 C++ 源文件、资源文件以及支撑这些文件的类的集合称为一个项目。Visual C++ IDE 以项目作为程序开发的基本单位，项目用于管理组成应用程序的所有元素，并由它生成应用程序。

（1）选择菜单命令 File→New 或使用热键 Ctrl+N 启动新建向导，界面如图 10.5 所示。步骤为：① 在 Projects 属性中选择 Win32 Console Application(Win32 控制台应用程序)；② 在 Project name 中输入项目名称，如 demo；③ 在 Location 中选择项目存储路径，如 D:\TEST\demo，项目所有文件将保存在此路径下；④ 单击"确定"按钮，进入下一界面，如图 10.6 所示。

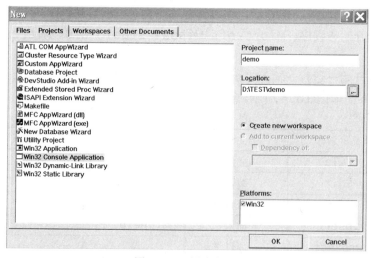

图 10.5　新建向导

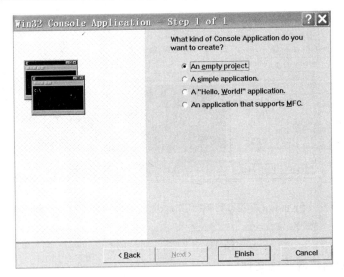

图 10.6　Win32 Console Application 界面

特别提醒：若项目项未指定"Win32 Console Application"，可能会出现链接错误。

说明：Win32 Console Application 是基于 DOS 开发平台开发应用程序，不能使用与图形有关的函数，控制台程序入口函数是 main。如果编写传统的 C 程序，必须建立 Win32 Console 程序。

（2）在图 10.6 所示界面中选择 An empty project，然后点击"Finish"按钮，系统显示如图 10.7 所示的界面。如果想退回上一步，可以选择"Back"按钮。

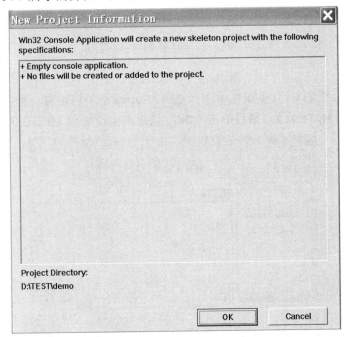

图 10.7　New Project Information 界面

（3）在图 10.7 中选择"OK"按钮，系统完成项目的创建，显示如图 10.8 所示的界面。

C 语言程序设计新视角

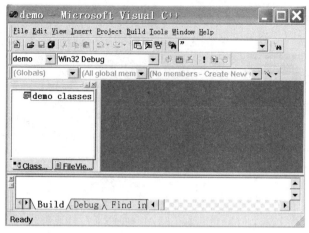

图 10.8　完成项目创建

3. 在项目中新建源程序文件

选择菜单命令 File→New，启动新建向导，界面如图 10.9 所示。

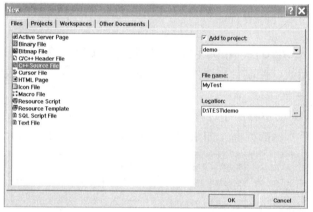

图 10.9　新建源程序向导

首先在图 10.9 的 Files 属性中选择 C++ Source File 项，然后在 File name 中输入文件名(如 MyTest)，最后单击"OK"按钮，出现如图 10.10 所示的界面。

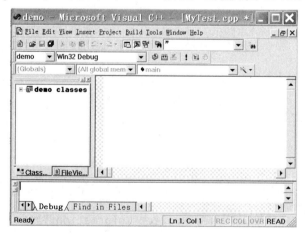

图 10.10　新建文件

➤ 336 ◄

关于文件名，要注意两点：不要输入文件后缀；文件名最好要有特定含义，便于管理。

4．编辑源程序

在图 10.11 所示的文件编辑区中可直接编辑源程序文件。

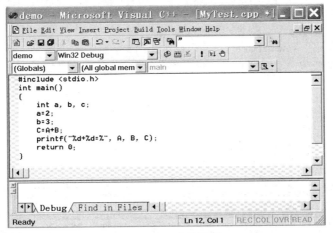

图 10.11　文件编辑

编辑好后要保存源程序，选择图 10.11 File 菜单中的 Save 命令即可保存当前文件。

5．编译源程序

可通过菜单命令 Build→Compile 或热键 Ctrl+F7 对当前打开的源程序进行编译。

（1）若是首次编译，则系统会弹出一个对话框，提示要建立一个项目工作区（project workspace），如图 10.12 所示。

图 10.12　建立项目工作区对话框

（2）系统将在如图 10.13 所示的编译信息输出区显示代码的编译结果。

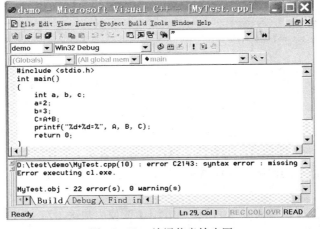

图 10.13　编译信息输出区

C语言程序设计新视角

（3）编译完成后，当程序有错误时，可直接双击输出区中的"**error**"处，系统将自动跳至编辑区源程序中相应错误的行，并在左侧用箭头指示，如图 **10.14** 所示。

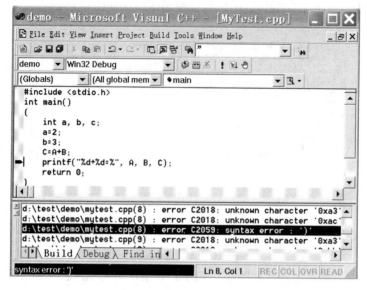

图 **10.14**　编译错误提示

（4）修改源程序中的错误，再进行编译，直至编译成功，如图 **10.15** 所示。编译成功，将生成目标文件：文件名**.obj**。

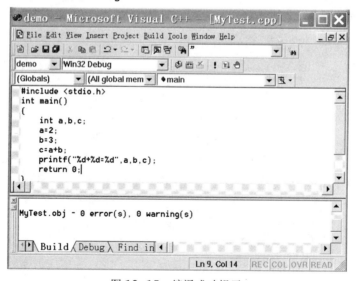

图 **10.15**　编译成功提示

注意：编译结果可能有一些问题。如果编译完全成功，会显示"**0 error(s),0 warning(s)**"。有时，即使有一些警告，也可能编译成功，这种情形下表示该代码可以运行，但有可能存在潜在的问题，编译器不推荐这么写。

6．链接程序

编译成功后，执行链接命令 **Build→Build** 或使用热键 **F7**，系统在输出区显示链接结果，如图 **10.16** 所示。

图 10.16　链接结果

链接成功，生成可执行目标代码文件：项目名**.exe**。注意此处可执行文件名是"项目名"。

7.运行程序

可通过菜单命令 Build(组建)→Excute(执行)或热键 Ctrl+F5 运行程序。运行成功，在控制台窗口输出执行结果，如图 10.17 所示。

图 10.17　程序运行结果

注意：如果出现结果错误或结果不令人满意，则应找出问题，并修改源程序文件，然后重新编译、链接和执行。

对于图 10.17 所示的结果，如果希望"Press any key to continue"另起一行显示，则需要修改程序，在 printf 中添加\n，再重新编译、链接，再执行后的结果如图 10.18 所示。

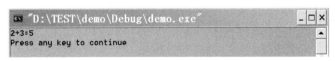

图 10.18　修改程序后的运行结果

10.4　程　序　错　误

图 10.19 所示为程序错误的分类。

图 10.19　程序错误分类

程序中的错误大体可分为两类：编译期错误和运行期错误。

1．编译期错误

编译期错误又可分为以下两种：

(1) 语法错误：由于违反了语言有关语句形式或使用规则而产生的错误。例如，关键字拼错、变量名定义错、没有正确地使用标点符号、分支结构或循环结构语句的结构不完整或不匹配、函数调用缺少参数或传递了不匹配的参数等。

(2) 链接错误：链接程序在装配目标程序时发现的错误。例如，库函数名书写错误、缺少包含文件或包含文件的路径错误等。

2．运行期错误

运行期错误又可分为以下两种：

(1) 逻辑错误：程序的运行结果和程序员的设想有出入的错误，是程序设计上的错误。这类错误并不在程序的编译期间或运行期间出现，较难发现和排除。程序员的语言功底和编程经验在排除这类错误时很重要。例如，设置的选择条件不合适、循环次数不当等。

(2) 运行异常：应用程序运行期间，试图执行不可能执行的操作而产生的错误。例如，执行除法操作时除数为 0、无效的输入格式、打开的文件未找到、磁盘空间不足等。

3．编译警告

如果程序包含的内容直接违反 C 语言的语法规则，编译器会提示一条错误消息。但是，编译器有时只给出一条警告消息，表明代码从技术上来说没有违反语法规则，但因它出乎寻常，所以可能是一个错误。在程序开发阶段，应该将每个警告都视为错误。虽然有告警，但依然可以做链接。

10.5　软件测试与软件调试的概念

一方面，软件缺陷难以避免，另一方面其危害又很大，这使得消除软件缺陷成为软件工程中的一项重要的任务。

发现软件的缺陷，是软件测试的任务；找到软件缺陷的原因，是软件调试的工作。

➢ 软件测试(Software Testing)：使用人工或自动手段来运行或测定某个系统的过程，检验它是否满足规定的需求或是弄清预期结果与实际结果之间的差别。

➢ 软件调试(Software Debugging)：探索软件缺陷的根源并寻求其解决方案的过程。

软件测试的目的是发现软件中的各种缺陷，目标是以较少的用例、时间和人力找出软件中的各种错误和缺陷，以确保软件的质量。

消除软件缺陷的前提是要找到导致缺陷的根本原因。在软件调试的各步骤中，定位根源常常是最困难也是最关键的步骤，它是调试过程的核心和灵魂。

> 软件调试是软件开发和维护中非常频繁的一项任务。
> 在复杂的计算机系统中寻找软件缺陷不是一个简单的任务。
> 应用程序调试很多时候耗费了比设计编码还要多的时间。
>
> —— 《软件调试》张银奎

> Debugging is twice as hard as writing the code in the first place. Therefore, if you write the code as cleverly as possible, you are, by definition, not smart enough to debug it.
>
> (软件调试要比编写代码困难一倍，如果你发挥了最大才智编写代码，那么你的智商便不足以调试这个代码。)
>
> —— Brian W. Kernighan

知识 ABC　软件调试(Software Debug)

debug 直接的意思是就是去除 bug，但实际还包含了寻找和定位 bug，如何找到 bug 大都比发现后去除它要难得多。

自 20 世纪 50 年代开始，人们用 debug 来泛指排除错误的过程，包括重现软件故障、定位故障根源，并最终解决软件问题的过程。

软件调试的另一种更通俗的解释是——使用调试工具求解各种软件问题的过程，例如跟踪软件的执行过程，探索软件本身或与其配套的其他软件或者硬件系统的工作原理等。

1. 调试的基本过程

调试流程见图 10.20。

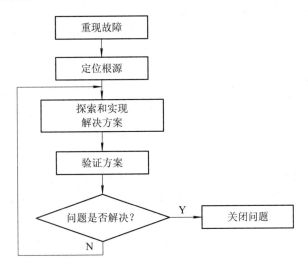

图 10.20　调试流程

(1) 重现故障：通常是在用于调试的系统上重复导致故障的步骤，使要解决的问题出现在被调试的系统中。

(2) 定位根源：综合利用各种调试工具，使用各种调试手段寻找导致软件故障的根源。

(3) 探索和实现解决方案：根据寻找到的故障根源、资源情况等设计和实现解决方案。

(4) 验证方案：在目标环境中测试方案的有效性。

2. 调试的基本手段

具体地说，调试就是跟踪和记录 CPU 执行软件的过程，把动态的瞬间凝固下来供检查和分析。基本的调试方法如表 10.2 所示。

表10.2 调 试 方 法

调 试 方 法	说　　明
设置断点 (breakpoint)	在某一个位置设置一个"陷阱",当 CPU 执行到这个位置时便停止正在执行的程序,中断到调试器中,让调试者进行分析和调试。调试分析结束后,再让被调试程序恢复执行
单步执行 (step by step)	可以跟踪程序执行的每一个步骤,观察代码的执行路线和数据的变化过程
输出调试信息	在程序中编写专门用于输出调试信息的语句,将程序运行的位置、状态和便利取值等信息以文本的形式输出到一个可以观察到的地方,可以是控制台、窗口、文件或者调试器
观察和修改数据	观察被调试程序的数据是了解程序内部状态的一种直接的方法

所谓单步执行,就是让程序一步一步地执行,这里的一步可以是一条汇编指令、源代码的一条语句、程序的一个分支、一个任务(线程)等。单步执行是深入诊断软件动态特征的一种有效方法。但从头到尾跟踪执行一段程序乃至一个模块,一般都显得效率太低。常用的方法是先使用断点功能将程序中断到感兴趣的位置,然后再单步执行关键的代码。

 程序的调试版与发布版

我们之所以可以使用调试器对项目进行调试,是因为在编译单元之中包含有调试过程所需要的调试信息。因此,应当在使用调试器之前,通过编译器将需要的调试信息嵌入到编译单元之中。

Debug 通常称为调试版本,它包含调试信息,可以单步执行、跟踪等,便于程序员调试程序。它不对代码作任何优化,生成的可执行文件比较大,代码运行速度较慢。

Release 称为发布版本,它往往是进行了各种优化,使得程序在代码大小和运行速度上都是最优的,以使用户很好地使用,但在其编译条件下无法执行调试功能。

Debug 和 Release 的真正秘密,在于 IDE 中的一组编译选项,见图 10.21。调试版本使用一组编译选项来帮助进行调试;在程序编写、调试完毕准备发布之前,再通过编译选项将调试信息剔出,由此来产生有高效代码的发布版本。

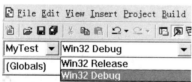

图 10.21 Debug 和 Release 选项

10.6 在 IDE 中调试程序

在软件世界里,螺丝刀、万用表等传统的探测和修理工具都不再适用了,取而代之的是以调试器为核心的各种软件调试工具。

——《软件调试》张银奎

对于程序中错误的查找，系统提供了易用且有效的调试手段。在 IDE 中是通过各种命令来控制程序的运行节奏，把程序运行动态的瞬间凝固下来，以方便跟踪、检查、分析、记录 CPU 执行软件的过程。

10.6.1 进入调试程序环境

选择菜单命令 Build→Start Debug→Step Into，系统进入调试程序界面。其中同时提供了多种窗口监视程序运行，如图 10.22 所示。

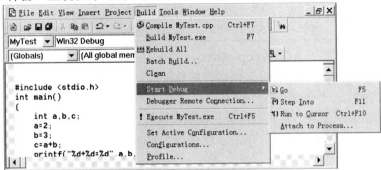

图 10.22 调试程序界面

注意：在执行"Step Into"后"Build"菜单名变为"Debug"，如图 10.23 所示。

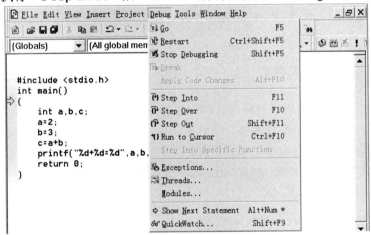

图 10.23 Debug 菜单

图 10.24 是调试工具条，中间的命令图标和图 10.23 Debug 菜单中的命令相对应。

图 10.24 调试工具条

10.6.2 调试命令

常用调试命令见表 10.3。

表 10.3　常用调试命令一览表

菜单命令	工具条按钮	快捷键	功　　能
Go	≣↓	F5	继续运行，直到断点处中断
Step Over	{}↑	F10	单步，如果涉及子函数，则不会进入子函数内部
Step Into	{}↓	F11	单步，如果涉及子函数，则会进入子函数内部
Run to Cursor	*{}	Ctrl+F10	运行到当前光标处
Step Out	{}↑	Shift +F11	运行至当前函数的末尾，再跳到上一级主调函数
	✋	F9	设置/清除断点
Stop Debugging	≣↓	Shift+F5	结束程序调试，返回程序编辑环境

（1）单步跟踪进入子函数（Step Into，F11）：每按一次 F11 键，程序执行一条无法再进行分解的程序行，如果涉及子函数，则会进入子函数内部。

（2）单步跟踪跳过子函数（Step Over，F10）：每按一次 F10 键，程序执行一行；Watch 窗口可以显示变量名及其当前值，在单步执行的过程中，可以在 Watch 窗口中加入需观察的变量，加以辅助监视，随时了解变量当前的情况，如果涉及子函数，则不会进入子函数内部。

（3）单步跟踪跳出子函数（Step Out，Shift+F11）：按下 Shift+F11 键后，程序运行至当前函数的末尾，然后从当前子函数跳到上一级主调函数。

（4）运行到当前光标处（Run to Cursor，Ctrl+F10）：按下 Ctrl+F10 键后，程序运行至当前光标处所在的语句。

10.6.3　程序运行状态的查看

调试过程中最重要的是要观察程序在运行过程中的状态，这样才能找出程序的错误之处。这里所说的状态包括各变量的值、寄存中的值、内存中的值、堆栈中的值等。为此需要利用各种工具来帮助我们查看程序的状态。

选择菜单命令 View→Debug Windows，进入 Debug 窗口菜单，如图 10.25 所示，各个窗口的含义如表 10.4 所示。

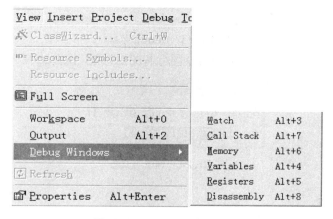

图 10.25　Debug 窗口菜单

表 10.4　查 看 窗 口

窗　口	功 能 说 明
Watch(观察)	在该窗口中输入变量或表达式,就可以看到相应的值
Variables(变量)	自动显示所有当前执行上下文中可见的变量的值。当前指令语句涉及的变量以红色显示
Memory(内存)	显示指定起始地址的一段内存的内容
Registers(寄存器)	显示当前的所有寄存器的值
Call Stack(调用堆栈)	反映了当前断点处函数是被哪些函数按照什么顺序调用的

　　系统支持查看程序运行到当前指令语句时变量、表达式和内存的值,所有这些观察都必须是在单步跟踪或断点中断的情况下进行的。

1. Watch(观察)窗口

　　Watch 窗口如图 10.26 所示。

　　在 Watch 窗口中输入想要查看的变量或者表达式,就可以看到相应的值。

　　单步调试程序的过程中,可以在 watch 窗口中看到变量值的动态变化,我们以此判断程序是否在正确运行。

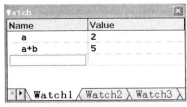

图 10.26　Watch 窗口

2. Variables(变量)窗口

　　Variables 窗口如图 10.27 所示。

　　Variables 窗口中会自动显示所有当前执行语句前后可见的变量的值。特别是当前指令语句涉及的变量,将以红色显示。

　　如果本地变量比较多,自动显示的窗口会比较混乱,这时用 Watch 窗口查看会比较清晰。

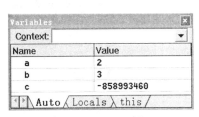

图 10.27　Variables 窗口

3. Memory(内存)窗口

　　Memory 窗口如图 10.28 所示。

　　Memory 窗口用于显示某个地址开始处的内存信息,默认地址为 0×00000000。

　　Watch 窗口只能查看固定变量长度的内容,而 Memory 窗口则可以显示连续地址的内容。在 Memory 窗口中需要输入地址,该地址可以通过 Watch 窗口查找到。Watch 窗口不但显示变量的内容,还会显示每个变量的地址。

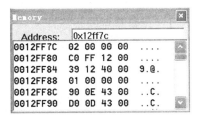

图 10.28　Memory 窗口

4. Registers(寄存器)窗口

　　Registers 窗口用于显示当前所有寄存器的值。

5. Call Stack(调用堆栈)

　　调用堆栈反映了当前断点处函数是被哪些函数按照什么顺序调用的。Call Stack 窗口中显示了一个调用系列,最上面的是当前函数,往下依次是调用函数的上级函数。单击这些函数名可以跳到对应的函数中。

10.6.4 断点设置

为方便较大规模程序的跟踪，设置断点(Breakpoints)是最常用的技巧。

断点是调试器在代码中设置的一个位置。当程序运行到断点时，程序中断执行，回到调试器，以便程序员检查程序代码、变量值等。

程序在断点处停止后，可以进一步让程序单步执行，来查看程序是否在按照所预想的方式运行。

可以通过菜单命令 Edit→Breakpoints 或快捷键 F9 设置一个断点，这里只介绍简单的快捷方式设置方法，功能见表10.5。

表10.5 断 点 设 置

功　能	热　键
设置/清除断点	F9
清除所有断点	Ctrl+Shift+F9

使用快捷方式设置断点，首先把光标移动到需要设置断点的代码行上，然后按快捷键 F9 或者单击"编译"工具条上的按钮，断点处所在的程序行的左侧会出现一个红色圆点，再按一次则清除断点，如图10.29 所示。

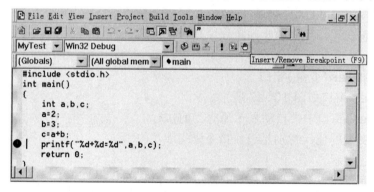

图10.29　断点设置

10.6.5 程序调试的例子

1. 设置断点的跟踪方法

选定 printf 语句作为断点位置，如图10.30 所示。

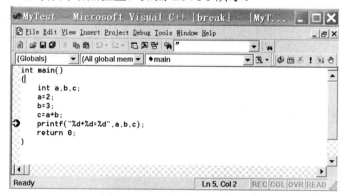

图10.30　断点调试步骤1

可以通过菜单命令 Build→Start Debug→Go 或热键 F5 使程序运行到断点。程序执行到第一个断点处将暂停执行，调试程序在程序行的左侧添加一个黄色箭头，表示程序将要执行此条语句，此时用户可进行变量等的观察。继续执行该命令，程序运行到下一个相邻的断点，如后面没有断点，则执行到程序结束。

可以通过菜单命令 View→Debug Windows→Watch 查看变量的值。在图 10.31 的 Watch 窗口中输入变量名，就可以看到它的值。Name 列为要监控的表达式或变量，Value 列为对应的值，通过该窗口可监控在程序运行过程中表达式值的变化。

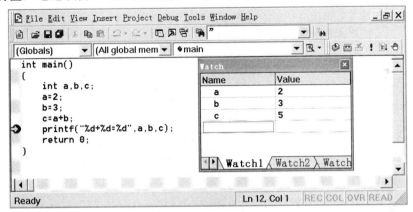

图 10.31　断点调试步骤 2

按 F5 键继续执行程序，得到输出结果，如图 10.32 所示。

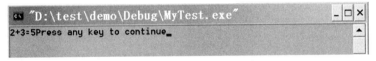

图 10.32　断点调试步骤 3

2．单步跟踪的方法

选择菜单命令 Build→Start Debug→Step Into 或按热键 F11，进入程序单步跟踪调试状态。

图 10.33 所示为跟踪调试步骤 1，程序从主函数 main 开始运行，注意此时 Build 菜单变为 Debug。

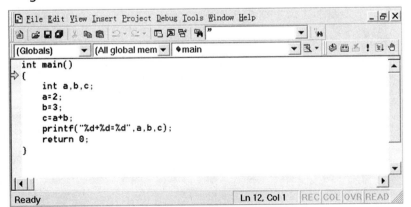

图 10.33　跟踪调试步骤 1

可以通过菜单命令 Debug→Step Over 或热键 F10 使程序单步运行。

图 10.34 所示为跟踪调试步骤 2，每按一次 F10 键，程序单步执行一条语句，语句指示箭头下移一行。

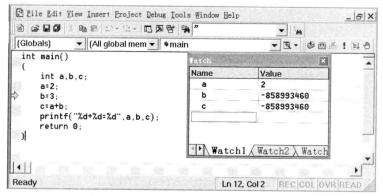

图 10.34　跟踪调试步骤 2

图 10.35 所示为跟踪调试步骤 3，在 Watch 窗口中可以查看相关的变量。变量 b 和 c 并未在程序中赋成显示的值，这是因为还未执行到相应的赋值语句，其变量单元的值是随机的，而非预想的。

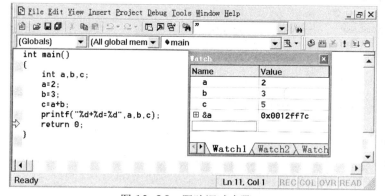

图 10.35　跟踪调试步骤 3

可以通过菜单命令 Debug→Run to Cursor 或热键 Ctrl+F10 让程序运行到指定的位置。

图 10.36 所示为跟踪调试步骤 4。

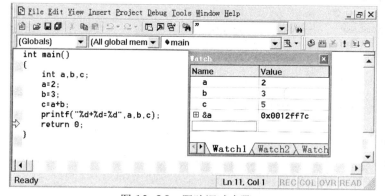

图 10.36　跟踪调试步骤 4

先把光标设到指定的位置，如 return 0 语句行，按下 Ctrl+F10 键，程序会运行到 return 0 语句前一条停下来，黄色箭头指在 return 0 语句前，此时可以查看变量的值、变量的地址(变量前加&符号)，也可以查看控制台窗口的数据输出情形(如图 10.37 所示)。

图 10.37 控制台窗口信息

图 10.38 显示了多个窗口信息，0x12ff7c 是变量 a 的地址，在 Memory 窗口中也可以查看这个地址的值。

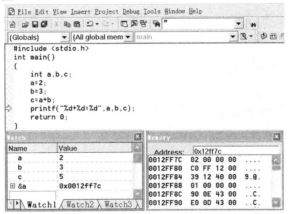

图 10.38 多个窗口信息

Memory 窗口中，最左侧一列为内存地址，依次向右的四列为内存中的内容，以十六进制表示，最后一列为内存内容的文本显示。

10.6.6 有关联机帮助

Visual C++6.0 提供了详细的帮助信息。MSDN(Microsoft Developer Network，微软开发者网络)是微软公司面向软件开发者提供的一种信息服务。程序员可以根据需要选择多种方式使用 MSDN，可以安装在自己的机器上，也可以在线使用 MSDN。

在机器上安装 MSDN 后，通过选择"帮助"(Help)菜单下的"帮助目录"(Contents)命令就可以进入帮助系统。在源文件编辑器中把光标定位在一个需要查询的单词处，然后按 F1 键也可以进入 Visual C++6.0 的帮助系统。用户通过 Visual C++6.0 的帮助系统可以获得几乎所有 Visual C++6.0 的技术信息，这也是 Visual C++作为一个非常友好的开发环境所具有的特色之一。

10.7 程 序 测 试

程序测试(Program Testing)：是指对一个完成了全部或部分功能、模块的计算机

程序在正式使用前的检测，以确保该程序能按预定的方式正确地运行。

目前，软件的正确性证明尚未得到根本的解决，软件测试仍是发现软件错误和缺陷的主要手段。软件测试所追求的是以尽可能少的时间和人力发现软件产品尽可能多的错误，高效的测试是指用少量的测试用例发现被测软件尽可能多的错误。

1．测试用例(Test Case)

一个测试用例必须包括两个部分：

(1) 对程序的输入数据的描述。

(2) 对程序在上述输入数据下应有的正确输出结果的精确描述。

2．测试用例制定的原则

制定测试用例的基本目标是：设计一组发现某个错误或某类错误的测试数据。测试用例要包括欲测试的功能、应输入的数据和预期的输出结果。测试用例应该选用少量、高效的测试数据进行尽可能完备的测试。

　程序测试方法

1．白盒测试

白盒测试也称结构测试或逻辑驱动测试。

白盒的意思是被测试的软件是"可视的"，测试者清楚盒子内部的内容及运作方式。测试人员依据程序内部逻辑结构的相关信息，设计或选择测试用例，对程序所有逻辑路径进行测试，通过在不同点检查程序的状态，确定实际的状态是否与预期的状态一致。

白盒测试主要是对程序模块进行如下检查：

(1) 对程序模块的所有独立的执行路径至少测试一遍。

(2) 对所有的逻辑判定，取"真"与取"假"的两种情况都能至少测试一遍。

(3) 在循环的边界和运行的界限内执行循环体。

(4) 测试内部数据结构的有效性。

白盒测试的主要方法有逻辑驱动测试、基本路径测试等。

2．黑盒测试

黑盒测试也称功能测试或数据驱动测试。

在测试时，把程序看做一个不能打开的黑盒子，它不考虑软件的内部结构和处理算法，测试者在程序接口进行测试，它只检查程序功能是否按照需求规格说明书的规定正常使用，程序是否能适当地接收输入数据而产生正确的输出信息。

黑盒测试主要是为了发现以下几类错误：

(1) 是否有不正确或遗漏的功能？

(2) 在接口上，输入是否能正确地被接收？能否输出正确的结果？

(3) 是否有数据结构错误或外部信息(如数据文件)访问错误？

(4) 性能上是否能够满足要求？

(5) 是否有初始化或终止性错误？

常用的黑盒测试技术包括等价类划分、边值分析、错误推测和因果图等。

3．测试用例主要覆盖方面

(1) 正确性测试：输入用户实际数据以验证系统是满足需求规格说明书的要求；测试用例中的测试点应首先保证要至少覆盖需求规格说明书中的各项功能，并且正常。

(2) 容错性(健壮性)测试：程序能够接收正确数据输入并且产生正确(预期)的输出，输入非法数据(非法类型、不符合要求的数据、溢出数据等)，程序应能给出提示，并进行相应处理。可以把自己想象成一名对产品操作一无所知的客户，再进行任意操作，如程序要求输入的是整型数，而客户输入了字符。

(3) 边界值分析法：确定边界情况(刚好等于、稍小于、稍大于和刚刚大于等价类边界值)，针对系统在测试过程中要输入一些合法/非法数据，主要在边界值附近选取。

(4) 接口间测试：测试各个模块相互间的协调和通信情况、数据输入/输出的一致性和正确性。

(5) 等价划分：将所有可能的输入数据(有效的和无效的)划分成若干个等价类。

4．程序数据处理测试用例模板

1) 输入数据

(1) 边界值；

(2) 大于边界值；

(3) 小于边界值；

(4) 最大个数；

(5) 最大个数加 1；

(6) 最小个数；

(7) 最小个数减 1；

(8) 空值、空表；

(9) 极限值；

(10) 0 值；

(11) 负数；

(12) 非法字符；

(13) 日期、时间控制；

(14) 跨年度数据；

(15) 数据格式。

2) 数据处理

(1) 处理速度；

(2) 处理能力；

(3) 数据处理正确率；

(4) 计算方式。

3) 输出结果

(1) 正确率；

(2) 输出格式；

(3) 预期结果；

(4) 实际结果。

5．设计测试用例的例子

开发一个应用程序，接收一个正整数 n(0≤n≤1000)，判断 n 是否为素数。

(1) 正确性测试：如果 n 为素数，程序将返回信息说明其为素数；如果 n 不是素数，程序将返回信息说明其不为素数。

(2) 边界值测试：n=0 和 n=1000。

(3) 容错性测试：如果 n 不是一个有效的输入，程序应显示一条帮助信息。

具体测试用例见表 10.6。

表 10.6　测 试 用 例

编号	输　　入	结　　果	注　　解
1	n = 3	确认 n 为素数	对有效素数的测试
2	n = 1000	确认 n 不为素数	对边界范围内输入的测试
			对等于上边界输入的测试
			对 n 不为素数的测试
3	n = 0	确认 n 不为素数	对等于下边界的测试
4	n = -1	显示帮助信息	对低于下边界的测试
5	n = 1001	显示帮助信息	对高于下边界的测试
6	两个或两个以上输入	显示帮助信息	对输入值正确个数的测试
7	n="a"	显示帮助信息	对输入为整数而非字符的测试
8	n 为空(空格)	显示帮助信息	对输入为空的测试

10.8　本 章 小 结

程序的调试是编程中的一项重要技术。

◆ IDE 环境中编程的主要步骤：编辑、编译、链接、运行、查看结果、调试。

◆ 程序调试的基本方法：

● 设置断点(Breakpoint)；

● 单步执行；

● 输出调试信息；

● 观察和修改数据。

◆ 程序调试的主要命令：见表 10.7。

表 10.7　程序调试的主要命令

菜 单 命 令	快 捷 键	功　　能
Go	F5	继续运行，直到断点处中断
Step Over	F10	单步执行，不进入子函数内部
Step Into	F11	单步执行，进入子函数内部
Run to Cursor	Ctrl+F10	运行到当前光标处
	F9	设置/清除断点
Stop Debugging	Shift+F5	结束程序调试

◆ 在 IDE 中查看信息：在程序运行中可以查看的信息有变量、寄存器、内存、调用栈等。最常用的两个窗口见表 10.8。

表 10.8 常用的两个查看窗口

窗　口	功　能
Watch	查看变量或表达式的值
Memory	显示指定起始地址的一段内存的内容

◆ 程序测试：测试是为发现错误而执行程序的过程。测试用例中一个必需部分是对预期输出或结果进行定义。

一个测试用例必须包括两个部分：

(1) 对程序的输入数据的描述；

(2) 对程序在上述输入数据下的正确输出结果的精确描述。

> 调试前测试样例设计要费思忖，
> 输入是什么输出有哪些事前要确认，
> 正常、异常、边界情形要想周全，
> 认真仔细达到要求才能完善致臻。
>
> 编译时有错不要郁闷，
> 看提示分析语法错在哪仔细辨认，
> 一个错会引起连锁错，
> 改错应该逐步来多改几轮。
>
> 看运行结果与设想是否矛盾，
> 两厢不符则要把设计的逻辑询问。
> 调试时设断点、单步跟、查变量、看内存，
> 勤思考细分析找出 bug 直至结果确认。

习　　题

10.1　改正下面程序中的错误：

(1) 输入一个字符串，将组成字符串的所有非英文字母的字符删除后输出。

```c
#include <stdio.h>
#include <string.h>
int main()
{
    char str[256];
    int i,j,k=0,n;

    gets(str);
```

```
        n=strlen(str);
        for(i=0;i<n;i++)
        {
                if (tolower(str[i])<'a' || tolower(str[i])>'z')
                {
                    str[n]=str[i];
                    n++;
                }
            str[k]='\0';
            printf("%s\n",str);
        }
        return 0;
    }
```

(2) 运行时输入 10 个数，然后分别输出其中的最大值、最小值。

```
    #include <stdio.h>
    int main()
    {
        float x,max,min;
        int i;

        for(i=0;i<=10;i++)
    {
        if(i=1) { max=x; min=x;}
        if( x>max ) max=x;
        if( x<min ) min=x;
    }
        printf("%f,%f\n",max,min);
        return 0;
    }
```

(3) 输入 x 和正数 eps，计算多项式 1-x+x*x/2!-x*x*x/3!+…的和，直到末项的绝对值小于 eps 为止。

```
    #include <stdio.h>
    #include <math.h>
    int main()
    {
        float x,eps,s=1,t=1,i=1;
        scanf("%f%f",&x,&eps);
        do
        {
```

```
        t=-t*x/++i;
        s+=t;
    } while( fabs(t)<eps );
    printf( "%f\n", s);
    return 0;
}
```

10.2 补全下面的程序：将数组 a 的每一行均除以该行上绝对值最大的元素，然后将 a 数组写入新建文件 design.txt。

```
#include <stdio.h>
#include <math.h>
int main()
{
    float a[3][3]={{1.3,2.7,3.6},{2,3,4.7},{3,4,1.27}};
    FILE *p; float x;
    int i,j;
/*在下面添加代码*/



/***添加代码结束***/
p=fopen("design.txt","w");
for(i=0;i<3;i++)
{
    for(j=0;j<3;j++) fprintf(p,"%10.6f",a[i][j]);
    fprintf(p,"\n");
}
fclose(p);
return 0;
}
```

10.3 代码调试。

(1) 输入以下代码然后进行调试，使之实现功能：输入 a、b、c 三个整数，求最小值。写出调试过程。

```
int main()
{
    int a,b,c;
    scanf("%d%d%d",a,b,c);
    if((a>b)&&(a>c))
    if(b<c)  printf("min=%d\n",b);
    else    printf("min=%d\n",c);
```

```
        if((a<b)&&(a<c)) printf("min=%d\n",a);
        return 0;
    }
```

程序中包含一些错误，按下述步骤进行调试：

① 设置观测变量。

② 单步执行程序。

③ 通过单步执行发现程序中的错误。当单步执行到 scanf() 函数一句时，注意对比变量的观测值和实际输入值，找出错误原因并改正。

④ 通过充分测试发现程序中的逻辑错误。注意变量 a、b、c 可能存在相等的情况和 a、b、c 分别取最小值的情况。

(2) 调试下列程序，使之实现功能：任意输入两个字符串(如"abc 123"和"china")，并存放在 a、b 两个数组中。然后把较短的字符串放在 a 数组，较长的字符串放在 b 数组，并输出。

```
int main()
{
    char a[10],b[10];
    int c,d,k;
    scanf("%s",&a);
    scanf("%s",&b);
    printf("a=%s,b=%s\n",a,b);
    c=strlen(a);
    d=strlen(b);
    if(c>d)
    {
        for(k=0;k<d; k++)
          { ch=a[k];a[k]=b[k]; b[k]=ch;}
    }
    printf("a=%s\n",a);
    printf("b=%s\n",b);
    return 0;
}
```

提示：程序中的 strlen 是库函数，功能是求字符串的长度，它的原型保存在头文件"string.h"中。调试时注意库函数的调用方法及不同的字符串输入方法，通过错误提示发现程序中的错误。

(3) 调试下列程序，使之具有如下功能：输入 10 个整数，按每行 3 个数输出这些整数，最后输出 10 个整数的平均值。写出调试过程。

```
int main()
{
    int i,n,a[10],av;
```

```
    for(i=0; i<n; i++)
        scanf("%d",a[i]);
    for(i=0; i<n; i++)
    {
        printf("%d",a[i]);
        if(i%3==0) printf("\n");
    }

        for(i=0; i!=n; i++) av+=a[i];
        printf("av=%f\n",av);
        return 0;
    }
```

提示：上面给出的程序是可以运行的，但运行结果是错误的。调试时请注意变量的初值问题、输出格式问题等。在程序运行过程中，可以使用<Ctrl>+<Z>键终止程序的运行。

(4) 设有 N 个学生，每个学生的数据包括考号、姓名、性别和成绩(提示：可使用结构体)。编写一个程序，要求用指针求出成绩最高的学生，并且输出其全部信息。编写程序，调试程序并记录运行结果。

(5) 调试下列程序，使之实现功能：用指针法输入 12 个数，然后按每行 4 个数输出。写出调试过程。

```
    int main()
    {
        int j,k,a[12],*p;
        for (j=0; j<12; j++)
            scanf("%d",p++);
        for (j=0; j<12; j++)
        {
            printf("%d",*p++);
            if(j%4 == 0) printf("\n");
        }
        return 0;
    }
```

提示：调试此程序时，可在 Watch 窗口观察数组 a 的元素。调试时注意指针变量指向哪个目标变量。

附录 A 运算符的优先级和结合性

在 C 语言中，参加运算的对象个数称为运算符的"目"。单目运算符是指参加运算的对象只有一个，如+i、-j、x++。双目运算符是指参加运算的对象有两个，如 x+y、p%q。

相同运算符连续出现时，有的运算符是从左至右进行运算，有的运算符是从右至左进行运算，C 语言中将运算符的这种特性称为结合性。

优先级	运 算 符	含 义	运算类型	结合性
1	( ) [ ] -> ,	圆括号 下标运算符 指向结构体成员运算符 结构体成员运算符	单目	自左向右
2	! ~ ++ -- （类型关键字） + - * & sizeof	逻辑非运算符 按位取反运算符 自增、自减运算符 强制类型转换 正、负号运算符 指针运算符 地址运算符 长度运算符	单目	自右向左
3	* / %	乘、除、求余运算符	双目	自左向右
4	+ -	加、减运算符	双目	自左向右
5	<< >>	左移运算符 右移运算符	双目	自左向右
6	< <= > >=	小于、小于等于、大于、大于等于	关系	自左向右
7	== !=	等于、不等于	关系	自左向右
8	&	按位与运算符	位运算	自左向右
9	∧	按位异或运算符	位运算	自左向右
10	|	按位或运算符	位运算	自左向右
11	&&	逻辑与运算符	位运算	自左向右
12	||	逻辑或运算符	位运算	自左向右
13	? :	条件运算符	三目	自右向左
14	= += -= *= /= %= << =>>= &= ∧= |=	赋值运算符	双目	自右向左
15	,	逗号运算	顺序	自左向右

附录 B　ASCII 码表

ASCII 值	控制字符	ASCII 值	控制字符	ASCII 值	控制字符	ASCII 值	控制字符
0	NUT	32	(space)	64	@	96	、
1	SOH	33	!	65	A	97	a
2	STX	34	"	66	B	98	b
3	ETX	35	#	67	C	99	c
4	EOT	36	$	68	D	100	d
5	ENQ	37	%	69	E	101	e
6	ACK	38	&	70	F	102	f
7	BEL	39	'	71	G	103	g
8	BS	40	(	72	H	104	h
9	HT	41	)	73	I	105	i
10	LF	42	*	74	J	106	j
11	VT	43	+	75	K	107	k
12	FF	44	,	76	L	108	l
13	CR	45	–	77	M	109	m
14	SO	46	.	78	N	110	n
15	SI	47	/	79	O	111	o
16	DLE	48	0	80	P	112	p
17	DCI	49	1	81	Q	113	q
18	DC2	50	2	82	R	114	r
19	DC3	51	3	83	S	115	s
20	DC4	52	4	84	T	116	t
21	NAK	53	5	85	U	117	u
22	SYN	54	6	86	V	118	v
23	TB	55	7	87	W	119	w
24	CAN	56	8	88	X	120	x
25	EM	57	9	89	Y	121	y
26	SUB	58	:	90	Z	122	z
27	ESC	59	;	91	[	123	{
28	FS	60	<	92	\	124		
29	GS	61	=	93	]	125	}
30	RS	62	>	94	∧	126	~
31	US	63	?	95	＿	127	DEL

附录C C语言常用库函数

库函数并不是C语言的一部分，它是由编译系统根据一般用户的需要编制并提供给用户使用的一组程序。每一种C编译系统都提供了一批库函数，不同的编译系统所提供的库函数的数目和函数名以及函数功能是不完全相同的。ANSI C标准提出了一批建议提供的标准库函数，它包括目前多数C编译系统所提供的库函数，但也有一些是某些C编译系统未曾实现的。考虑到通用性，本附录列出ANSI C建议的常用库函数。

由于C库函数的种类和数目很多，例如还有屏幕和图形函数、时间日期函数、与系统有关的函数等，每一类函数又包括各种功能的函数，限于篇幅，本附录不能全部介绍，只从教学需要的角度列出最基本的。读者在编写C程序时可根据需要，查阅有关系统的函数使用手册。

1. 数学函数

使用数学函数(见表C.1)时，应该在源文件中使用预编译命令：

```
#include <math.h>   或   #include "math.h"
```

表C.1 数 学 函 数

函数名	函 数 原 型	功 能	返回值
acos	double acos(double x);	计算 arccos x 的值，其中$-1 \leqslant x \leqslant 1$	计算结果
asin	double asin(double x);	计算 arcsin x 的值，其中$-1 \leqslant x \leqslant 1$	计算结果
atan	double atan(double x);	计算 arctan x 的值	计算结果
atan2	double atan2(double x, double y);	计算 arctan x/y 的值	计算结果
cos	double cos(double x);	计算 cos x 的值，其中 x 的单位为弧度	计算结果
cosh	double cosh(double x);	计算 x 的双曲余弦 cosh x 的值	计算结果
exp	double exp(double x);	求 e^x 的值	计算结果
fabs	double fabs(double x);	求 x 的绝对值	计算结果
floor	double floor(double x);	求出不大于 x 的最大整数	该整数的双精度实数
fmod	double fmod(double x, double y);	求整除 x/y 的余数	返回余数的双精度实数
frexp	Double frexp(double val, int *eptr);	把双精度数 val 分解成数字部分(尾数)和以2为底的指数，即 $val=x*2^n$，n 存放在 eptr 指向的变量中	数字部分 x $0.5 \leqslant x < 1$
log	double log(double x);	求 lnx 的值	计算结果
log10	double log10(double x);	求 $\log_{10}x$ 的值	计算结果

续表

函数名	函 数 原 型	功　能	返回值
modf	double modf(double val, int *iptr);	把双精度数 val 分解成数字部分和小数部分，把整数部分存放在 ptr 指向的变量中	val 的小数部分
pow	double pow(double x, double y);	求 x^y 的值	计算结果
sin	double sin(double x);	求 sin x 的值，其中 x 的单位为弧度	计算结果
sinh	double sinh(double x);	计算 x 的双曲正弦函数 sinh x 的值	计算结果
sqrt	double sqrt (double x);	计算 x 的平方根，其中 x≥0	计算结果
tan	double tan(double x);	计算 tan x 的值，其中 x 的单位为弧度	计算结果
tanh	double tanh(double x);	计算 x 的双曲正切函数 tanh x 的值	计算结果

2. 字符函数

在使用字符函数（见表 C.2）时，应该在源文件中使用预编译命令：

   #include <ctype.h>　或　#include "ctype.h"

表 C.2　字　符　函　数

函数名	函 数 原 型	功　能	返 回 值
isalnum	int isalnum(int ch);	检查 ch 是否是字母或数字	是字母或数字返回1，否则返回 0
isalpha	int isalpha(int ch);	检查 ch 是否是字母	是字母返回1，否则返回 0
iscntrl	int iscntrl(int ch);	检查 ch 是否控制字符（其 ASCII 码在 0～0x1F 之间）	是控制字符返回1，否则返回 0
isdigit	int isdigit(int ch);	检查 ch 是否是数字	是数字返回1，否则返回 0
isgraph	int isgraph(int ch);	检查 ch 是否是可打印字符（其 ASCII 码在 0x21～0x7e 之间），不包括空格	是可打印字符返回1，否则返回 0
islower	int islower(int ch);	检查 ch 是否是小写字母（a～z）	是小写字母返回1，否则返回 0
isprint	int isprint(int ch);	检查 ch 是否是可打印字符（其 ASCII 码在 0x21～0x7e 之间），不包括空格	是可打印字符返回1，否则返回 0
ispunct	int ispunct(int ch);	检查 ch 是否是标点字符（不包括空格），即除字母、数字和空格以外的所有可打印字符	是标点返回1，否则返回 0

函数名	函 数 原 型	功　　能	返 回 值
sspace	int isspace(int ch);	检查 ch 是否空格、跳格符(制表符)或换行符	是返回 1，否则返回 0
isupper	int isupper(int ch);	检查 ch 是否是大写字母(A~Z)	是大写字母返回 1，否则返回 0
isxdigit	int isxdigit(int ch);	检查 ch 是否是一个十六进制数字(即0~9，或 A~F，a~f)	是返回 1，否则返回 0
tolower	int tolower(int ch);	将 ch 字符转换为小写字母	返回 ch 对应的小写字母
toupper	int toupper(int ch);	将 ch 字符转换为大写字母	返回 ch 对应的大写字母

3. 字符串函数

使用字符串函数(见表 C.3)时，应该在源文件中使用预编译命令：

```
#include <string.h>  或  #include "string.h"
```

表 C.3 字 符 串 函 数

函数名	函 数 原 型	功　能	返 回 值
memchr	void memchr(void *buf, char ch,unsigned count);	在 buf 的前 count 个字符里搜索字符 ch 首次出现的位置	返回指向 buf 中 ch 的第一次出现的位置指针。若没有找到 ch，则返回 NULL
memcmp	int memcmp(void *buf1, void*buf2,unsigned count)	按字典顺序比较由 buf1 和 buf2 指向的数组的前 count 个字符	buf1<buf2，为负数buf1=buf2，返回 0buf1>buf2，为正数
memcpy	void *memcpy(void *to, void*from,unsignedcount);	将 from 指向的数组中的前 count 个字符拷贝到 to 指向的数组中。From 和 to 指向的数组不允许重叠	返回指向 to 的指针
memove	void *memove(void *to, void*from,unsigned count);	将 from 指向的数组中的前 count 个字符拷贝到 to 指向的数组中。from 和 to 指向的数组不允许重叠	返回指向 to 的指针
memset	void *memset(void *buf, char ch, unsigned count);	将字符 ch 拷贝到 buf 指向的数组前 count 个字符中	返回 buf
strcat	char *strcat(char *str1, char *str2);	把字符 str2 接到 str1 后面,取消原来 str1 最后面的串结束符"\0"	返回 str1

函数名	函 数 原 型	功　能	返 回 值
strchr	Char *strchr(char *str, int ch);	找出 str 指向的字符串中第一次出现字符 ch 的位置	返回指向该位置的指针，如找不到，则应返回 NULL
strcmp	int *strcmp(char *str1, char *str2);	比较字符串 str1 和 str2	str1<str2，为负数 str1=str2，返回 0 str1>str2，为正数
strcpy	char *strcpy(char *str1, char *str2);	把 str2 指向的字符串拷贝到 str1 中	返回 str1
strlen	unsigned intstrlen(char *str);	统计字符串 str 中字符的个数(不包括终止符"\0")	返回字符个数
strncat	char*strncat(char*str1, char*str2,unsigned count);	把字符串 str2 指向的字符串中最多 count 个字符连到串 str1 后面，并以 NULL 结尾	返回 str1
strncmp	int strncmp(char *str1, *str2, unsigned count);	比较字符串 str1 和 str2 中至多前 count 个字符	str1<str2，为负数 str1=str2，返回 0 str1>str2，为正数
strncpy	char*strncpy(char*str1, *str2, unsigned count);	把 str2 指向的字符串中最多前 count 个字符拷贝到串 str1 中	返回 str1
strnset	void *setnset(char *buf, char ch, unsigned count);	将字符 ch 拷贝到 buf 指向的数组前 count 个字符中	返回 buf
strset	void *setset(void *buf, char ch);	将 buf 所指向的字符串中的全部字符都变为字符 ch	返回 buf
strstr	char *strstr(char *str1, *str2);	寻找 str2 指向的字符串在 str1 指向的字符串中首次出现的位置	返回 str2 指向的字符串首次出现的地址，否则返回 NULL

4. 输入/输出函数

在使用输入/输出函数(见表 C.4)时，应该在源文件中使用预编译命令：

#include <stdio.h>　或　#include "stdio.h"

表 C.4　输入/输出函数

函数名	函 数 原 型	功　能	返 回 值
clearerr	void clearer(FILE*fp);	清除文件指针错误指示器	无
close	int close(int fp);	关闭文件(非 ANSI 标准)	关闭成功返回 0，不成功返回-1
creat	int creat(char *filename, int mode);	以 mode 所指定的方式建立文件(非 ANSI 标准)	成功返回正数，否则返回-1

函数名	函 数 原 型	功　能	返　回　值
eof	int eof(int fp);	判断 fp 所指的文件是否结束	文件结束返回 1, 否则返回 0
fclose	int fclose(FILE *fp);	关闭 fp 所指的文件, 释放文件缓冲区	关闭成功返回 0, 不成功返回非 0
feof	int feof(FILE *fp);	检查文件是否结束	文件结束返回非 0, 否则返回 0
ferror	int ferror(FILE *fp);	测试 fp 所指的文件是否有错误	无错返回 0, 否则返回非 0
fflush	int fflush(FILE *fp);	将 fp 所指的文件的全部控制信息和数据存盘	存盘正确返回 0, 否则返回非 0
fgets	char *fgets(char *buf, int n, FILE *fp);	从 fp 所指的文件读取一个长度为 n-1 的字符串, 存入起始地址为 buf 的空间	返回地址 buf。若遇文件结束或出错, 则返回 EOF
fgetc	int fgetc(FILE *fp);	从 fp 所指的文件中取得下一个字符	返回所得到的字符。出错返回 EOF
fopen	FILE*fopen(char*filename, char *mode);	以 mode 指定的方式打开名为 filename 的文件	成功返回一个文件指针, 否则返回 0
fprintf	int fprintf(FILE *fp, char *format,args,…);	把 args 的值以 format 指定的格式输出到 fp 所指的文件中	实际输出的字符数
fputc	int fputc(char ch, FILE *fp);	将字符 ch 输出到 fp 所指的文件中	成功返回该字符, 出错返回 EOF
fputs	int fputs(char str, FILE *fp);	将 str 指定的字符串输出到 fp 所指的文件中	成功返回 0, 出错返回 EOF
fread	int fread(char*pt,unsigned size,unsigned n,FILE *fp);	从 fp 所指定文件中读取长度为 size 的 n 个数据项, 存到 pt 所指向的内存区	返回所读的数据项个数, 若文件结束或出错则返回 0
fscanf	int fscanf(FILE *fp, char *format,args,…);	从 fp 指定的文件中按给定的 format 格式将读入的数据送到 args 所指向的内存变量中(args 是指针)	已输入的数据个数
fseek	int fseek(FILE *fp, long offset, int base);	将 fp 指定的文件的位置指针移到以 base 所指出的位置为基准、以 offset 为位移量的位置	返回当前位置, 否则返回-1
ftell	long ftell(FILE *fp);	返回 fp 所指定的文件中的读写位置	返回文件中的读写位置, 否则返回 0
fwrite	int fwrite(char *ptr, unsigned size, unsigned n, FILE *fp);	把 ptr 所指向的 n*size 个字节输出到 fp 所指向的文件中	写到 fp 文件中的数据项的个数

函 数 名	函 数 原 型	功　　能	返 回 值
getc	int getc(FILE *fp);	从 fp 所指向的文件中读出下一个字符	返回读出的字符,若文件出错或结束则返回 EOF
getchar	int getchar();	从标准输入设备中读取下一个字符	返回字符,若文件出错或结束则返回-1
gets	char *gets(char *str);	从标准输入设备中读取字符串存入 str 指向的数组	成功返回 str,否则返回 NULL
open	int open(char *filename, int mode);	以 mode 指定的方式打开已存在的名为 filename 的文件(非 ANSI 标准)	返回文件号(正数),如打开失败返回-1
printf	int printf(char *format, args,…);	在 format 指定的字符串的控制下,将输出列表 args 的值输出到标准设备	输出字符的个数,若出错则返回负数
prtc	int prtc(int ch, FILE *fp);	把一个字符 ch 输出到 fp 所指的文件中	输出字符 ch,若出错则返回 EOF
putchar	int putchar(char ch);	把字符 ch 输出到 fp 标准输出设备	返回换行符,若失败返回 EOF
puts	int puts(char *str);	把 str 指向的字符串输出到标准输出设备,将"\0"转换为回车行	返回换行符,若失败返回 EOF
putw	int putw(int w, FILE *fp);	将一个整数 i(即一个字)写到 fp 所指的文件中(非 ANSI 标准)	返回读出的字符,若文件出错或结束则返回 EOF
read	int read(int fd, char *buf, unsigned count);	从文件号 fp 所指定的文件中读 count 个字节到由 buf 指示的缓冲区(非 ANSI 标准)	返回真正读出的字节个数,如文件结束返回 0,出错返回-1
remove	int remove(char *fname);	删除以 fname 为文件名的文件	成功返回 0,出错返回-1
rename	int remove(char *oname, char *nname);	把 oname 所指的文件名改为由 nname 所指的文件名	成功返回 0,出错返回-1
rewind	void rewind(FILE *fp);	将 fp 指定的文件指针置于文件头,并清除文件结束标志和错误标志	无
scanf	int scanf(char *format, args,…);	从标准输入设备按 format 指示的格式字符串规定的格式,输入数据给 args 所指示的单元。args 为指针	读入并赋给 args 数据个数。如文件结束返回 EOF,若出错返回 0
write	int write(int fd, char *buf, unsigned count);	从 buf 指示的缓冲区输出 count 个字符到 fd 所指的文件中(非 ANSI 标准)	返回实际写入的字节数,如出错则返回-1

5. 动态存储分配函数

在使用动态存储分配函数(见表 C.5)时，应该在源文件中使用预编译命令：

#include <stdlib.h> 或 #include "stdlib.h"

表 C.5　动态存储分配函数

函数名	函数原型	功能	返回值
callloc	void*calloc(unsigned n, unsigned size);	分配 n 个数据项的内存连续空间，每个数据项的大小为 size	分配内存单元的起始地址。如不成功，返回 0
free	void free(void *p);	释放 p 所指的内存区	无
malloc	void*malloc(unsigned size);	分配 size 字节的内存区	所分配的内存区地址，如内存不够，返回 0
realloc	void*realloc(void *p, unsigned size);	将 p 所指的已分配的内存区的大小改为 size。size 可以比原来分配的空间大或小	返回指向该内存区的指针。若重新分配失败，则返回 NULL

6. 其他函数

有些函数由于不便归入某一类，所以单独列出，见表 C.6。使用这些函数时，应该在源文件中使用预编译命令：

#include <stdlib.h> 或 #include "stdlib.h"

表 C.6　其 他 函 数

函数名	函 数 原 型	功　能	返 回 值
abs	int abs(int num);	计算整数 num 的绝对值	返回计算结果
atof	double atof(char *str);	将 str 指向的字符串转换为一个 double 型的值	返回双精度计算结果
atoi	int atoi(char *str);	将 str 指向的字符串转换为一个 int 型的值	返回转换结果
atol	long atol(char *str);	将 str 指向的字符串转换为一个 long 型的值	返回转换结果
exit	void exit(int status);	终止程序运行，将 status 的值返回调用的过程	无
itoa	char *itoa(int n, char *str, int radix);	将整数 n 的值按照 radix 进制转换为等价的字符串，并将结果存入 str 指向的字符串中	返回一个指向 str 的指针
labs	long labs(long num);	计算 long 型整数 num 的绝对值	返回计算结果
ltoa	char *ltoa(long n, char *str, int radix);	将长整数 n 的值按照 radix 进制转换为等价的字符串，并将结果存入 str 指向的字符串	返回一个指向 str 的指针
rand	int rand();	产生 0 到 RAND_MAX 之间的伪随机数。RAND_MAX 在头文件中定义	返回一个伪随机(整)数
random	int random(int num);	产生 0 到 num 之间的随机数	返回一个随机(整)数
randomize	void randomize();	初始化随机函数，使用时包括头文件 time.h	

附录 D　常用转义字符表

C 语言中允许使用一种特殊形式的字符常量，即以一个"\"开头的字符序列，称为转义字符。常用的转义字符参见表 D.1。

表 D.1　常用转义字符表

字符形式	含　义	ASCII 代码
\0	空字符	0
\n	换行符，将当前位置移到下一行开头	10
\t	水平制表符，横向跳格（即跳到下一个输出区，一个输出区占 8 列）	9
\v	垂直制表符	
\b	退格符，将当前位置移到前一列	8
\r	回车符，将当前位置移到本行开头	13
\f	换页符，将当前位置移到下页开头	12
\a	响铃	
\\	反斜杠字符	92
\'	单引号字符	39
\"	双引号字符	34
\?	问号字符	63
\ddd	1～3 位八进制数所代表的字符	
\xhh	1～2 位十六进制数所代表的字符	

附录 E 位 运 算 简 介

1．按位与(&)

按位与(&)的用途有以下两方面：

(1) 清零。

例如，有数 x=0010 1011，可取数 y=1101 0100 或 y=0000 0000，则 x&y=0。

(2) 截取(析出)变量指定的二进制位，其余位清零。

例如，有数 a=0010 1100 1010 1100，占 2 Byte，现要取其低字节。可取数 y=0000 0000 1111 1111，则

   a&y=0000 0000 1010 1100

再如，有数 a=0101 0100，要将左面的第 3、4、5、7、8 位保留。可取数 b=0011 1011，则

   c=a&b=0001 0000

2．按位或(|)

设 a=0011 0000，b=0000 1111，则 a|b=0011 1111。

用途：将二进制数据的指定位置 1，而不管原来的二进制位状态如何。

工作数：指定位为 1，其余位为 0。

例如，int a=055555，现要将变量对应的存储单元的最高位置 1，则取工作数 b=0x8000，即

   a：0101 1011 0110 1101
   b：1000 0000 0000 0000
   a|b：1101 1011 0110 1101

3．按位异或(∧)

当且仅当参加运算的两个操作数对应的二进制位的状态不同时才将对应的二进制位置 1。按位异或也称按位加(即对应位相加，进位丢弃)，其用途有以下三方面：

(1) 使指定的二进制位状态翻转(1 变 0，0 变 1)。

操作数：指定翻转的位为 1，其余位全为 0。

例如，a=0x0F 0000 0000 0000 1111，可取数 b=0x18 0000 0000 0001 1000，则

   a∧b= 0000 0000 0001 0111

(2) 与 0 相∧，保留原值。

(3) 常用按位加实现两个变量内容的互换，而不采用任何中间变量。方法如下：

   a=a∧b； b=b∧a； a=a∧b；

证明：由第 2 式

   b=b∧a=b∧(a∧b)=b∧a∧b=a∧b∧b=a∧0=a

再由第 3 式

a=a^b=(a^b)^(b^(a^b))=a^b^b^(a^b)=a^0^a^b=a^a^b=0^b=b

4．按位取反(~)

~ 是一个单目运算符，用来对一个二进制数按位取反。

例如：~025 即为~0000 0000 0001 0101，即 1111 1111 1110 1010。

注意：

(1) ~025 绝非−025；

(2) 对同一操作数连续两次"按位取反"，其结果必须与原操作数相同；

(3) "按位取反"常与"按位与"、"按位或"或移位操作结合使用，完成特定功能。

例如，对表达式 x&~077，表示取变量 x 的低 6 位以前的部分，并使结果的低 6 位全为 0。

5．移位运算(>>、<<)

移位运算的一般形式为 m<<n、m>>n。其中 m 是被移位的操作数，n 是移位的位数，且均为整型表达式，移位运算结果的类型取决于 m 的类型。

执行<<时，操作数左端移出的高位部分丢弃，右端低位补 0；

执行>>时，操作数右端移出的低位部分丢弃，左端高位部分若无符号数则一律补 0，若有符号数，则算术移位时填符号位，逻辑移位时填 0。

结合性：<<与>>具有左结合性，左移相当于乘 2 的幂次，右移相当于除 2 的幂次。

用移位操作进行乘和除的例子见表 E.1。

表 E.1 用移位操作进行乘和除举例

字符 x	每个语句执行后的 x	x 的值
x=7	00000111	7
x<<1	00001110	14
x<<3	01110000	112
x<<2	11000000	192
x>>1	01100000	96
x>>2	00011000	24

位运算与赋值运算结合可以组成扩展的赋值运算符，如 &=、|=、>>=、<<=、^= 等。

    a&=b   等价于   a=a&b

    a<<=2   等价于   a=a<<2

例如，表达式 x>>p+1−n&~(~0<<n)的功能为：对于给出的 x，从 x 右端的第 p 个位置起(假定最右端的位置从 0 开始计数)返回 x 的连续 n 个二进制位，且截出的位段靠右端存放。假定 p=4、n=3，则返回的是 x 的第 2 到第 4 位的内容。

附录F 在工程中加入多个文件

在一个工程中加入多个文件的方法有多种，下面通过举例说明其中的一种方法。

【例】 一个C程序由三个文件组成，它们分别是测试文件1.cpp、测试文件2.cpp和测试文件3.cpp，把它们加入到同一工程中。

测试文件1.cpp：

```c
/*本程序由三个文件组成，main 函数在测试文件 1 中*/
#include <stdio.h>
extern int reset(void);      /*声明 reset 函数是外部函数*/
extern int next(void);       /*声明 next 函数是外部函数*/
extern int last(void);       /*声明 last 函数是外部函数*/
extern int news(int i);      /*声明 news 函数是外部函数*/

int i=1;                     /*定义全局量 i*/
int main()
{
    int i, j;                /*定义局部量 i, j*/
    i=reset();
    for (j=1;  j<4;  j++)
    {
        printf("%d\t%d\t",i,j);
        printf("%d\t",next());
        printf("%d\t",last());
        printf("%d\n",news(i+j));
    }
    return 0;
}
```

测试文件2.cpp：

```c
extern int i;                /*声明全局量 i*/

int next(void)
{
    return( i+=1);
```

```
    }

    int last(void)
    {
        return( i+=1);
    }

    int news( int i)      /*定义形参 i，形参为局部量*/
    {
        static int j=5; /*定义静态量 j*/
        return ( j+=i);
    }
```

测试文件 3.cpp：

```
    extern int i;         /*声明全局量 i*/
    int reset(void)
    {
        return( i );
    }
```

名词解释

> 内部函数：只能被本文件中的其他函数调用，定义时其前加 static。内部函数又称静态函数。

> 外部函数：在定义函数时，如果冠以关键字 extern，则表示此函数是外部函数。例如：

```
    extern int reset(void);
```

函数 reset 可以为其他文件调用，如果在定义函数时省略 extern，则隐含为外部函数。

在需要调用外部函数的文件中，要用 extern 说明所用的函数是外部函数。

声明与定义的区别：函数或变量在声明时，并没有给它实际的物理内存空间，它有时候可以保证所编写的程序能够编译通过，但是当函数或变量定义的时候，它就在内存中有了实际的物理空间，对同一个变量或函数的声明可以有多次，而定义只能有一次。

多个文件的情况如何引用全局变量呢？假如在一个文件中定义全局变量，在别的文件中引用，就要在此文件中用 extern 对全局变量进行说明。但如果全局变量定义时用 static，此全局变量就只能在本文件中引用了，而不能被其他文件引用。

在一个工程中加入多个文件的方法如下：

(1) 在 IDE 中新建工程，如工程名为 test，如图 F.1 所示。

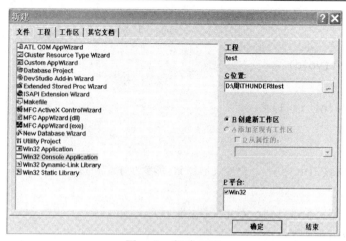

图 F.1　新建工程

（2）在 test 工程中建立新文件"测试文件 1.cpp"，如图 F.2 所示。

图 F.2　建立新文件"测试文件 1.cpp"

（3）在 test 工程中建立新文件"测试文件 2.cpp"，如图 F.3 所示。

图 F.3　建立新文件"测试文件 2.cpp"

（4）在 test 工程中建立新文件"测试文件 3.cpp"，如图 F.4 所示。

图 F.4　建立新文件"测试文件 3.cpp"

（5）编译"测试文件 1.cpp"，如图 F.5 所示。

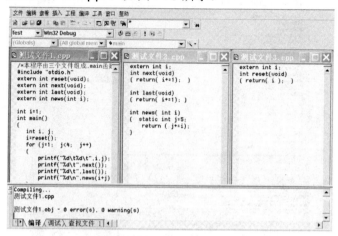

图 F.5　编译"测试文件 1.cpp"

（6）编译"测试文件 2.cpp"，如图 F.6 所示。

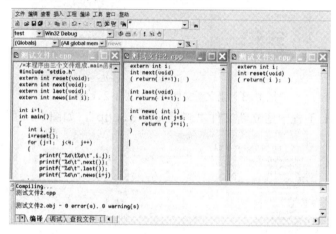

图 F.6　编译"测试文件 2.cpp"

（7）编译"测试文件 3.cpp"，如图 F.7 所示。

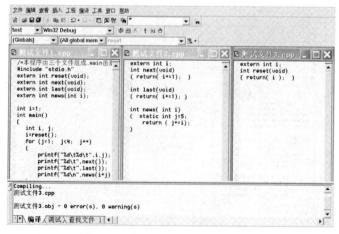

图 F.7　编译"测试文件 3.cpp"

（8）在主函数所在窗口，执行"构建"命令，形成一个可执行的 **exe** 文件，如图 **F.8** 所示。

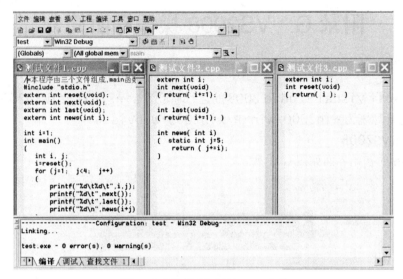

图 F.8 形成可执行的 exe 文件

（9）在主函数所在窗口，运行程序，得到结果。

程序结果：

1	1	2	3	7
1	2	4	5	10
1	3	6	7	14

附录 G　VS2008 操作界面简介

Microsoft Visual Studio 2008 的运行环境为 Win7/Vista/Win2003/WinXP，VC6.0 的运行环境为 Win2000/WinXP/Win2003/WinVista。

1. 打开 VS2008

VS2008 的初始界面如图 G.1 所示。

图 G.1　VS2008 初始界面

2. 新建项目

(1) 单击文件→新建→项目命令，打开新建项目窗口，如图 G.2 所示。

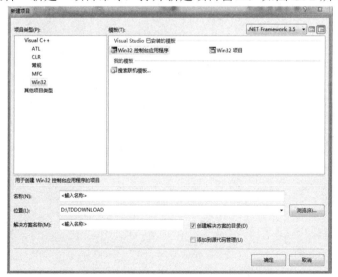

图 G.2　新建项目窗口

在"项目类型(P)"中选择 VC++→Win32，在"模板(T)"中选择 Win32 控制台应用程序，在"名称(N)"中输入项目名称，在"位置（L）"中确定项目存储位置，最后单击"确定"按钮，弹出如图 G.3 所示的窗口。

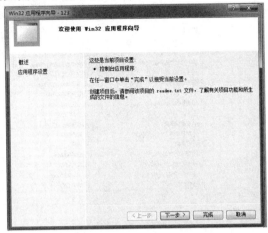

图 G.3　应用程序向导 1

(2) 在图 G.3 中单击"下一步"按钮，弹出如图 G.4 所示的窗口。

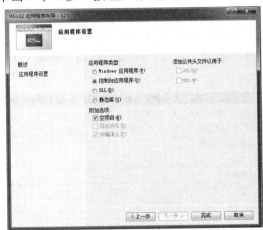

图 G.4　应用程序向导 2

在"应用程序类型"中选择"控制台应用程序"，在"附加选项"中选择"空项目"，然后单击"完成"按钮，回到 VS 主界面，这时会在左侧出现图 G.5 所示的解决方案资源管理器，如果没有，可在 VS 主界面的视图菜单中打开，参见图 G.6。

图 G.5　解决方案资源管理器

图 G.6　视图菜单

3．新建文件

在图 G.5 的"源文件"上单击右键，在弹出的菜单中选择添加→新建项命令，弹出如图 G.7 所示的窗口。

图 G.7　添加新项

在"模板（T）"中选择"C++文件"，在"名称（N）"中输入源文件的名字并加上".C"[①]，保存"位置"采用默认的，最后单击"添加"按钮，出现如图 G.8 所示的程序编辑界面。

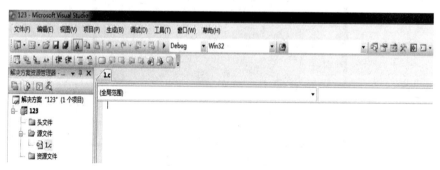

图 G.8　程序编辑界面

在图 G.8 所示的程序编辑界面中输入源程序。在"生成（B）"菜单中选择编译命令进行编译。调试命令在"调试（D）"菜单中。编译和调试步骤与 VC6.0 中介绍的类似。

[①] 加上 .C 后，编译系统就会知道这个是 C 源，从而创建的是 C 的源文件，编译的时候就会调用 C 编译器。如果不加 .C，创建的就是 C++的源文件，编译的时候会调用 C++的编译器。

参 考 文 献

[1]   谭浩强. C 程序设计. 北京：清华大学出版社，1991

[2]   [美] Deitel H M，等. C 程序设计经典教程. 聂雪军，等译. 北京：清华大学出版社，2006

[3]   裘宗燕. 从问题到程序：程序设计与 C 语言引论. 北京：机械工业出版社，2005

[4]   [美]Kernighan，等. C 程序设计语言. 徐宝文，等译.北京：机械工业出版社，2004

[5]   林锐. 高质量程序设计指南. 北京：电子工业出版社，2007

[6]   张银奎. 软件调试. 北京：电子工业出版社，2008

[7]   [美]Metzger R C. 软件调试思想. 尹晓峰，等译. 北京：水利电力出版社，2004

[8]   [美]Feuer A R. C 语言解惑. 杨涛，译. 北京：人民邮电出版社，2007

[9]   严蔚敏，等. 数据结构. 北京：清华大学出版社，2006

[10]   [美]Myers GJ. 软件测试的艺术. 王峰，等译. 北京：机械工业出版社，2006

[11]   [美]Prata S.C Primer Plus. 孙建春，等译. 北京：人民邮电出版社，2005

[12]   [美]Pappas C H. C++ 程序调试实用手册. 段来盛，译. 北京：电子工业出版社，2000

[13]   周颖恒. VC++6.0 培训教程. 成都：西南交通大学出版社，1999

[14]   [美]Schach S R. 软件工程. 北京：机械工业出版社，2009

[15]   邓良松，等. 软件工程. 西安：西安电子科技大学出版社，2004

[16]   张海藩. 软件工程导论. 北京：清华大学出版社，2008

图书在版编目(CIP)数据

C 语言程序设计新视角/周幸妮编著. —西安：西安电子科技大学出版社，2012.12(2015.1 重印)
高等学校"十二五"规划教材
ISBN 978–7–5606–2960–5

Ⅰ. ① C…　　Ⅱ. ① 周…　　Ⅲ. ① C 语言—程序设计　　Ⅳ. ① TP312

中国版本图书馆 CIP 数据核字(2012)第 282698 号

策　　划　戚文艳
责任编辑　雷鸿俊　戚文艳
出版发行　西安电子科技大学出版社(西安市太白南路 2 号)
电　　话　(029)88242885　88201467　　　　邮　编　710071
网　　址　www.xduph.com　　　　　　　　电子邮箱　xdupfxb001@163.com
经　　销　新华书店
印刷单位　陕西华沐印刷科技有限责任公司
版　　次　2012 年 12 月第 1 版　　2015 年 1 月第 2 次印刷
开　　本　787 毫米×1092 毫米　1/16　印张 24.5
字　　数　578 千字
印　　数　2001～4000 册
定　　价　42.00 元
ISBN 978 – 7 – 5606 – 2960 – 5 / TP
XDUP 3252001–2

＊＊＊ 如有印装问题可调换　＊＊＊